数学における証明と真理
様相論理と数学基礎論

佐野勝彦
倉橋太志
薄葉季路
黒川英徳
菊池　誠

共立出版

はじめに

言葉と現実，証明と真理

　言葉と現実は違う．我々は現実にはありえない世界を言葉で描き，空想上の生き物に名前を与える．逆に，言葉では表しようのない現実があり，名前をもたない対象が存在する．言葉と現実が異なるのは当然であり，言葉と現実はそう簡単には区別できないと考えることの方がよほど難しい．この言葉と現実の関係が数学では一変する．数学では言葉と「数学の世界」の現実を区別することは珍しい．我々が「$1+1=2$」と書くとき，この表現に現れる「1」や「2」は数自身ではなく数を表す記号に過ぎないと意識することは稀である．数学において言葉は「心の世界」と「数学の世界」をつなぐ存在感のない透明な媒介物として姿を消している．

　数学において言葉と「数学の世界」の現実を区別しないのは，「数学の世界」に属する対象が記号と同様に抽象的な存在であり，記号それ自身が数学的な対象だからであろう．通常の数学では記号それ自身と，記号が指し示す対象を区別しなくても何も問題は生じないし，対象から区別された記号や，記号から独立な対象を考えることは難しい．数学では記号と対象の違いはそれほど明確ではない．もしかしたら，数学の中でも外でも言葉と現実を隔てる境界の存在は明らかでなく，記号と対象は区別できると素朴に信じることは安易すぎる態度なのかも知れない．

　記号と対象に区別があるのか，区別があるとしても我々はその違いを把握できるのかという問に答えることは容易ではない．この問には決着をつけずに，記号と対象は区別できると仮定してしまうこと，少なくとも言葉を現実から切り離された記号として意識することが数理論理学の前提であり，出発点である．数理論理学ではまず対象を表す記号を用意し，命題を記述するための形式的な言語が定められて，その言語を用いて形式的な証明の概念が定義される．

これらはすべて言葉に関わるものであり，数理論理学においては構文論と呼ばれている．一方，言葉と現実の関係，記号と対象の関係は意味論と呼ばれている．命題の正しさとは現実を参照することで判断される言葉と現実の関係であり，意味論に属する概念である．この数理論理学を用いて「数学の世界」を解明しようとする試みが数学基礎論である．

命題の証明可能性と正しさはそれぞれ構文論，意味論に属する概念である．したがって，もしも言葉と現実を区別するのなら，証明可能性と正しさは異なる概念であり，その二つの概念は同値なのかという数学的な問題や，そもそも数学の命題は正しいから証明できるのか，証明できるから正しいのかという哲学的な問題が現れる．これらは言葉と現実を区別するという数理論理学の前提から必然的に発生する問題である．

数学にとって証明とは何か，正しさとは何なのかは数学基礎論の根本的な問題である．ゲーデルは不完全性定理によって正しいことと証明可能であることの違いを明らかにし，タルスキは真の概念の定義不可能性を論じた．コーエンは強制法を編み出して連続体仮説の真偽は定まらないことを示した．数学基礎論では長年にわたって数学における証明と真理が論じられてきた．

なぜ数学基礎論で様相論理を話題にするのか

ところで，命題を単純に真か偽に区別するのではなく，どのように正しいのか，どの程度正しいのかという，命題の正しさのあり方のようなものを命題の様相という．代表的な様相に「必然的である」および「可能である」がある．基礎的な概念として「かつ」や「ならば」などの命題結合子や「すべて」や「存在」などの量化子の他に，様相を表す様相演算子をもつ論理が様相論理である．日常的な知識や推論では命題の様相が重要な役割を果たしているので，そうした話題について数理論理学を用いて議論するためには様相論理のような枠組みが必要である．

数学の命題に様相はない．このことは曖昧さを許さず，正しい命題は単純に真でしかありえない数学の特徴からの帰結でもある．しかし，このことは数学の命題の中には様相は現れないという意味であって，数学は命題の様相とは関係がないという意味ではない．実際，数学の中心的な話題である命題の証明可能性や成立条件などは命題の様相に他ならない．そして，数学基礎論の基本定理であるゲーデルの完全性定理や不完全性定理は，命題が証明可能であること

や真であることに関する定理であり，命題の様相に関する定理である．数学基礎論とは通常の数学では意識されていない数学における命題の様相を解明する試みでもある．

日常的な知識や推論と同様に，数学の命題の様相もまた様相論理を用いて形式的に議論できる．もちろん，様相論理を用いて形式的に書き直しただけで何かが明らかになるほど，数学に現れる数学の命題の様相についての話は単純ではない．しかし，適切な表現体系は思考のための優れた道具である．様相論理を用いることで証明可能性や正しさに関する議論は単純化されて，不完全性定理や強制法の新たな側面が見えてくる．様相論理を用いなくても書けるということは，様相論理を用いても考え方は変わらないということではない．

ゲーデルは様相論理を用いて不完全性定理が成立する仕組みが説明できることを示唆し，その考えはソロヴェイによって実現されて証明可能性論理が生まれた．コーエンの強制法がもたらした集合論的多元宇宙論と呼ばれる新しい数学的世界観は様相論理と関係が深い．また，タルスキによって始められ，クリプキらの議論や真理の改訂理論を生み出した真理論においても様相論理は重要な役割を果たしている．

様相論理は本来「数学の世界」を調べるための道具ではなく，数学の外の世界を記述し分析するために生まれたものである．しかし様相論理は「数学の世界」とは無縁な，気まぐれな世相が生み出した無数にある形式的な枠組みの一つではなく，「数学の世界」の理解において欠かすことのできない論理的な基礎概念を理解するための枠組みでもある．逆に，話題を「数学の世界」に限定することによって論点が絞られ，日常的な知識や推論にまとわりつく複雑で捉え難い状況が削ぎ落とされて，様相論理とは何であり，どのような力をもつものであるのかが明らかになるであろう．

本書の構成と特徴

本書は様相論理を軸とした，証明と真理に関わる数学基礎論の古典的な結果から最先端の議論までの解説である．具体的には，本書は「様相論理入門」（佐野勝彦），「証明可能性論理」（倉橋太志），「強制法と様相論理」（薄葉季路），「真理と様相」（黒川英徳）という四つの部と，数理論理学の基礎的概念を簡単に紹介する序章からなる．四つの部はそれぞれ三つの章をもち，各部の最初の章はいずれも基本的な話題と概要の紹介になっている．

第1部「様相論理入門」では様相論理の構文論と意味論，歴史的経緯などが紹介される．クリプキの可能世界意味論による様相論理の様々な体系の完全性定理や決定可能性など様相論理の基礎が一通り，かなり詳細に紹介される．この第1部は初めて様相論理を学ぶ人にとって十分に詳しく丁寧に書かれた解説である．様相論理については大方の場合，背景の説明も含めて，この第1部で紹介されている内容で事足りるであろう．

第2部「証明可能性論理」はゲーデルの不完全性定理とソロヴェイの算術的完全性定理の証明と，それらの定理に関連する話題の紹介である．不完全性定理は論理式をゲーデル数で表し，証明可能性を自然数に関する述語で表現して証明される．この証明可能性を表す述語が証明可能性論理と名づけられた様相論理と対応することを示したのがソロヴェイの算術的完全性定理である．

第3部「強制法と様相論理」では強制法が紹介される．コーエンが開発した数学的手法である強制法はクリプキの可能世界意味論と類似点が多い．また強制法以降の集合論の発展から集合論的多元宇宙論と名づけられた数学的真理に関する世界観が生まれたが，ハムキンズらは様相論理を用いてこの集合論的多元宇宙論の数学的性質を解明することを試みている．第3部では強制法の概要と，このハムキンズらの試みが紹介される．

第4部「真理と様相」は真理論の概説である．タルスキは真という概念の算術的な定義不可能性を証明した．この結果は証明可能であることと真であることの乖離を明らかにしたゲーデルの不完全性定理と関係が深い．第4部ではタルスキに始まり，クリプキらの議論を経て，真理の改定理論にいたる真理論が紹介される．

本書の第1部は簡潔にまとめられた様相論理の教科書として用いることも可能であろう．同様に第2部から第4部は，それぞれゲーデルの不完全性定理，コーエンの強制法，タルスキの真理論の解説として読むことができる．例えば，第3部は強制法を学ぶ際の手頃な道案内になるであろう．もちろん，大雑把な見取り図から細部を復元することは難しい．強制法を正確に理解するためには分厚い本格的な教科書に取り組むべきである．しかし，集合論のような広大な世界で道に迷わないためには，ある程度の粗さの地図が必要であるし，詳細な情報があれば誰にでも地図が描ける訳ではない．

第2部から第4部で紹介される内容は，和書では本書で初めて紹介される話題が多い．第2部で紹介するソロヴェイの定理は数学基礎論の専門家の間で結果自身はよく知られているが，教科書で紹介されることは珍しく，証明は

あまり知られていない．第3部で紹介される強制様相論理は，おそらく洋書も含めてこれまで教科書で紹介されたことはない最近の話題である．哲学的な動機が強い第4部の内容は数学的にも興味深いが，数学者の間ではあまり知られていない．

なお，本書の四つの部における言葉や記号の使い方は各研究分野の習慣や著者自身の好みに基づいて選ばれていて必ずしも統一されていない．言葉や記号の使い方は一冊の本の中ではできる限り統一すべきであるが，それぞれの流儀には理由があること，それらを統一することはかなりの労力が必要であることから，本書ではそれらを統一することは断念した．そのために読者に不便を強要することはお詫びしたい．ただし，特に重要であると思われるもの，混乱を引き起こしやすいと思われるものについては序章で簡単に説明している．

謝　辞

本書の編者以外の4人の著者は，本書の編者が酒井拓史とともに世話人を務め，2015年8月18日から21日まで神戸大学で開催された数学基礎論サマースクール2015の講師である．本書の内容は各著者のサマースクールの講義内容とほぼ一致している．この数学基礎論サマースクールは証明論，集合論など数学基礎論の専門分野の中からテーマを一つ定めて，各分野の専門家が大学院生や専門外の研究者向けに入門的な講義をするものである．毎年夏に開催され，少なくとも20年以上は続いている．2015年のテーマは非古典論理であった．非古典論理でも様相論理を主題としたものは何度か実施されている．しかし，本書の話題が取り上げられたことはなく，一度は是非この話題でと考えて，今回のサマースクールを企画した．

本書の執筆はこのサマースクールの準備と並行して進められ，サマースクール当日には本書の初稿となる講義録が完成していた．サマースクールの企画当初から本書の出版を予定していた訳ではないが，今回の各講義の内容は様々な話題と関係する重要なものであるにもかかわらず，日本語では未だまとまった形では紹介されていないこと，各分野を代表する大変に優れた講師が揃ったので質の高い講義録が期待できること，さらに，講義の準備と原稿の執筆を並行して進めることにより，講義と原稿の両方の完成度が高められることから，準備が進むにつれて講義録を出版すべきであると考えるようになり，各講師の賛同を得て本書を出版する運びとなった．

ただし，講義の準備と原稿の執筆を同時に進めるためには，おそらく受講者や読者の予想をはるかに超える大きな労力が必要である．本書の編者としては何よりもまず，その負担を受け入れ，素晴らしい原稿を仕上げてくれた4人の著者に感謝したい．また，本書が生まれる舞台を共に創り上げてくれたサマースクールの参加者，関係者に感謝したい．

なお，本書の原稿は以下の方々にお読みいただき，数多くの修正すべき点を指摘していただいた：新井敏康，飯田隆，岡本賢吾，鹿島亮，酒井拓史，鈴木信行，藤田博司，松原洋，依岡輝幸（敬称略，順不同）．謹んで御礼申し上げたい．そして，本書の企画段階から相談にのっていただき，本書の成立に尽力してくれた共立出版の大谷早紀さんに感謝したい．

ところで，今回の数学基礎論サマースクール 2015 が開催されてから一週間後，2015 年 8 月 27 日に神戸大学名誉教授の角田譲先生が亡くなられた．享年 69 歳であった．

角田譲先生は強制法以降の新しい世代の集合論の研究者であるが，数理論理学の哲学的側面や工学設計論への応用にも積極的に取り組んだ幅広い視野を持つ研究者でもあった．まだ国際交流が貧弱だった時代に海外から数多くの優秀な研究者を日本に招き，神戸大学に数学基礎論の研究グループを作り上げて，数多くの弟子を育てた．数学基礎論サマースクールの創設者の一人であり，自分の研究に邁進するだけでなく，後の世代の研究環境の整備や数学基礎論の普及に力を尽くした．お酒が大好きで，同僚たちと毎日のように呑んでは夢を語り，様々な話題について空が白むまで語りあっていた．長年の無理がたたって脳溢血で倒れたが，長い闘病生活にもかかわらず最後まで研究教育に対する情熱を失わなかった．

角田譲先生がいなければ，神戸で数学基礎論サマースクールが開催されることも，本書が生まれることもなかったであろう．編者の上司であり，師匠であり，友人であった角田譲先生に本書を捧げたい．

2016 年 1 月
菊池 誠

目　次

はじめに ･･ i

序章　数理論理学の基礎（菊池　誠） ･･････････････････････ 1
　0.1　命題論理　*1*
　0.2　述語論理と不完全性定理　*8*
　0.3　計算可能性　*15*
　参考書　*22*

第1部　様相論理入門　　　　　　　　　　　　　佐野　勝彦

第1章　正規様相論理の構文論・意味論・ヒルベルト式公理系 ･･････ 26
　1.1　様相論理の構文論・意味論・フレーム定義可能性　*26*
　1.2　正規様相論理とそのクリプキ意味論に対する健全性　*31*
　1.3　正規様相論理の強完全性証明　*37*

第2章　正規様相論理の有限フレーム性・決定可能性 ･･････････ 46
　2.1　濾過法による有限フレーム性と決定可能性　*46*
　2.2　双模倣関係・生成部分モデル・木展開　*52*
　2.3　**S4.2**と**GL**の有限フレーム性　*57*

第3章　様相論理の発展と歴史的背景 ･･････････････････････ 67
　3.1　シークエント計算体系とカット除去定理　*67*
　3.2　様相論理のいくつかの現代的発展　*77*

3.3　様相論理の関係意味論の歴史　*84*

参考文献 ……………………………………………………………… *93*

第2部　証明可能性論理　　　　　　　　　倉橋　太志

第4章　不完全性定理と証明可能性論理 …………………… *100*
　4.1　形式的算術の基本事項　*100*
　4.2　不完全性定理とレーブの定理　*106*
　4.3　ゲーデル–レーブの論理 GL の算術的解釈と不動点定理　*112*

第5章　ソロヴェイの算術的完全性定理 …………………… *118*
　5.1　算術的完全性定理　*118*
　5.2　ソロヴェイの定理の証明　*122*
　5.3　ソロヴェイの定理の拡張　*130*

第6章　証明可能性論理の発展 ……………………………… *136*
　6.1　証明可能性論理の分類　*136*
　6.2　様相述語論理への拡張　*142*
　6.3　多様相論理への拡張　*146*

参考文献 ……………………………………………………………… *152*

第3部　強制法と様相論理　　　　　　　　薄葉　季路

第7章　公理的集合論の概要 ………………………………… *158*
　7.1　多元宇宙論と強制様相論理の概要　*158*
　7.2　集合論の基礎　*164*
　7.3　整列順序と順序数　*172*

第 8 章 強制法と多元宇宙論 ·············· 175

- 8.1 ZFC のモデルと強制概念　175
- 8.2 強制拡大と多元宇宙論　180
- 8.3 強制関係　189

第 9 章 強制様相論理 ·············· 198

- 9.1 強制様相論理 MLF　198
- 9.2 S4.2 とハムキンズ – レーヴェの定理　200
- 9.3 関連話題　207

参考文献 ·············· 214

第 4 部　真理と様相

黒川　英徳

第 10 章 真理に関するタルスキの定理と型付きの真理述語 ·············· 220

- 10.1 真理述語に関する問題提起：タルスキの定理　220
- 10.2 型付き真理述語の明示的定義　231
- 10.3 型付き真理述語に関する理論の公理化　234

第 11 章 クリプキの真理論—型をもたない真理論 (1) ·············· 241

- 11.1 クリプキの基本的な着想（非古典論理と型をもたない真理）　241
- 11.2 クリプキの不動点意味論　246
- 11.3 クリプキの意味論的真理論の公理化　250

第 12 章 真理から様相へ—型をもたない真理論 (2) ·············· 257

- 12.1 知者のパラドックス・様相述語・有限公理化不可能性定理　257
- 12.2 真理の改訂理論に基づく意味論　266
- 12.3 フリードマン – シェアドの公理系と改訂意味論　273

参考文献 ·············· 280

索　引……………………………………………………………… *283*

序章

数理論理学の基礎

菊池 誠

0.1 命題論理

論理学とは広義には人間の推論や思考についての科学であり，狭義には命題や証明の構造についての研究領域である．命題の構造を与える概念に，「かつ」や「ならば」のように，いくつかの命題を組み合わせて新しい命題を作る**命題結合子**と，「すべて」や「存在」のような**量化子**がある．命題結合子の作る形式的体系が命題論理であり，命題結合子に加えて量化子の作る形式的体系が述語論理である．

これまでに命題結合子や量化子については標準的とされる解釈が得られていて，その解釈に基づく形式的体系は**古典論理**と呼ばれている．ただし，直観主義論理のように命題結合子や量化子の標準的ではない解釈に基づく論理や，様相論理のように命題結合子や量化子以外の論理的構造を与える概念を持つ論理も数多く提案されている．そのような論理は一般に**非古典論理**と呼ばれている．

命題結合子「かつ，または，ならば，同値，でない」をそれぞれ記号 $\wedge$, $\vee$, $\to$, $\leftrightarrow$, $\neg$ で表す．一般に命題は真または偽となるが，常に真または偽となる命題を用意し，それらを 0 個の命題から新しい命題を作る命題結合子と考えて，それぞれ $\top$, $\bot$ と書く．命題結合子をすべて外すことで得られる基本的な命題を**原子的命題**と呼び，原子的命題を表す記号を**命題変数**と呼ぶ．本章では命題変数を $p, q, r, \ldots$ という記号で表し，命題変数の集合を Prop と書くことにする．Prop は空集合でないと仮定する．命題を表す記号列である論理式はこれらの記号を用いて次のように定義される．

定義 0.1.1　論理式は以下によって定められる.

1. Prop の要素および $\top$, $\bot$ は論理式である.
2. φ が論理式ならば $(\neg \varphi)$ は論理式である.
3. φ, ψ が論理式ならば $(\varphi \wedge \psi)$, $(\varphi \vee \psi)$, $(\varphi \to \psi)$, $(\varphi \leftrightarrow \psi)$ は論理式である.

括弧は適宜省略する. このような定義を**再帰的定義**と呼ぶ. 論理式の集合を Form と書くことにする. 計算機科学で用いられる表記方法を援用して, 論理式の集合の再帰的定義を次のように書くこともある.

$$\text{Form} \ni \varphi ::= p \mid \top \mid \bot \mid \neg \varphi \mid \varphi \wedge \varphi \mid \varphi \vee \varphi \mid \varphi \to \varphi \mid \varphi \leftrightarrow \varphi \quad (p \in \text{Prop})$$

論理式の真偽を考えるのが命題論理の**意味論**である. 論理式の**真理値**が真と偽のみである論理を**二値論理**と呼ぶ. 真と偽以外の真理値がある**多値論理**も色々あるが, 古典論理は二値論理である. 各命題変数に真か偽を割り当てる関数 $v : \text{Prop} \to \{$真, 偽$\}$ を**真理値の割り当て**という. 真理値の割り当てを**付値関数**ということもある. 真理値の割り当て v を定めることは $\{p \in \text{Prop} : v(p) = $ 真$\}$ という Prop の部分集合を定めることに対応しているので, この Prop の部分集合を真理値の割り当てと考えることもできる.

真理値の割り当て v が与えられると, 以下の真理値表に基づいて v による論理式 φ の真理値 $v(\varphi)$ が計算できる.

φ	$\neg\varphi$
偽	真
真	偽

φ	ψ	$\varphi \wedge \psi$	$\varphi \vee \psi$	$\varphi \to \psi$	$\varphi \leftrightarrow \psi$
偽	偽	偽	偽	真	真
偽	真	偽	真	真	偽
真	偽	偽	真	偽	偽
真	真	真	真	真	真

例えば $v(p)$ が真, $v(q)$ が偽のとき, $v(p \wedge q)$ は偽であり, $v((p \wedge q) \to p)$ は真である. なお, どのような真理値の割り当て v についても $v(\top)$ は真であり, $v(\bot)$ は偽であると定める.

0.1 命題論理

定義 0.1.2 φ, ψ を論理式とする.

1. v を真理値の割り当てとする. $v(\varphi)$ が真となるとき, $v \models \varphi$ と書く.
2. どのような真理値の割り当て v についても $v \models \varphi$ となるとき, φ は**トートロジー**または**恒真式**であるという.
3. $\varphi \leftrightarrow \psi$ がトートロジーであるとき, φ と ψ は**同値**であるという.

例えば $p \to p$ はトートロジーであり, $\varphi \wedge \psi$ は $\neg(\varphi \to (\neg \psi))$ と, $\varphi \vee \psi$ は $(\neg \varphi) \to \psi$ と同値である. さらに, $\varphi \leftrightarrow \psi$ は $(\varphi \to \psi) \wedge (\psi \to \varphi)$ と同値であり, この論理式は $\varphi, \psi, \neg, \to$ を用いて同値な論理式に書き直すことができる. また, p を命題変数とすれば, $\top$ は $p \to p$ と, $\bot$ は $\neg(p \to p)$ と同値である. 同値な論理式は置き換えても真偽は変わらない. したがって, 論理式の真偽のみを考えるのであれば, 命題結合子は $\neg$ と $\to$ の二つで十分である. そこで, 議論を簡単にするため, 以下では命題結合子は $\neg$ と $\to$ のみであるとする.

一般に $\wedge$ や $\to$ という命題結合子は, φ と ψ という二つの論理式を組み合わせて $\varphi \wedge \psi$ や $\varphi \to \psi$ という新しい論理式を作るものである. φ と ψ への真偽の割り当て方は 2^2 個あり, その 2^2 個の真偽の組み合わせそれぞれに $\varphi \wedge \psi$ や $\varphi \to \psi$ の真偽を定めることで $\varphi \wedge \psi$ や $\varphi \to \psi$ の意味が定まる. 2^2 個の真偽の組み合わせそれぞれに真偽を定める方法は全部で $2^{(2^2)}$ 個あるので, φ と ψ を組み合わせから新しい論理式を作る命題結合子は $2^{(2^2)}$ 個ある. $\wedge, \vee, \to, \leftrightarrow$ はその中の四つである. 一般に n 個の論理式を組み合わせから新しい論理式を作る命題結合子は $2^{(2^n)}$ 個ある. その $2^{(2^n)}$ 個の命題結合子はすべて $\neg$ と $\to$ の組み合わせで書ける. これを $\neg$ と $\to$ の**関数的完全性**という.

なお, $\neg \varphi$ は $\varphi \to \bot$ と同値なので, $\bot$ と $\to$ を用いても他の命題結合子はすべて書ける. つまり $\bot$ と $\to$ も関数的完全である.

論理式の集合を**公理系**または**理論**と呼び, 公理系の要素を**非論理的公理**と呼ぶ. 公理系は命題変数が満たすべき条件を公理的に定めるものである.

定義 0.1.3 T を公理系, v を真理値の割り当てとする. すべての $\varphi \in T$ について $v \models \varphi$ となるとき, v は T の**モデル**であるといい, $v \models T$ と書く.

さて, 公理系を定めると証明が定義される. 一般に, 論理式の集合から論理式を導くことを**推論**と呼び, 妥当な推論の形を**推論規則**と呼ぶ. 証明とは, 命

題結合子の意味を考えて妥当であると思われる**論理的公理**と，公理系の非論理的公理から出発して，推論規則を繰り返し適用することで生成される論理式の有限列である．証明の最後に現れる論理式を**定理**と呼ぶ．証明の概念を定義し，分析することが命題論理の**構文論**である．

証明の定め方には色々な流儀があるが，代表的なものに**ヒルベルト流**，ゲンツェンの**自然演繹**，同じくゲンツェンの**シークエント計算**がある．どの流儀を選んでも定理の集合は同じであるという意味では，これらの流儀は基本的に同等である．ただし，違う流儀で定められる証明の性質は同じではない．ヒルベルト流は論理的公理が多く，推論規則が最小である．自然演繹には論理的公理はなく，すべてが推論規則である．ヒルベルト流では証明について数学的に議論しやすいが，証明を書くことは簡単ではない．一方，自然演繹の証明は素朴な意味での証明に近く，証明を書きやすい．シークエント計算は，それ自身が証明の概念を定義する枠組みであるというよりは，自然演繹の証明の書き換えを分析するための枠組みである．

ヒルベルト流での証明は具体的には以下のように定義される．

定義 0.1.4 φ, ψ, γ を論理式とする．

1. 以下の形の論理式を命題結合子 $\neg$ と $\to$ に関する論理的公理と呼ぶ．

    - $\varphi \to (\psi \to \varphi)$
    - $(\varphi \to (\psi \to \gamma)) \to ((\varphi \to \psi) \to (\varphi \to \gamma))$
    - $(\neg\varphi \to \neg\psi) \to (\psi \to \varphi)$

2. 以下の形の推論規則を**モーダス・ポネンス**，または**分離規則**と呼ぶ．

$$\frac{\varphi \quad \varphi \to \psi}{\psi}$$

    推論規則の上段および下段にある論理式をそれぞれ，この推論規則の仮定および結論と呼ぶ．

定義 0.1.5 T を公理系，φ を論理式，$\varphi_1, \varphi_2, \cdots, \varphi_n$ を論理式の有限列とする．φ_n が φ であり，すべての $i \leq n$ について以下のいずれかが成り立つとき，この有限列は φ の T からの**証明**であるという．

1. φ_i は論理的公理である．

2. φ_i は T の非論理的公理である.
3. φ_k が $\varphi_j \to \varphi_i$ である $j, k < i$ が存在する. つまり φ_i は φ_j と φ_k から
モーダス・ポネンスによって導かれる.

φ の T からの証明が存在するとき, φ は T から**証明可能**である, または φ は T の**定理**であるといい, $T \vdash \varphi$ と書く. 特に T が空集合のときは $\vdash \varphi$ と書く. 証明のことを**形式的証明**または**証明図**とも呼ぶ.

例えば, 以下の論理式の有限列は $p \to p$ の空集合からの証明であり, この証明によって $\vdash p \to p$ であることがわかる.

1. $p \to ((p \to p) \to p)$ [論理的公理]
2. $(p \to ((p \to p) \to p)) \to ((p \to (p \to p)) \to (p \to p))$ [論理的公理]
3. $(p \to (p \to p)) \to (p \to p)$ (1, 2 から導かれる)
4. $p \to (p \to p)$ [論理的公理]
5. $p \to p$ (3, 4 から導かれる)

命題結合子に関する論理的公理は論理式の形によって定められており, これらの論理的公理は三つの論理式ではなく, 三種類の形に分類できる無限個の論理式からなるものである. このように論理式の形で論理的公理を定めるのではなく, p, q, r を命題変数として,

- $p \to (q \to p)$
- $(p \to (q \to r)) \to ((p \to q) \to (p \to r))$
- $(\neg p \to \neg q) \to (q \to p)$

という三つの論理式で論理的公理を定め, そのかわりに**代入**または**一様代入則**と呼ばれる推論規則を追加する方法もある. ここで代入とは, 命題変数 $p_1, \ldots, p_n$ を用いて書かれた論理式 φ と, 論理式 $\varphi_1, \ldots, \varphi_n$ が与えられたときに, 仮定 φ から, φ の $p_1, \ldots, p_n$ のすべてに $\varphi_1, \ldots, \varphi_n$ を代入して得られる論理式を結論として導く推論である. 代入を用いる方法で論理的公理を定めても証明可能な論理式の集合に違いはない.

T を公理系, φ と ψ を論理式とする. 公理系 $T \cup \{\varphi\}$ を $T + \varphi$ と書く. こ

のとき，$T+\varphi \vdash \psi$ と $T \vdash \varphi \to \psi$ が同値である．この事実は**演繹定理**と呼ばれており，様々な論理式が証明可能であることを示すときに役に立つ．例えば $\{p\} \vdash p$ であることは明らかなので，演繹定理を使えば直ちに $\vdash p \to p$ であることがわかる．

もしも $\neg$ と $\to$ 以外の命題結合子を用いるのなら，それらの命題結合子に関する論理的公理を導入する必要がある．しかしその場合でも，ヒルベルト流では推論規則はモーダス・ポネンスのみである．

証明可能性について閉じている論理式の集合を，すなわち，すべての論理式 φ について $T \vdash \varphi$ ならば $\varphi \in T$ である論理式の集合 T を理論と呼ぶ流儀もある．論理式の集合 U が与えられたとき，集合 $\{\varphi \in \text{Form} : U \vdash \varphi\}$ を T とすれば，この T は証明可能性について閉じていて，かつ，すべての論理式 φ について，$U \vdash \varphi$ であることと $T \vdash \varphi$ であることは同値である．したがって，証明可能性について閉じていることを理論の定義の条件に加えても，証明可能性については本質的な違いはない．公理系や理論という言葉の使い方は人によって様々である．

証明に現れる論理式は有限個なので，次のコンパクト性定理が成り立つことは明らかである．

定理 0.1.6（**コンパクト性定理**：構文論版） T を公理系，φ を論理式とする．$T \vdash \varphi$ であることと，$T' \vdash \varphi$ となる T の有限部分集合 T' が存在することが同値である．

日常には様々な「ならば」があるが，数学の「ならば」はかなり特殊で限定的である．命題結合子 $\to$ に関する論理的公理は数学の「ならば」の特徴づけの一つである．証明可能性とは数学の「ならば」の二つ目の特徴づけであり，構文論的な特徴づけである．この二つの特徴づけが対応することを意味する定理が演繹定理である．数学の「ならば」の三つ目の特徴づけである意味論的な特徴づけは，以下で定義される意味論的な帰結可能性として与えられる．

定義 0.1.7 T を公理系，φ を論理式とする．すべての真理値の割り当て v について $v \models T$ ならば $v \models \varphi$ となるとき，φ は T から**意味論的に帰結可能**であるといい，$T \models \varphi$ と書く．

$T \vdash \varphi$ ならば $T \models \varphi$ であることは容易に証明できる．この性質を命題論理の**健全性**という．この逆が成り立つこと，つまり $T \models \varphi$ ならば $T \vdash \varphi$ が成り立つことを命題論理の**完全性**という．命題論理の健全性と完全性が共に成り立ち，証明可能性と意味論的な帰結可能性が対応することを主張する定理が次の完全性定理である．

定理 0.1.8（完全性定理） T を公理系，φ を論理式とする．$T \vdash \varphi$ であることと，$T \models \varphi$ であることが同値である．

特に T が空集合の場合，$T \models \varphi$ であることは，すべての真理値の割り当て v について $v \models \varphi$ となること，つまり φ がトートロジーであることである．したがって完全性定理から次の定理が直ちに得られる．この定理は弱完全性定理と呼ばれている．

定理 0.1.9（弱完全性定理） φ を論理式とする．$\vdash \varphi$ であることと，φ がトートロジーであることが同値である．

先の完全性定理を弱完全性定理と明示的に区別する必要がある場合には，先の完全性定理は**強完全性定理**と呼ばれる．古典論理では強完全性定理も弱完全性定理も成り立つ．しかし，古典論理とは異なる証明可能性やモデルの概念をもつ非古典論理を考える場合には，弱完全性定理は成り立つが強完全性定理は成り立たない場合がある．

T を公理系とする．$T \vdash \varphi$ かつ $T \vdash \neg\varphi$ となる論理式 φ が存在するとき，T は**矛盾**するという．T は矛盾しないとき**無矛盾**であるという．T が矛盾するならば $T \vdash \varphi$ がすべての論理式 φ について成り立つので，T が無矛盾であることは証明できない論理式が少なくとも一つ存在することと同値である．そして，φ を論理式とすると，$T + \neg\varphi$ が無矛盾であることと，$T \vdash \varphi$ でないことが同値である．上の完全性定理は，まず次の定理を証明して，その定理とこの事実を用いて導くことが多い．逆に，次の定理を上の完全性定理の系として証明することもできるので，次の定理もまた完全性定理と呼ばれている．

定理 0.1.10（完全性定理） T を公理系とする．T が無矛盾であることと，T がモデルをもつことが同値である．

この完全性定理を**一般化された完全性定理**と呼んで先の完全性定理と区別する場合もある．この完全性定理と先の証明可能性に関するコンパクト性定理から直ちに，次のコンパクト性定理が得られる．

定理 0.1.11（コンパクト性定理：意味論版） T を公理系とする．T がモデルをもつことと，T のすべての有限部分集合がモデルをもつことが同値である．

一般にコンパクト性定理という場合には，この意味論版のコンパクト性定理のことを指すことが多い．なお，完全性定理を用いずにコンパクト性定理を直接証明することもできる．また，コンパクト性定理と弱完全性定理から強完全性定理が導かれる．

論理的公理と推論規則を選び直すこと，または新たな論理的概念を導入し，その概念についての論理的公理と推論規則を古典論理に付け加えることで非古典論理は定められる．例えば，命題結合子と量化子の他に新たに様相演算子 $\Box$ と $\Diamond$ を導入し，$\Box\varphi$ を「φ は必然的に正しい」と，$\Diamond\varphi$ を「φ が正しいことは可能である」と読むことにして，これらの様相演算子に関する論理的公理と推論規則を付け加えることで様相論理が得られる．

なお，論理的公理や推論規則を論理式の形で定める限り，古典論理よりも強く無矛盾な非古典論理は存在しない．これは，$\varphi, \psi, \ldots$ を用いて書くことができる Φ という形をした論理式が古典論理で証明できない場合は，古典論理では弱完全性定理が成り立つので Φ の形をした論理式はトートロジーではなく，Φ の $\varphi, \psi, \ldots$ に原子的論理式 $\top$ または $\bot$ を，またはそれらと同値になる論理式を適切に代入すると常に偽となる論理式が得られるので，Φ の形をした論理式を論理的公理にもつ非古典論理は矛盾するからである．自分自身より強い無矛盾な論理は存在しない無矛盾な論理は**ポスト完全**であるという．古典論理はポスト完全である．ただし，古典論理は唯一のポスト完全な論理ではなく，ポスト完全な非古典論理が存在する．

0.2 述語論理と不完全性定理

原子的な命題を主語と述語に分解して，さらに**量化子**「すべて」「存在」を用いて書かれる命題とその証明の性質について議論するのが述語論理である．述語論理を用いると数学的対象の基本的な性質が表現できるようになり，数学

に現れる命題や証明が形式的に記述できるようになる.

述語論理では議論の対象は**定数記号**, **変数**, **関数記号**を用いて表される. これらの記号を組み合わせて書くことができる意味のある表現を項と呼ぶ. 例えば, 定数記号として 1 を, 変数として x を, 関数記号として $+$ を用意すれば, 項 $(x+1)$ や $((1+1)+1)$ を書くことができる. 関数記号には入力の数である**項数**が定まっているものとする. 例えば $+$ の項数は 2 である. 項数 n の関数記号を **n 変数関数記号**ということもある.

また, いくつかの対象が与えられたときに真か偽を返す関数, すなわち通常の数学で関係と呼ばれるものを**述語**という. 例えば, 自然数上の 2 項関係としての等号 $=$ は, $0, 0$ という自然数の組が与えられたときには $0 = 0$ なので真を出力し, $0, 1$ という自然数の組が与えられたときには $0 = 1$ でないので偽を出力する関数であると考えられる. このような関数が述語である. 自然数上の不等号 $\leq$ や, 集合の要素関係 $\in$ も述語である. 述語を表す記号を**述語記号**と呼ぶ. 述語記号にも項数が定まっているものとする. 項数 n の述語記号を **n 変数述語記号**ということもある.

定数記号, 関数記号, 述語記号を定めると論理式や証明を書くための基本的な語彙が定まる. これらの記号の集合を**言語**と呼ぶ. 例えば自然数について議論するための**算術の言語**は現在では, 0 は自然数であると考え, $x+1$ を意味する項数 1 の関数記号を S として, $\{0, S, +, \cdot, \leq\}$ または, $\{0, 1, +, \cdot, \leq\}$ とすることが多い. 「次の数」を意味する $x+1$ という関数は**後者関数**と呼ばれている. 0 と S があれば 1 を定義することができ, 1 と $+$ があれば S を定義することができるので, この二つの言語の表現力に違いはない. **集合論の言語**は大概の場合 $\{\in\}$ であるが, 空集合を表す定数記号 $\emptyset$ や, その他の記号を用いる場合もある. なお, 変数と等号 $=$ は言語の定め方によらずに常に用いて良いことにする. 変数を $x, y, z, \ldots$ という記号で表す.

定数は入力をもたない関数であると考えることができるので, 言語を定めるときに定数記号と関数記号を区別しない流儀もある. また, f を項数 n の関数記号, $\vec{x} = x_1, \ldots, x_n$ とするとき, $y = f(\vec{x})$ は $\vec{x}, y$ を入力として真または偽を出力する関数, すなわち述語であるとも考えられる. そして, 述語 $y = f(\vec{x})$ を表す項数 $n+1$ の述語記号 $P(\vec{x}, y)$ があれば, 関数記号 f を用いて書くことができる論理式はすべて述語記号 P を用いて書き直すことができる. したがって, 議論を単純にするために, 述語記号しかもたない言語を用いる場合もある. ただし, 述語記号しかもたない場合と定数記号や関数記号をもつ場

合とでは，表現力そのものには差がなくても，どのような形の論理式で表現できるのか，どのような証明があるのかについては大きな違いが生じる場合がある．述語論理とは論理式を道具として用いて数学的対象や数学の世界全体を調べるための枠組みであると同時に，論理式による表現それ自身について議論するための枠組みでもある．

言語 $\mathcal{L}$ を定めると，$\mathcal{L}$ の項と論理式は以下のように再帰的に定められる．

定義 0.2.1 $\mathcal{L}$ の項は以下によって定められる．

1. 変数および $\mathcal{L}$ の定数記号は項である．
2. f を項数が n である $\mathcal{L}$ の関数記号とし，$t_1, \ldots, t_n$ を $\mathcal{L}$ の項とするとき，$f(t_1, \ldots, t_n)$ は $\mathcal{L}$ の項である．

定義 0.2.2 $\mathcal{L}$ の論理式は以下によって定められる．

1. $\top, \bot$ は論理式である．
2. t_1, t_2 が $\mathcal{L}$ の項のとき，$t_1 = t_2$ は $\mathcal{L}$ の論理式である．
3. P を項数が n である $\mathcal{L}$ の述語記号とし，$t_1, \ldots, t_n$ を $\mathcal{L}$ の項とするとき，$P(t_1, \ldots, t_n)$ は $\mathcal{L}$ の論理式である．
4. φ が $\mathcal{L}$ の論理式ならば $(\neg \varphi)$ は $\mathcal{L}$ の論理式である．
5. φ, ψ が $\mathcal{L}$ の論理式ならば $(\varphi \wedge \psi), (\varphi \vee \psi), (\varphi \to \psi), (\varphi \leftrightarrow \psi)$ は $\mathcal{L}$ の論理式である．
6. φ が $\mathcal{L}$ の論理式で x が変数ならば，$(\forall x \varphi)$ および $(\exists x \varphi)$ は $\mathcal{L}$ の論理式である．

括弧は適宜省略する．$\mathcal{L}$ が空集合でも変数と等号があるので論理式は存在する．論理式 $\forall x \varphi$ および $\exists x \varphi$ の φ の中に現れる変数 x を**束縛変数**と呼び，束縛変数でない変数を**自由変数**と呼ぶ．例えば論理式 $\forall x (x = y \wedge \exists z (z = u))$ に現れる x, z は束縛変数であり，y, u は自由変数である．変数 x が論理式 φ の自由変数であることを明記するためには $\varphi(x)$ と書く．自由変数をもたない $\mathcal{L}$ の論理式を $\mathcal{L}$ の**文**という．

「すべて」や「存在する」を意味する量化子は，どの範囲内の「すべて」のことなのか，どの範囲内に「存在する」ことなのかを特定して初めて正確に理解できるようになる．量化子の参照する領域を定め，その領域上で $\mathcal{L}$ の記

号の解釈を定めると $\mathcal{L}$ の文の真偽が定まる．そのような領域と解釈の組を $\mathcal{L}$ の**構造**という．$\mathcal{L}$ の構造 M が定められる領域を $|M|$ と書く．例えば，c を定数記号，P を項数が1の述語記号として，言語 $\{c, P\}$ を $\mathcal{L}$ とする．自然数の集合 $\{0, 1, 2, \ldots\}$ を $\mathbb{N}$ とし，領域を $\mathbb{N}$，c の解釈を0とし，$P(x)$ が真となるのは x が偶数のときであるとして $\mathcal{L}$ の構造を定める．この構造を M と書くことにする．このとき，$|M| = \mathbb{N}$ であり，この構造 M 上で $\mathcal{L}$ の文 $P(c)$ や $\exists x P(x)$ は真であり，$\forall x P(x)$ や $\forall x (P(x) \to x = c)$ は偽である．

数学基礎論では0を自然数に含めることが多い．また自然数の集合を ω と書くこともあるし，自然数や ω を順序数と考えて，n が自然数であることを $n < \omega$ と書くこともある．

$\mathcal{L}$ の構造 M の上で $\mathcal{L}$ の文 φ が真となるとき $M \models \varphi$ と書く．この $\models$ は感覚的には容易に理解できるし，その感覚的な理解でまず間違いない．しかし $\models$ を正確に定義することは多少の手間がかかる．構造は命題論理における真理値の割り当てに対応する，述語論理の意味論的な概念である．

$\mathcal{L}$ の文の集合を $\mathcal{L}$ の**公理系**または**理論**と呼ぶ．T を $\mathcal{L}$ の公理系，M を $\mathcal{L}$ の構造とする．命題論理の場合と同様に，すべての $\varphi \in T$ について $M \models \varphi$ となるとき，$M \models T$ と書いて M は T の**モデル**であるという．$T \models \varphi$ であることも命題論理の場合と同様に定義され，$T \models \varphi$ であるとき φ は T から**意味論的に帰結可能**であるという．

述語論理でも命題結合子 $\neg$ と $\to$ を使って他の命題結合子を書くことができる．したがって以下では述語論理でも命題結合子は $\neg$ と $\to$ のみであると仮定する．また，M を $\mathcal{L}$ の構造，φ を $\mathcal{L}$ の論理式とするとき，$M \models \exists x \varphi$ であることと $M \models \neg \forall x \neg \varphi$ であることが同値なので，$\forall$ を用いて $\exists$ を書くことができる．そこで，議論を簡単にするため，量化子は $\forall$ のみであると仮定する．もちろん，$\exists$ を用いて $\forall$ を書くこともできる．

命題論理の論理的公理と推論規則に，次の定義で定められる量化子 $\forall$ と等号 $=$ に関する論理的公理と推論規則を追加することで，述語論理の証明の定義が得られる．ただし，$\mathcal{L}$ の論理式 φ に現れる自由変数 x を $\mathcal{L}$ の項 t に置き換えて得られる $\mathcal{L}$ の論理式を $\varphi[x/t]$ と書くことにする．

定義 0.2.3 φ, ψ を $\mathcal{L}$ の論理式，t を $\mathcal{L}$ の項とする．

1. 以下の形の論理式を量化子 $\forall$ に関する論理的公理と呼ぶ．

$\forall x\varphi \to \varphi[x/t]$

$\forall x(\varphi \to \psi) \to (\varphi \to \forall x\psi)$, ただし φ は x を自由変数として含まない.

2. 以下の形の論理式を等号に関する論理的公理と呼ぶ.

$\forall x(x = x)$

$\forall x\forall y(x = y \to (\varphi[z/x] \to \varphi[z/y]))$

3. 以下の形の推論規則を**一般化**と呼ぶ.

$$\frac{\varphi}{\forall x\varphi}$$

ただし φ は x を自由変数としてもたなくても良い.

なお, $\varphi[x/t]$ を $\varphi(x := t)$, $\varphi[t/x]$ などと書くこともある.

証明の概念が定義されると, 命題論理の場合と同様に $\mathcal{L}$ の公理系 T と論理式 φ に対して $T \vdash \varphi$ であることが定義され, 若干の注意が必要であるが, 演繹定理が証明できる. また, 証明可能性と意味論的な帰結可能性に関する定理として, **強完全性定理**, **弱完全性定理**, 構文論版および意味論版の**コンパクト性定理**が成り立つ. また, 弱完全性定理とコンパクト性定理から強完全性定理が導かれることも命題論理の場合と全く同様である.

さて, 自然数について考える. 以下では $\mathcal{L}_A$ を算術の言語 $\{0, S, +, \cdot, \leq\}$ とする. $\mathcal{L}_A$ の記号の基本的な性質を定める $\mathcal{L}_A$ の文, 例えば 0 が $+$ に関する単位元であることや, $+$ が結合則を満たすことなどを意味する有限個の $\mathcal{L}_A$ の文と, 数学的帰納法を表す $\mathcal{L}_A$ の文, すなわち, $n \in \mathbb{N}$, $\vec{y} = y_1, \ldots, y_n$ とし, $\varphi(x, \vec{y})$ を $\mathcal{L}_A$ の論理式とするとき,

$$\forall \vec{y}((\varphi(0, \vec{y}) \land \forall x(\varphi(x, \vec{y}) \to \varphi(S(x), \vec{y}))) \to \forall x\varphi(x, \vec{y}))$$

という形をした無限個の文のすべてからなる $\mathcal{L}_A$ の公理系を**ペアノ算術**と呼び, PA と書く.

算術の言語の選び方を変えると何を PA の非論理的公理とすべきであるのかが変化する. S と 1 を入れ替える程度であればほとんど違いはない. 次節で紹介する原始再帰的関数を表す記号と対応する非論理的公理をすべて導入する場合もあるが, その場合も数学的帰納法の公理があれば大きな違いはない. PA の公理の選び方も様々である. 数学的帰納法の以外の公理を最小にする流儀もあれば, 数学的帰納法を公理から外してもある程度のことが証明できるよう

に，あえて冗長な選び方をする流儀もある．

　$\mathbb{N}$ 上に自然に定められる $0, S, +, \cdot, \leq$ によって $\mathcal{L}_A$ の記号を解釈して $\mathcal{L}_A$ の構造を定めたものを自然数の集合と同じ記号を用いて $\mathbb{N}$ と書くと，$\mathbb{N}$ は PA のモデルになる．$\mathbb{N}$ は PA の**標準モデル**と呼ばれている．自然数の集合を ω と書き，PA の標準モデルを $\mathbb{N}$ と書いて区別する場合もある．数学基礎論の多くの場面で，$\mathbb{N}$ が PA のモデルであることは事実として参照されている．なお，$\mathbb{N}$ が PA のモデルであることを事実として認めるのなら，完全性定理から PA が無矛盾であることは明らかになる．ただし，$\mathbb{N}$ が PA のモデルであることを証明するためには $\mathbb{N}$ 自身を数学的に定義する必要があるため，集合論の中で議論する必要がある．逆に，集合論の中では PA が無矛盾であることは明らかである．PA の無矛盾性の有限的な証明はゲンツェンらによって与えられている．

　一般に，何らかの対象の集合の要素に自然数を対応させることを，その対象の自然数によるコーディングという．現在の計算機上では種々の情報が $0, 1$ の有限列で表現されているが，$0, 1$ の有限列は自然数の 2 進数表現であると考えられるので，この $0, 1$ の有限列による表現は自然数によるコーディングの一種である．$\mathcal{L}_A$ の論理式も自然数でコーディングできる．$\mathcal{L}_A$ の論理式 φ のコードを φ の**ゲーデル数**と呼び，そのコードを $\ulcorner \varphi \urcorner$ と書く．

　なお，厳密には自然数 n と n を表す $\mathcal{L}_A$ の項は区別する必要がある．n を表す項とは，例えば $S(S(\cdots S(0) \cdots))$（0 に後者関数 S を n 回適用したもの）という記号列であるが，言語の選び方によって様々な書き方がある．このように n を表す $\mathcal{L}_A$ の項を n の**数項**または**数記号**と呼んで，$\dot{n}$ や $\bar{n}$ などの記号で表すことが多い．ただし，混乱の恐れがない場合や，記号が煩雑になりすぎる場合は n の数項も n と書いてしまうことも珍しくない．そして $\ulcorner \varphi \urcorner$ という記号については正確には，φ のゲーデル数そのものを $\ulcorner \varphi \urcorner$ と書く流儀，φ のゲーデル数そのものを $\ulcorner \varphi \urcorner$ と書くが，φ のゲーデル数の数項も $\ulcorner \varphi \urcorner$ と略記する流儀，最初から φ のゲーデル数の数項を $\ulcorner \varphi \urcorner$ と書く流儀などがある．

　すべての $\mathcal{L}_A$ の文 φ について $\text{PA} \vdash \varphi$ と $\mathbb{N} \models \text{Pr}_{\text{PA}}(\ulcorner \varphi \urcorner)$ が同値になるような $\mathcal{L}_A$ の論理式 $\text{Pr}_{\text{PA}}(x)$ を PA の**証明可能性述語**または**可証性述語**という．$\text{Pr}_{\text{PA}}(x)$ の代わりに $\text{Prov}_{\text{PA}}(x)$ などと書くこともある．ゲーデルは PA の証明可能性述語を具体的に定めた．$\text{Pr}_{\text{PA}}(x)$ を PA の証明可能性述語とすると，PA $\vdash \sigma \leftrightarrow \neg \text{Pr}_{\text{PA}}(\ulcorner \sigma \urcorner)$ を満たす $\mathcal{L}_A$ の文 σ が存在する．この σ を**ゲーデル文**と呼ぶ．ゲーデル文とは自分自身が PA からは証明できないことを意味する $\mathcal{L}_A$ の文である．

なお，ゲーデル数の定め方は色々あり，ゲーデル数の定め方を一つ固定しても証明可能性述語の定め方は色々ある．証明可能性述語を一つ固定しても，ゲーデル文は複数存在する．以下の議論ではゲーデルの定めたゲーデル数と証明可能性述語を用いるものとする．この場合はゲーデル文はすべて PA 上で同値である．

次の定理が第一不完全性定理である．

定理 0.2.4（第一不完全性定理） $PA \vdash \sigma$ でない．また，$PA \vdash \neg\sigma$ でない．

一般に T を言語 $\mathcal{L}$ の公理系とするとき，$\mathcal{L}$ のすべての文 φ について $T \vdash \varphi$ または $T \vdash \neg\varphi$ であるとき，T は**完全**であるという．第一不完全性定理は PA が完全でないことを示す定理である．

$PA \vdash \neg(0=1)$ なので，PA が無矛盾であることは $PA \vdash 0=1$ でないことと同値である．したがって $\neg\Pr_{PA}(\ulcorner 0=1 \urcorner)$ は PA の無矛盾性を表す $\mathcal{L}_A$ の文であると考えられる．この文を Con_{PA} と書く．Con_{PA} を Con(PA) と書くこともある．矛盾を意味する記号 $\bot$ を用いる場合には $\neg\Pr_{PA}(\ulcorner \bot \urcorner)$ を Con_{PA} と定めることもある．どのように Con_{PA} を定めても大抵の場合は違いがないが，不完全性定理の成立条件を詳細に調べる際には Con_{PA} の定め方が問題になる．

次の定理が第二不完全性定理である．

定理 0.2.5（第二不完全性定理） $PA \vdash \text{Con}_{PA}$ でない．

不完全性定理は PA のみで成り立つ定理ではなく，一定の条件を満たす多くの公理系で成り立つ普遍的な定理である．例えば第一不完全性定理は「算術を含む，ω 無矛盾である，何が公理なのか計算機で判定できる」という三つの条件を満たす公理系で成り立つ．この三つの条件はいずれも数学を形式的に展開するための公理系が満たすべきものである．もちろん PA はこの三つの条件を満たす公理系である．Con_{PA} のように $\mathbb{N}$ 上で真である $\mathcal{L}_A$ の文を新たな非論理的公理として PA に付け加えて得られる公理系でも，この三つの条件は成り立つ．実質的にはすべての数学的な議論を形式的に展開できると信じられているツェルメロとフレンケルの集合論も，この三つの条件を満たす公理系である．

$\mathcal{L}_A$ の公理系 T が ω 無矛盾であるとは，どのような $\mathcal{L}_A$ の論理式 $\varphi(x)$ についても，すべての $n \in \mathbb{N}$ について $T \vdash \varphi(n)$ であれば $T \vdash \exists x \neg\varphi(x)$ でな

い，ということである．$\mathbb{N} \models T$ であれば T は ω 無矛盾である．また，$\varphi(x)$ を $x = x$ とすれば，すべての $n \in \mathbb{N}$ について $T \vdash \varphi(n)$ が成り立つので，T が ω 無矛盾であれば $T \vdash \exists x \neg \varphi(x)$ でない．したがって，T は ω 無矛盾であれば無矛盾である．しかし一般に，T は無矛盾であっても ω 無矛盾であるとは限らない．ロッサーは算術を含む公理系が完全でないことを示すためには，上の三つの条件のうちの「ω 無矛盾である」という条件を「無矛盾である」という条件に弱められることを示している．

なお，ゲーデルによる論理式 $\text{Pr}_{\text{PA}}(x)$ の定義は証明の定義に沿った自然なものであるが，第二不完全性定理が成り立たないように恣意的に $\text{Pr}_{\text{PA}}(x)$ を定義し直すこともできる．

ところで，ゲーデルの不完全性定理の証明と同様の方法で，どのような $\mathcal{L}_A$ の論理式 $\text{Tr}(x)$ に対しても，$\mathbb{N} \models \varphi \leftrightarrow \neg\text{Tr}(\ulcorner\varphi\urcorner)$ となる $\mathcal{L}_A$ の文 φ が存在することが証明できる．したがって，$\mathcal{L}_A$ のすべての文 φ について $\mathbb{N} \models \varphi \leftrightarrow \text{Tr}(\ulcorner\varphi\urcorner)$ が成り立つ $\mathcal{L}_A$ の論理式 $\text{Tr}(x)$ は存在しない．これは**タルスキの定理**と呼ばれている．$\text{Tr}(\ulcorner\varphi\urcorner)$ を「φ は真である」と読むことにすると，$\mathbb{N} \models \varphi \leftrightarrow \text{Tr}(\ulcorner\varphi\urcorner)$ という条件は「φ が真であるのは，φ が成り立つときであり，またそのときに限る」という意味になる．これはタルスキが「真である」という概念に要求した条件であり，この条件を満たす $\text{Tr}(x)$ を**真理述語**と呼ぶ．タルスキの定理は「真である」という概念は $\mathcal{L}_A$ の論理式では定義できないことを示した定理として知られている．

0.3 計算可能性

計算可能性に関わる最も基礎的な概念が**チューリング機械**である．チューリング機械とは現在の計算機の概念を数学的に定めたものであり，記憶容量や計算時間の制約がないこと以外は現在の計算機と同等のものである．これまでに様々な計算のモデルが提案されているが，それらはいずれもチューリング機械と同等の能力をもつことが知られている．現在では「チューリング機械で計算可能であることが計算可能であることの定義である」という**チャーチ・チューリングの提唱**が広く受け入れられている．

チューリング機械と同等な計算のモデルのひとつに再帰的関数がある．再帰的関数とは有限個の自然数を入力にもち，自然数を出力する関数である．再帰的関数は以下のように定義される．

定義 0.3.1 m, n を自然数とし，$\vec{x} = x_1, \ldots, x_n$ とする．

1. まず，$s : \mathbb{N} \to \mathbb{N}$ を $s(x) = x + 1$ によって定める．この s を**後者関数**と呼ぶ．次に $c \in \mathbb{N}$ として，$\tau_c^n : \mathbb{N}^n \to \mathbb{N}$ を $\tau_c^n(\vec{x}) = c$ によって定める．この τ_c^n を**定数関数**と呼ぶ．また，$i \leq n$ として，$\pi_i^n : \mathbb{N}^n \to \mathbb{N}$ を $\pi_i^n(\vec{x}) = x_i$ によって定める．この π_i^n を**射影関数**と呼ぶ．以上の三種類の関数を**初期関数**という．

2. $\psi : \mathbb{N}^m \to \mathbb{N}$，$\chi_1, \ldots, \chi_m : \mathbb{N}^n \to \mathbb{N}$ とする．$\varphi : \mathbb{N}^n \to \mathbb{N}$ を $\varphi(\vec{x}) = \psi(\chi_1(\vec{x}), \ldots, \chi_m(\vec{x}))$ によって定める．この φ を ψ と $\chi_1, \ldots, \chi_m$ の**合成**によって定められる関数という．

3. $\psi : \mathbb{N}^n \to \mathbb{N}$，$\chi : \mathbb{N}^{n+2} \to \mathbb{N}$ とする．$\varphi : \mathbb{N}^{n+1} \to \mathbb{N}$ を

   - $\varphi(\vec{x}, 0) = \psi(\vec{x})$，
   - $\varphi(\vec{x}, s(y)) = \chi(\vec{x}, y, \varphi(\vec{x}, y))$．

   という二つの条件で定める．この φ を ψ と χ から**原始再帰**によって定められる関数という．

4. $\psi : \mathbb{N}^{n+1} \to \mathbb{N}$ とする．$\varphi : \mathbb{N}^n \to \mathbb{N}$ を与えられた $\vec{x}$ に対して，すべての $z < y$ について $\psi(\vec{x}, z) \neq 0$ であり，$\psi(\vec{x}, y) = 0$ である y が存在すればそのような y を $\varphi(\vec{x})$ と定め，存在しなければ $\varphi(\vec{x})$ は未定義であると定める．この $\varphi(\vec{x})$ を $\mu y(\psi(\vec{x}, y) = 0)$ と書いて，ψ から**最小化**によって得られる関数という．

定義 0.3.2 初期関数をもとに合成，原始再帰を繰り返して得られる関数を**原始再帰的関数**という．また，初期関数をもとに合成，原始再帰，最小化を繰り返して得られる関数を**再帰的関数**という．

例えば，$\psi(x) = \pi_1^1(x)$ とし，関数 $\chi : \mathbb{N}^3 \to \mathbb{N}$ を合成を用いて $\chi(x, y, z) = s(\pi_3^3(x, y, z))$ と定めて，$\varphi : \mathbb{N}^2 \to \mathbb{N}$ を原始再帰によって

1. $\varphi(x, 0) = \psi(x)$，
2. $\varphi(x, s(y)) = \chi(x, y, \varphi(x, y))$

という二つの条件で定義すると，この $\varphi(x,y)$ は x と y の和を計算する原始再帰的関数になる．和が可換であることや結合則を満たすことなど，和の性質はすべてこの二つの条件を用いて証明できる．

再帰的関数の定義では最小化が用いられるので，入力の値によっては出力をもたない場合がある．このような関数を一般に**部分関数**と呼ぶ．それに対して通常の関数を**全域的関数**といい，全域的な再帰的関数を**一般再帰的関数**と呼ぶ．再帰的関数が一般再帰的でないことを強調するときには**部分再帰的関数**と呼ぶこともある．原始再帰的関数は全域的である．これらの関数の名前について，再帰的という言葉の代わりに**帰納的**という言葉が用いられることもある．例えば再帰的関数は**帰納的関数**とも呼ばれる．

和や差，積，冪など，自然数上の初等的な関数はほとんどすべて原始再帰的である．大雑把にいうと原始再帰的関数とは，各入力に対して計算結果が出るまでにどれだけの手順が必要になるのかが，計算を実行しなくても評価できるような関数である．原始再帰的でない再帰的関数については，各入力に対して出力をもつときには有限時間内に結果を出すが，どれだけ待てば結果を出すのか，果たして結果を出すのかどうかは実際に計算してみないことにはわからないことが多い．**アッカーマン関数**のように，一般再帰的であるが原始再帰的ではない関数の存在も知られている．

再帰的関数が部分関数なのは，計算機を動かすプログラムと入力される値によっては，計算機の動作が無限ループに入る場合があることに対応している．$\varphi : \mathbb{N}^n \to \mathbb{N}$ を再帰的関数，$\vec{x} \in \mathbb{N}^n$ とする．$\varphi(\vec{x})$ が値をもつとき，すなわち，φ を計算する計算機に $\vec{x}$ を入力したとき結果を出力して停止するときに $\varphi(\vec{x}){\downarrow}$ と書く．

次に，自然数の集合が再帰的であること，および再帰的可算であることを定める．一般に $X \subseteq \mathbb{N}^n$ とするとき，

$$\varphi(\vec{x}) = \begin{cases} 0 & \vec{x} \in X \text{ のとき} \\ 1 & \vec{x} \notin X \text{ のとき} \end{cases}$$

によって定められる関数 φ を X の**特性関数**と呼ぶ．X がどのような集合であれ，X の特性関数は全域的である．

定義 0.3.3 $X \subseteq \mathbb{N}^n$ とする.

1. X の特性関数が再帰的であるとき，X は**再帰的集合**であるという．
2. $X = \{\vec{x} \in \mathbb{N}^n : \varphi(\vec{x}) = 0\}$ となる再帰的関数 $\varphi : \mathbb{N}^n \to \{0, 1\}$ が存在するとき，X は**再帰的可算集合**であるという．

集合 X が再帰的であるときに，X は**計算可能**である，または**決定可能**であるということもある．また，集合に関しても再帰的という言葉の代わりに帰納的という言葉が用いられることがある．例えば再帰的可算集合は帰納的可算集合とも呼ばれる．

定義から明らかに，再帰的集合は再帰的可算である．再帰的可算集合の定義において，$X = \{\vec{x} \in \mathbb{N}^n : \varphi(\vec{x}) = 0\}$ となる再帰的関数 φ が全域的であれば，この φ は X の特性関数になるので，X は再帰的になる．再帰的集合と再帰的可算集合の違いは，この φ が全域的かどうかという点にある．再帰的可算であるが再帰的でない集合が存在することはゲーデルの第一不完全性定理から導かれる．また，そのような集合の存在から第一不完全性定理の一種を導くことも可能である．再帰的でない再帰的可算集合の存在は第一不完全性定理と深く関わっている．

なお，$X \subseteq \mathbb{N}^n$ が再帰的可算であることは，$X = \{\vec{x} \in \mathbb{N}^n : \varphi(\vec{x}) \downarrow\}$ となる再帰的関数 $\varphi : \mathbb{N}^n \to \mathbb{N}$ が存在することと同値である．特に $n = 1$ の場合には，$X \subseteq \mathbb{N}$ が再帰的可算であることは，関数値の集合が X となるような再帰的関数 $\varphi : \mathbb{N}^n \to \mathbb{N}$ が存在すること，すなわち $X = \{\varphi(\vec{x}) \in \mathbb{N} : \vec{x} \in \mathbb{N}^n$ かつ $\varphi(\vec{x}) \downarrow\}$ となる再帰的関数 $\varphi : \mathbb{N}^n \to \mathbb{N}$ が存在することと同値である．また，$X \subseteq \mathbb{N}^n$ が再帰的であることと，X と $\mathbb{N}^n \setminus X$ が共に再帰的可算であることが同値である．

ところで，いくつかの対象が与えられたとき真か偽かを返す関数 $P : \mathbb{N}^n \to \{$真, 偽$\}$ が**述語**であった．$P(\vec{x})$ を $\mathbb{N}$ 上の述語とし，$X = \{\vec{x} \in \mathbb{N}^n : P(\vec{x})$ は真$\}$ と定める．X が再帰的または再帰的可算となるとき，$P(\vec{x})$ は再帰的または再帰的可算であるという．述語を用いることが表記上便利な場合があるが，述語を考えることと，対応する集合を考えることの間に本質的な違いはない．なお，$P(\vec{x}, y)$ が再帰的な述語のとき，$\exists y P(\vec{x}, y)$ は再帰的可算な述語である．

さて，ここまでは関数や集合が再帰的かどうかについて議論してきた．関数が計算機で計算可能であるときには，その関数を計算するためのプログラムが

ある．関数が再帰的であるときには，その関数の再帰的関数としての定義が存在する．その再帰的関数の定義を用いることで具体的に関数値を求めることができるので，再帰的関数の定義もまたプログラムの一種であると考えられる．そして，計算機のプログラムであれ，再帰的関数の定義として書かれるプログラムであれ，プログラムはいずれも記号の有限列として書かれ，記号の有限列は自然数でコーディングできる．

関数の計算可能性を考えるときには，関数そのものについて考えるだけでなく，関数を計算するためのプログラムを考えることが重要である．計算可能性についての議論の多くの部分は，計算可能な関数についての議論であるというよりも，関数を計算するためのプログラムのコードについての議論である．ただし，プログラムのコードについての議論では，プログラムの書き方やコーディングの方法の選択に依存しない一般論と，それらの選択に依存する個別の議論を区別する必要がある．以下ではプログラムの書き方と，プログラムのコーディングの方法を一つ固定して議論を進めるが，以下の議論の多くの部分はどのようなコーディングでも成り立つ一般論ではなく，コーディングの方法がある意味で自然な場合に成り立つものである．

コードが $e \in \mathbb{N}$ であるプログラムによって計算される関数を φ_e と書く．φ_e を $\{e\}$ と書くこともある．$\varphi, \psi : \mathbb{N}^n \to n$ を再帰的関数とする．φ と ψ のグラフが一致するとき，つまり，すべての $\vec{x} \in \mathbb{N}^n$ について，$\varphi(\vec{x})\downarrow$ であることと $\psi(\vec{x})\downarrow$ であることが同値であり，$\varphi(\vec{x})\downarrow$ ならば $\varphi(\vec{x}) = \psi(\vec{x})$ であるとき，$\varphi \simeq \psi$ と書く．一つの関数を計算する複数のプログラムがあるので，$\varphi_d \simeq \varphi_e$ であっても $d = e$ であるとは限らない．

現在の計算機の特徴の一つは，計算時間とメモリの容量の問題を無視すれば，プログラムを入れ替えることであらゆる計算可能な関数を計算できることにある．そのような普遍的な計算機は**万能チューリング機械**と呼ばれている．より正確には，万能チューリング機械とは次の定理で与えられる再帰的関数 U^n のことである．

定理 0.3.4 $n \in \mathbb{N}$ とする．φ_e が n 変数の再帰的関数となるすべての $e \in \mathbb{N}$ について $U^n(e, \vec{x}) \simeq \varphi_e(\vec{x})$ が成り立つような，$n+1$ 変数の再帰的関数 U^n が存在する．

集合 $K \subseteq \mathbb{N}$ を $K = \{x \in \mathbb{N} : U^1(x,x)\downarrow\}$ によって定めると，K は再帰的可算であるが再帰的でない集合になる．

コードが e であるプログラムによって計算される $m+n$ 変数の再帰的関数 $\varphi_e : \mathbb{N}^{m+n} \to \mathbb{N}$ の，最初の m 個の変数に m 個の自然数 $\vec{a} \in \mathbb{N}^m$ を代入して得られる n 変数の関数 $\varphi_e(\vec{a}, \vec{y})$ は計算可能であり，再帰的である．この関数を計算するプログラムのコードは e と $\vec{a}$ から原始再帰的に計算できることを主張するのが次の定理である．

定理 0.3.5（S_n^m **定理**） すべての $e \in \mathbb{N}$ と $\vec{a} \in \mathbb{N}^m$ について $\varphi_{S_n^m(e,\vec{a})}(\vec{y}) \simeq \varphi_e(\vec{a}, \vec{y})$ となる原始帰納的関数 $S_n^m(z, \vec{x})$ が存在する．

S_n^m 定理と対角線論法の一種を用いることで次の定理が証明できる．

定理 0.3.6（**再帰定理**） $\varphi(x, \vec{y})$ を再帰的関数とすると，$\varphi_e(\vec{y}) \simeq \varphi(e, \vec{y})$ となる $e \in \mathbb{N}$ が存在する．

次の定理は再帰定理の系である．

定理 0.3.7（**ライスの定理**） F を項数が 1 の再帰的関数全体の集合とし，G を空でない F の真部分集合とする．$C = \{e \in \mathbb{N} : \varphi_e \in G\}$ とする．このとき，C は再帰的でない．

ライスの定理を使うと再帰的関数に関わる様々な集合が決定可能でないことが簡単に示せる．例えば，f を再帰的関数とするとき，ライスの定理で G を集合 $\{f\}$ とすることで，集合 $\{e \in \mathbb{N} : f \simeq \varphi_e\}$ が再帰的でないこと，つまり，意図された特定の再帰的関数を計算するプログラムのコード全体の集合は決定可能でないことがわかる．また，ライスの定理で G を一般再帰的関数全体の集合，つまり全域的な再帰的関数全体の集合とすることで，全域的な再帰的関数を計算するプログラムのコード全体の集合は決定可能でないことがわかる．

さて，命題論理を考える．論理式は自然数でコーディングされていると仮定し，算術の言語 $\mathcal{L}_A$ の場合と同様に，論理式 φ のコードを「φ」と書いて φ のゲーデル数と呼ぶ．T を論理式の集合とする．T の要素のゲーデル数全体の集合 $\{\ulcorner\varphi\urcorner \in \mathbb{N} : \varphi \in T\}$ が再帰的なとき，T は**再帰的**または**決定可能**である

0.3 計算可能性

という．公理系 T が再帰的であるとは，何が T の公理なのか計算機で判定できるということである．

φ を論理式とする．φ に現れる命題変数は有限個しかなく，その有限個の命題変数に関わる真理値の割り当ては有限種類しかない．その有限種類の真理値の割り当て各々についての φ の真偽は有限時間で計算できる．したがって，トートロジー全体の集合は再帰的である．なお，弱完全性定理によりトートロジー全体の集合は空集合の定理全体の集合と一致するので，空集合の定理全体の集合は再帰的である．

T は再帰的な公理系とする．$T \vdash \varphi$ であるとすると，証明を次々と上手に作って並べて，φ の証明になっているかどうかを確認していけば，いずれは φ の証明が現れる．したがって，関数値の集合が T の定理のゲーデル数全体の集合となるような再帰的関数が存在するので，T の定理全体の集合は再帰的可算である．しかし，$T \vdash \varphi$ でない場合には，T が完全でなければ $T \vdash \neg\varphi$ であるとは限らないので，T の証明をいくら探しても $T \vdash \varphi$ でないことの証拠は得られない．一般に T が再帰的であっても T の定理全体の集合も再帰的になるとは限らない．

ただし T が再帰的で完全な公理系である場合は，先の T の証明の列を調べていけば，すべての φ について，いずれは φ か $\neg\varphi$ の証明が現れるので，T の定理全体の集合は再帰的である．また，T が有限集合 $\{\varphi_1, \ldots, \varphi_n\}$ である場合は，演繹定理により $T \vdash \varphi$ であることは $\varphi_1 \to (\varphi_2 \to (\cdots (\varphi_n \to \varphi) \cdots))$ がトートロジーであることと同値であり，トートロジーの集合は再帰的なので，T は完全でなくても T の定理全体の集合は再帰的である．

述語論理の場合も，公理系が再帰的であることは命題論理の場合と同様に定義できる．しかし命題論理の場合とは異なり，空集合の定理全体の集合は一般に再帰的ではない．また，PA は再帰的であるが PA の定理全体の集合は再帰的でなく，$\mathbb{N}$ 上で真である算術の言語 $\mathcal{L}_A$ の文全体の集合 $\{\varphi : \mathbb{N} \models \varphi\}$ を**真の算術**と呼んで TA と書くことにすると，TA は再帰的でない．この最後の二つの事実は第一不完全性定理と関係が深い．

参考書

本章は数理論理学の基本的な概念の素描に過ぎないので，本書で初めて数理論理学に出会った人には数理論理学の標準的な教科書を読むことをお勧めしたい．数理論理学の標準的な教科書としては以下のものが挙げられる．

- 江田勝哉，数理論理学—使い方と考え方：超準解析の入り口まで，内田老鶴圃，2010.
- 小野寛晰，情報科学における論理，日本評論社，1994.
- 角田譲，数理論理学，朝倉書店，1996.
- 鹿島亮，数理論理学，朝倉書店，2009.
- 坪井明人，数理論理学の基礎・基本，牧野書店，2012.
- Ebbinghaus, H.-D., Flum, J., and Thomas, W., Mathematical Logic (2nd ed.), Springer, 1994.
- Enderton, H.B., A Mathematical Introduction to Logic (2nd ed.), Academic Press, 2001.
- van Dalen, D., Logic and Structure (5th ed.), Springer, 2012.

いずれも丁寧に書かれた優れた教科書であるが，それぞれ著者の趣味や個性が表れているので，好みや相性があるであろう．また，ここに挙げたもの以外にも優れた教科書がたくさんある．さらにレベルの高い数理論理学の教科書に以下の二冊がある．

- 新井敏康，数学基礎論，岩波書店，2011.
- Shoenfield, J.R., Mathematical Logic, Addison Wesley, 1967.

以上の教科書でも計算可能性については紹介されているが，計算可能性に話題を限るのなら以下の教科書が読みやすく，内容も豊富である．

- 篠田寿一，帰納的関数と述語，河合文化教育研究所，1997.
- 高橋正子，計算論：計算可能性とラムダ計算，近代科学社，1991.

なお，本章の内容は拙著『不完全性定理』（共立出版，2014）でも紹介している．この本では不完全性定理を中心に，本章では紹介しきれなかった様々な話題について議論している．機会があればご覧頂きたい．

第1部
様相論理入門

佐野 勝彦

様相論理とは，伝統的には命題の必然性・可能性・不可能性などの様相概念を扱う論理である．例えば「p でないことは不可能である」と「p は必然的である」は同値に思えるが，「p は必然的である」を $\Box p$，「p は可能である」を $\Diamond p$ と書けばこの同値は $\neg \Diamond \neg p \leftrightarrow \Box p$ と表現できる．フレーゲ以来の現代的論理学の枠組みで様相概念の形式化を初めて行ったのは 1932 年の C.I. ルイスと C.H. ラングフォードである．しかし，その当初は意味論が整備されておらず，公理系による証明論研究しかなされていなかった．その後 1960 年代に，クリプキが初めて様相論理に関係構造・グラフ構造に基づく意味論を与え，いくつかの公理系と関係構造が満たす性質の間に対応関係が付くことを明らかにした．関係構造やグラフ構造は，関係データベースや状態遷移図などいたるところに存在するといってよい．クリプキの業績以来，様相論理はその応用範囲を大きく広げ，現在では関係構造・グラフ構造について語る単純な形式言語とみなされている．表 1 に挙げた論理はすべて広い意味での様相論理とみなされ，そのすべてに関係構造に基づく意味論を与えることができる．表 1 の時制論理での $\Diamond p$ の未来時制としての読み「p だろう」を考えよう．「p だろう」が成立する（真である）かどうかを問題にするためには，時間順序において「いつ」ないし「どの時点」で「p だろう」を評価するかが問題となる．この点で「p だろう」には隠れたパラメータがあり，意味論を与える場合にはこのパラメータのとる値を明確にしなければならない．表 1 の認識論理の $\Box p$ の読み「エージェント（ないし，ある人）が p と知っている」に対しても，我々の知識は変化しうるため，エージェントごとに異なりうる到達可能性をもつ世界・状況の集合の中で「どの状況」ないし「どの世界」で「p と知っている」のか問題にする必要がある．クリプキは「世界 w' が世界 w からみて相対的に可能」という二項関係を導入して，「p は必然的である」の真偽を世界 w に相対化して「『p は必然的である』が世界 w で真となるのは w から相対的に可能なすべての世界 w' で p が真となる場合でありその場合に限る」と意味論を与えた．

第 1 部の目的は様相論理を学ぶ際に踏まえておくべき基本を現代的な観点から紹介することである．第 1 章では，よく知られたいくつかの様相論理の公理系を導入し，それらの体系が対応する性質を満たす関係構造による意味論によって捉えられることを示す．すなわち，様相論理のある公理系が，公理に対応する性質を満たす関係構造上のクリプキ意味論に対して，健全かつ（強）完全となることを示す．特に完全性証明はクリプキが 1963 年に与えた仕方で

表 1　様々な □ と ◇ の読み

論理	□p	◇p (= ¬□¬p)
様相論理	p は必然的	p は可能
義務論理	p せねばならない	p してもよい
認識論理	p を知っている	p は知識と矛盾しない
信念論理	p を信じている	p は信念と矛盾しない
時制論理（未来）	どの未来でも p	p だろう
時制論理（過去）	どの過去でも p	p だった
命題動的論理	プログラムの実行後 p	プログラム実行後に p が可能
証明可能性論理	p が証明可能	p の否定は証明不可能

はなく，その後，レモンとスコットにより導入されたカノニカルモデルの概念 [26] を用いて行う．第 2 章では，様相論理が関係構造・グラフ構造を通してその応用範囲を広げた要因の一つである，様相論理の決定可能性を扱う（よく知られているように，一階述語論理が決定不可能となることは，1936 年にチャーチ [6] とチューリング [41] によりそれぞれ独立に示されている）．有限個の公理で公理系を与えられる様相論理に対しては，その決定可能性が有限フレーム性という性質に還元される．第 1 章で導入した一部の様相論理が有限フレーム性をもつことをレモンとスコットにより整備された濾過法というモデル構成法 [26] により示す．第 3 章では，様相論理のシークエント計算体系を概観した後，時間論理・認識論理・動的論理等の様相論理のいくつかの現代的発展の例をみる．その後，クリプキによる関係構造を使った様相論理の意味論がどのような文脈で生まれたのかの歴史を振り返る．さらに日本で "modal logic" がいつ「様相論理」と訳され始めたのかについても簡単にコメントする[1]．

---

[1] 2015 年度数学基礎論サマースクールの折に多数の質問・コメントを下さった参加者の皆さんに感謝します．また，本稿の草稿に対して詳細なコメントを書いて送って下さった，東京工業大学の鹿島亮先生，静岡大学の鈴木信行先生，木更津工業高等専門学校の倉橋太志氏に謝意を表します．しかし，本稿に残る誤りは，すべて筆者に帰されるべきものです．本稿の執筆は JSPS 科研費 若手研究 (B)15K21025 の助成を受けています．

第1章

正規様相論理の
構文論・意味論・ヒルベルト式公理系

1.1 様相論理の構文論・意味論・フレーム定義可能性

空でない集合 W とその上の二項関係 $R \subseteq W \times W$ の対は，関係構造や有向グラフと呼ばれることもあるが，本稿では**（クリプキ）フレーム**といい，F, G などで表す．フレーム (W, R) の W の要素は**世界・状況**等とみなすことができ，二項関係 R は**遷移関係・到達可能性関係**とみなせる．$F = (W, R)$ において W が有限集合のとき，F を**有限フレーム**という．フレームの集まり（クラス）を $\mathbb{F}$, $\mathbb{G}$ などで表す約束をする．(W, R) の R がみたす条件（性質）に表2のように名前を付けよう．本稿では，例えば，R が反射的であるとき，フレーム (W, R) が反射的である，という言い方も許すこととする．

表2 様々な到達可能性 R の性質

反射的 (reflexive)	$\forall w\,(wRw)$
対称的 (symmetric)	$\forall w, v\,(wRv \Rightarrow vRw)$
推移的 (transitive)	$\forall w, v, u\,((wRv \text{ かつ } vRu) \Rightarrow wRu)$
ユークリッド的 (Euclidean)	$\forall w, v, u\,((wRv \text{ かつ } wRu) \Rightarrow vRu)$
継起的 (serial)	$\forall w \exists v\,(wRv)$
有向的 (directed)	$\forall w, v, u((wRv \text{ かつ } wRu) \Rightarrow \exists s(vRs \text{ かつ } uRs))$

さらに (W, R) がフレームのとき：

- (W, R) が**非反射的** (irreflexive)
  $\iff$ 任意の $w \in W$ に対し（wRw でない），

- (W, R) が**反対称的** (antisymmetric)
  $\iff$ 任意の $w, u \in W$ に対し $((wRu \text{ かつ } uRw) \Rightarrow w = u)$,

- (W, R) が**普遍的** (universal, full) $\iff R = W \times W$,

- (W, R) が**前順序** (partial pre-ordering)
  $\iff (W, R)$ が反射的かつ推移的,

- (W, R) が**半順序** (partial ordering)
  $\iff (W, R)$ が反射的かつ推移的かつ反対称的,

- R が**同値関係** (equivalence relation)
  $\iff (W, R)$ が反射的かつ推移的かつ対称的,

- (W, R) に **R 無限上昇列**がある
  $\iff W$ 中に無限列 $(w_n)_{n \in \omega}$ (ω は自然数全体の集合) が存在し,任意の $n \in \omega$ に対し $w_n R w_{n+1}$,

と言葉遣いを定める.W 上の二項関係 R, R' の**合成** $R \circ R'$ は

$$R \circ R' := \{(w, v) \mid \text{ある } u \in W \text{ が存在して } wRu \text{ かつ } uR'v\}$$

と定義する.さらに R^n ($n \in \omega$) を $R^0 := \{(w, w) \mid w \in W\}$, $R^1 := R$, $R^{n+1} := R^n \circ R$ により帰納的に定める.このとき R の**推移閉包** R^+ と R の**反射推移閉包** R^* を

$$R^+ = \bigcup_{n \geqslant 1} R^n, \qquad R^* = \bigcup_{n \in \omega} R^n$$

と定める.wR^+v のときは R を有限回(一回以上)たどって w から v へ到達でき,wR^*v のときは R をゼロ回も含めて有限回たどって w から v へ到達できることを意味する.

様相論理の言語を,**命題変数**の可算無限集合 $\mathsf{Prop} = \{p, q, r, \dots\}$, **命題結合子** $\bot$, $\to$, **様相演算子** $\Box$ の語彙によって定める.この言語上の**論理式**(φ, ψ などで表す)の全集合 Form を

$$\mathsf{Form} \ni \varphi ::= p \mid \bot \mid \varphi \to \varphi \mid \Box\varphi \qquad (p \in \mathsf{Prop}),$$

と定める.さらに通常どおり

$$\neg\varphi := \varphi \to \bot,\ \varphi \lor \psi := (\neg\varphi) \to \psi,\ \varphi \land \psi := \neg(\varphi \to \neg\psi)$$
$$\varphi \leftrightarrow \psi := (\varphi \to \psi) \land (\psi \to \varphi),\ \top := \bot \to \bot,\ \Diamond\varphi := \neg\Box\neg\varphi$$

のように略記を定める.Γ, Δ, Σ などを使って論理式の集合を表す.

(クリプキ) モデルとはフレーム (W, R) と W 上の**付値関数** $V : \mathsf{Prop} \to \wp(W)$ の対であり(ここで $\wp(W)$ は W の**べき集合** $\{X \mid X \subseteq W\}$),M, N などで表そう.任意のモデル $M = (W, R, V)$,任意の $w \in W$,任意の論理式 φ に対して,**充足関係** $M, w \models \varphi$(「φ が M の w で真である」)が次のように定義される:

$$
\begin{aligned}
M, w &\models p &&\iff w \in V(p), \\
M, w &\not\models \bot, \\
M, w &\models \varphi \to \psi &&\iff M, w \not\models \varphi\ \text{あるいは}\ M, w \models \psi \\
& &&(\iff M, w \models \varphi\ \text{ならば}\ M, w \models \psi), \\
M, w &\models \Box\varphi &&\iff wRv\ \text{なる任意の}\ v \in W\ \text{について}\ M, v \models \varphi.
\end{aligned}
$$

このとき定義記号については下記のような充足関係が導かれる.

$$
\begin{aligned}
M, w &\models \neg\varphi &&\iff M, w \not\models \varphi, \\
M, w &\models \varphi \lor \psi &&\iff M, w \models \varphi\ \text{あるいは}\ M, w \models \psi, \\
M, w &\models \varphi \land \psi &&\iff M, w \models \varphi\ \text{かつ}\ M, w \models \psi, \\
M, w &\models \varphi \leftrightarrow \psi &&\iff (M, w \models \varphi \iff M, w \models \psi), \\
M, w &\models \top, \\
M, w &\models \Diamond\varphi &&\iff wRv\ \text{なる}\ v \in W\ \text{が存在して}\ M, v \models \varphi.
\end{aligned}
$$

φ を論理式としたとき,次のようにモデル・フレーム・フレームクラスのそれぞれのレベルで妥当性概念を定義できる.

- φ が**モデル** $M = (W, R, V)$ **で妥当である**($M \models \varphi$ と表記)
  $\iff$ すべての $w \in W$ について $M, w \models \varphi$.

- φ が**フレーム** $F = (W, R)$ **で妥当である**($F \models \varphi$ と表記)
  $\iff$ すべての付値関数 $V : \mathsf{Prop} \to \wp(W)$ に対して $(F, V) \models \varphi$.

- φ が**フレームクラス** $\mathbb{F}$ **で妥当である**($\mathbb{F} \models \varphi$ と表記)
  $\iff$ すべてのフレーム $F \in \mathbb{F}$ に対して $F \models \varphi$.

1.1 様相論理の構文論・意味論・フレーム定義可能性

以下本稿では，Γ が論理式の集合のときには Γ の全要素がモデル $M = (W, R, V)$ の $w \in W$ で真となることを，表記 $M, w \models \Gamma$ で表す．さらに Γ の全要素がそれぞれのレベルで妥当となることで，Γ がモデル・フレーム・フレームのクラスで妥当になることを定義し，表記 $M \models \Gamma, F \models \Gamma, \mathbb{F} \models \Gamma$ を用いる．

命題 1.1.1 $F = (W, R)$ を任意のフレームとする．

(i) $\Box(p \to q) \to (\Box p \to \Box q)$ は F で妥当である．
(ii) $F \models \varphi$ ならば $F \models \Box \varphi$．

証明 (i) W 上の任意の付値関数 V，任意の $w \in W$ を考え，$M = (F, V)$ とおく．$M, w \models \Box(p \to q)$ と $M, w \models \Box p$ を仮定する．$M, w \models \Box q$ を示すために，wRv なる任意の $v \in W$ を考える．このとき $M, v \models q$ を示せばよい．wRv と仮定より，$M, v \models p \to q$ と $M, v \models p$ となるので，$M, v \models q$ が得られる．

(ii) $F \models \varphi$ と仮定する．W 上の任意の付値関数 V，任意の $w \in W$ を考え，$M = (F, V)$ とおく．このとき $M, w \models \Box \varphi$ を示せばよい．そこで wRv なる任意の $v \in W$ を考え，$M, v \models \varphi$ を示す．$F \models \varphi$ より $M, v \models \varphi$ が得られる． □

定義 1.1.2 論理式の集合 Γ がフレームクラス $\mathbb{F}$ を **定義する** のは，任意のフレーム F について

$$F \models \Gamma \iff F \in \mathbb{F}$$

の同値が成立する場合である．フレームクラス $\mathbb{F}$ が **定義可能** であるのは，論理式の集合 Γ が存在して Γ が $\mathbb{F}$ を定義する場合である．

上記の定義において Γ が単元集合 $\{\varphi\}$ のとき，混乱を生じない限りにおいて，単に φ が $\mathbb{F}$ を定義する，ともいう．

命題 1.1.3 表3の各論理式は，対応する到達可能性 R の性質をもつフレームすべてからなるクラスを定義する．

表3 様々な到達可能性 R の性質の定義可能性（表2も参照のこと）

論理式	到達可能性 R の性質
T $\quad \Box p \to p$	反射的
B $\quad p \to \Box \Diamond p$	対称的
4 $\quad \Box p \to \Box \Box p$	推移的
5 $\quad \Diamond p \to \Box \Diamond p$	ユークリッド的
D $\quad \Box p \to \Diamond p$	継起的
.2 $\quad \Diamond \Box p \to \Box \Diamond p$	有向的
L $\quad \Box(\Box p \to p) \to \Box p$	R は推移的，かつ，R 無限上昇列がない

証明 論理式 5 と L のみ扱う．$F = (W, R)$ を任意のフレームとする．

(5) 同値 $F \models 5 \iff F$ がユークリッド的，を示す．

($\Leftarrow$) まず F がユークリッド的であるときに $F \models 5$ となることを示す．F 上の任意の付値関数 V，任意の $w \in W$ を考え，$M = (F, V)$ とおく．さらに $M, w \models \Diamond p$ と仮定する．$M, w \models \Box \Diamond p$ を示すために，wRv と仮定し，$M, v \models \Diamond p$ を示す．$M, w \models \Diamond p$ より，wRu を満たす $u \in W$ が存在して $M, u \models p$ となる．F がユークリッド的なので wRv かつ wRu より vRu となる．$M, u \models p$ と合わせて目標 $M, v \models \Diamond p$ を得る．

($\Rightarrow$) $F \models 5$ のときに F がユークリッド的であることを示す．wRv かつ wRu と仮定する．vRu を示す．$V(p) = \{u\}$ を満たす付値関数を考える．wRu と V の定め方より $M = (F, V)$ において $M, w \models \Diamond p$．仮定 $F \models 5$ より $M, w \models \Diamond p \to \Box \Diamond p$ となる．ゆえに $M, w \models \Box \Diamond p$．$wRv$ より $M, v \models \Diamond p$．これは V の定め方から vRu を含意する．

(L) 同値 $F \models L \iff (F$ は推移的，かつ，R 無限上昇列がない$)$，を示す．

($\Leftarrow$) まず F が推移的であり，かつ，F に R 無限上昇列がないと仮定するときに，$F \models L$ となることを示す．F 上の任意の付値関数 V，任意の $w \in W$ を考え，$M = (F, V)$ とおく．$M, w \models \Box(\Box p \to p)$ かつ $M, w \not\models \Box p$ と仮定する．このとき，次のように R 無限上昇列 $(w_n)_{n \in \omega}$ が構成できて，矛盾が生じる．$M, w \not\models \Box p$ から $M, v \not\models p$ かつ wRv を満たす $v \in W$ を一つ選んで w_0 とおく．$(w_n)_{0 \leqslant n \leqslant N}$ で $M, w_n \not\models p$ かつ $w_n R w_{n+1}$ ($0 \leqslant n \leqslant N-1$) を満たすものが構成できた，とする．このとき wRw_0 と

R の推移性より wRw_N となるので仮定より $M, w_N \models \Box p \to p$. $M, w_N \not\models p$ と合わせて $M, w_N \not\models \Box p$. ゆえに $w_N R v$ かつ $M, v \not\models p$ なる v を一つ選んで w_{N+1} と定めればよい.

($\Rightarrow$) 次の二つを示せば十分である.

(i) F が R 無限上昇列をもつときに $F \not\models \mathrm{L}$.

($\because$) F がもつ R 無限上昇列を $(w_n)_{n \in \omega}$ とおく.このとき $V(p) := W \setminus \{w_n \mid n \in \omega\}$ と定め,$M = (F, V)$ とおく.任意の $w \in W$ について $M, w \models \Box p \to p$ が成立する.なぜなら,ある $n \in \omega$ に対し $w = w_n$ のとき,$M, w_n \not\models \Box p$ となり,どの $n \in \omega$ に対しても $w \neq w_n$ のとき,$M, w \models p$ となるためである.以上より,$M, w_0 \models \Box(\Box p \to p)$ がいえる.これから,$M, w_0 \not\models \Box p$ と合わせて $M, w_0 \not\models \mathrm{L}$ がいえる.

(ii) F が推移的でないときに $F \not\models \mathrm{L}$.

($\because$) wRv かつ vRu だが,wRu が成立しない,w, v, u が存在する,と仮定する.wRv だが wRu が不成立なので $v \neq u$ となる.このとき $V(p) := W \setminus \{v, u\}$ を満たす付値関数を考える.仮定と V の定め方より,wRx となる任意の $x \in W$ について $M, x \models \Box p \to p$ がいえる ($x = v$ あるいは $x \neq v$ で場合分けをする).よって,$M, w \models \Box(\Box p \to p)$.一方,$wRv$ かつ $v \notin V(p)$ なので $M, w \not\models \Box p$ となる.以上より,$M, w \not\models \mathrm{L}$ がいえた. □

定義 1.1.2 から次の命題は直ちに従う.この命題から,例えば,表 3 に挙げた論理式からなる集合 $\{\mathrm{T}, 4\}$ が反射的かつ推移的なフレームすべてからなるクラスを定義することがわかる.

命題 1.1.4 論理式の集合 Γ_i がフレームクラス $\mathbb{F}_i$ ($i = 1, 2$) を定義するとき,$\Gamma_1 \cup \Gamma_2$ は $\mathbb{F}_1 \cap \mathbb{F}_2$ を定義する.

1.2 正規様相論理とそのクリプキ意味論に対する健全性

まず基本となる様相論理 **K** のヒルベルト式公理系を述べるために必要な一様代入の概念を定義しよう.

表 4　様相論理 **K** のヒルベルト式公理系 H(**K**)

公理	
Taut	命題トートロジー
K	$\Box(p \to q) \to (\Box p \to \Box q)$
推論規則	
分離則 MP	φ と $\varphi \to \psi$ から ψ を導く
一様代入則	φ から $\overline{\sigma}(\varphi)$ を導く，ただし σ は命題変数への一様代入．
必然化則	φ から $\Box\varphi$ を導く

定義 1.2.1（一様代入）　命題変数への一様代入 $\sigma :$ Prop $\to$ Form を論理式全体 Form へ一意に拡張した関数 $\overline{\sigma}$ を

$$\begin{aligned}
\overline{\sigma}(p) &:= \sigma(p) \\
\overline{\sigma}(\bot) &:= \bot \\
\overline{\sigma}(\varphi \to \psi) &:= \overline{\sigma}(\varphi) \to \overline{\sigma}(\psi) \\
\overline{\sigma}(\Box\varphi) &:= \Box\overline{\sigma}(\varphi)
\end{aligned}$$

により定める．論理式 ψ が論理式 φ の**代入例**であるのは，ある一様代入 σ が存在して $\psi = \overline{\sigma}(\varphi)$ となる場合と定める．

このとき，様相論理 **K** のヒルベルト式公理系 H(**K**) は表 4 のように与えられる．表 4 の「命題トートロジー」とは $\Box$ を含まない命題論理式でトートロジーとなる論理式のことである．論理式の有限リスト $(\varphi_i)_{1 \leqslant i \leqslant n}$ で，各 φ_i は公理系 H(**K**) の公理であるか，φ_i $(i > 1)$ がリスト中のそれ以前の論理式から推論規則によって得られるとき，φ_n が H(**K**) で（体系内）**定理**になる，といい，これを $\vdash_{\mathsf{H}(\mathbf{K})} \varphi_n$ と書く．このとき，$(\varphi_i)_{1 \leqslant i \leqslant n}$ は φ_n の H(**K**) での（体系内）**証明**と呼ばれる．例えば，$\Box(\varphi \wedge \psi) \to \Box\varphi$ が H(**K**) の定理になることは以下のような論理式のリスト（体系内証明）により正当化される．

1. $(p \wedge q) \to p$　　　　　　　　　　　　　　　Taut
2. $(\varphi \wedge \psi) \to \varphi$　　　　　　　　　　　　　1, 一様代入則
3. $\Box((\varphi \wedge \psi) \to \varphi)$　　　　　　　　　　　2, 必然化則
4. $\Box(p \to q) \to (\Box p \to \Box q)$　　　　　　　　K
5. $\Box((\varphi \wedge \psi) \to \varphi) \to (\Box(\varphi \wedge \psi) \to \Box\varphi)$　4, 一様代入則
6. $\Box(\varphi \wedge \psi) \to \Box\varphi$　　　　　　　　　　3, 5, MP

また，ほぼ同様な論理式のリストにより $\vdash_{\mathsf{H}(\mathbf{K})} \Box(\varphi \wedge \psi) \to \Box\psi$ となることも正当化される．一般に体系内証明は長くなりがちであり，また，すでに確立した体系内定理を利用して別の論理式が定理になることを示す場合には，$\vdash_{\mathsf{H}(\mathbf{K})}$ に関して議論をするのが便利である．

命題 1.2.2 (i) $\vdash_{\mathsf{H}(\mathbf{K})} \Box(\varphi \wedge \psi) \to (\Box\varphi \wedge \Box\psi)$．
(ii) $\vdash_{\mathsf{H}(\mathbf{K})} (\Box\varphi \wedge \Box\psi) \to \Box(\varphi \wedge \psi)$．

証明 (i) すでに $\vdash_{\mathsf{H}(\mathbf{K})} \Box(\varphi \wedge \psi) \to \Box\varphi$ と $\vdash_{\mathsf{H}(\mathbf{K})} \Box(\varphi \wedge \psi) \to \Box\psi$ は確立されているので，これらと命題トートロジー $(p \to q) \to ((p \to r) \to (p \to (q \wedge r)))$，および MP と一様代入則により，$\vdash_{\mathsf{H}(\mathbf{K})} \Box(\varphi \wedge \psi) \to (\Box\varphi \wedge \Box\psi)$ を得る．

(ii) まず $\vdash_{\mathsf{H}(\mathbf{K})} \varphi \to (\psi \to \varphi \wedge \psi)$ は命題トートロジーの代入例なので Taut と一様代入則より正当化される．必然化則より $\vdash_{\mathsf{H}(\mathbf{K})} \Box(\varphi \to (\psi \to \varphi \wedge \psi))$ となる．公理 K と必然化則と一様代入則より，$\vdash_{\mathsf{H}(\mathbf{K})} \Box\varphi \to \Box(\psi \to \varphi \wedge \psi)$ となる．公理 K の代入例 $\vdash_{\mathsf{H}(\mathbf{K})} \Box(\psi \to (\varphi \wedge \psi)) \to (\Box\psi \to \Box(\varphi \wedge \psi))$ を上記と合わせて $\vdash_{\mathsf{H}(\mathbf{K})} \Box\varphi \to (\Box\psi \to \Box(\varphi \wedge \psi))$ となる．最後に，これから，命題トートロジー $(p \to (q \to r)) \to ((p \wedge q) \to r)$ と MP および一様代入則により $\vdash_{\mathsf{H}(\mathbf{K})} (\Box\varphi \wedge \Box\psi) \to \Box(\varphi \wedge \psi)$ が得られる． □

前節で，表 3 で与えたフレーム中の到達可能性関係 R の性質が論理式によって定義できることをみたが，表 3 中の論理式を組み合わせて追加公理とすることで，公理系 H(**K**) を拡張することができる．こういった拡張によく知られた名前を与える前に，こういった拡張の定理の集合がみたす共通の性質を正規様相論理として取り出しておこう．

定義 1.2.3 論理式の集合 Λ が**正規様相論理**であるのは，表 4 のすべての公理，すなわち，Λ がすべてのトートロジー (Taut)，公理 K: $\Box(p \to q) \to (\Box p \to \Box q)$ を含み，さらに，表 4 のすべての推論規則，すなわち，分離則 (MP)，一様代入，必然化則（φ から $\Box\varphi$ を導いてもよい）のすべての推論規則に閉じている場合である．$\varphi \in \Lambda$ となることを $\vdash_\Lambda \varphi$ とも書く．Σ を論理式の集合としたとき，Σ を含む最小の正規様相論理 **K**Σ を

$$K\Sigma := \bigcap \{\Lambda : \text{正規様相論理} \mid \Sigma \subseteq \Lambda\}$$

により定める.

　この定義に照らせば，論理式全体の集合 Form もまた正規様相論理となる．実際，Form は ⊥ を含む最小の正規様相論理となる．最小の正規様相論理と公理系 H(**K**) の定理全体は一致する．一般に，H(**K**) を追加公理の集合 Σ で拡張した公理系 H(**K**Σ) での定理全体と Σ を含む最小の正規様相論理 **K**Σ は一致する．さて，表 3 中の論理式を組み合わせることで，例えば次のような正規様相論理を定めることができる．

- **K**: 最小の正規様相論理,
- **S4**: T, 4 を含む最小の正規様相論理,
- **S5**: T, B, 4 を含む最小の正規様相論理,
- **S4.2**：T, 4, .2 を含む最小の正規様相論理,
- **GL**: L を含む最小の正規様相論理.

　さらに，$\Sigma \subseteq \{T, B, 4, 5, D\}$ ごとに Σ を含む最小の正規様相論理を考えると，図 1 の 15 個の相異なる正規様相論理が得られることが知られている（図 1 は $\{T, B, 4, 5, D\}$ からの新しい公理の追加によって最小の正規様相論理 **K** がどのように集合として大きくなるかを示している．本稿では実際に 15 個になることや 15 個の正規様相論理が実際に相異なることは示さない）．

　さて，その定義から H(**K**) の（体系内）定理となる論理式は，任意の正規様相論理 Λ に含まれることに注意しよう．次の命題 1.2.4 はトートロジーの代入例により正当化される「$\varphi_1, \ldots, \varphi_n$ から ψ を導く」という命題論理の推論が $\vdash_\Lambda$ に関しては常に使用可能であることを意味している．以下，本稿で「命題論理の推論」といった場合は命題 1.2.4 の適用を意味する．

命題 1.2.4 Λ を正規様相論理とする．$(\varphi_1 \wedge \cdots \wedge \varphi_n) \to \psi$ が命題トートロジーの代入例となるとき，どの $1 \leq i \leq n$ についても $\vdash_\Lambda \varphi_i$ がいえるならば，$\vdash_\Lambda \psi$ である．

証明 どの $1 \leq i \leq n$ についても $\vdash_\Lambda \varphi_i$ と仮定する．このとき $((p_1 \wedge \cdots \wedge$

$p_n) \to q) \leftrightarrow (p_1 \to (p_2 \to \cdots \to (p_n \to q)\cdots))$ がトートロジーであることと,MP および一様代入則により目標が示される. □

次の命題の証明は練習問題とする.

命題 1.2.5 Λ を正規様相論理としたとき,次が成立する.

(i) $\vdash_\Lambda \varphi \to \psi$ ならば $\vdash_\Lambda \Box\varphi \to \Box\psi$.
(ii) $\vdash_\Lambda \varphi \to \psi$ ならば $\vdash_\Lambda \Diamond\varphi \to \Diamond\psi$.
(iii) $\vdash_\Lambda \Diamond(\varphi \lor \psi) \leftrightarrow (\Diamond\varphi \lor \Diamond\psi)$.
(iv) $\vdash_\Lambda \Diamond\bot \leftrightarrow \bot$.
(v) $T \in \Lambda$ のとき $\vdash_\Lambda \varphi \to \Diamond\varphi$.
(vi) $\{T, 4\} \subseteq \Lambda$ のとき $\vdash_\Lambda \Diamond\varphi \leftrightarrow \Diamond\Diamond\varphi$.
(vii) $\{4, B\} \subseteq \Lambda$ のとき $\vdash_\Lambda \Diamond\varphi \to \Box\Diamond\varphi$.
(viii) $B \in \Lambda$ のとき $\vdash_\Lambda \Diamond\Box\varphi \to \varphi$.
(ix) $5 \in \Lambda$ のとき $\vdash_\Lambda \neg\Box\varphi \to \Box\neg\Box\varphi$.
(x) $5 \in \Lambda$ のとき $\vdash_\Lambda \Diamond\Box\varphi \to \Box\varphi$.
(xi) $D \in \Lambda$ のとき $\vdash_\Lambda \neg\Box\bot$.

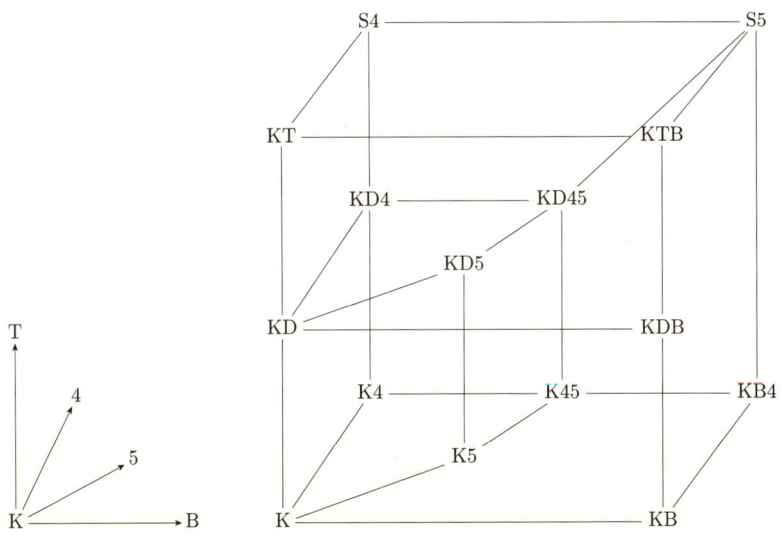

図 1 T, B, 4, 5, D の組み合わせから定まる相異なる 15 個の様相論理 [10]

定義 1.2.6 正規様相論理 Λ がフレームクラス $\mathbb{F}$ に対して**健全**であるのは $\mathbb{F} \models \Lambda$ となる場合,すなわち,任意の論理式 φ に対し $\vdash_\Lambda \varphi$ ならば $\mathbb{F} \models \varphi$ となる場合である.

定理 1.2.7 任意の $\Sigma \subseteq \{\mathsf{T, B}, 4, 5, \mathsf{D}, .2, \mathsf{L}\}$ について $\mathbf{K}\Sigma$ は表3で Σ が定義するフレームクラス $\mathbb{F}_\Sigma$ に対して健全である.

証明 Σ について $\mathbb{F}_\Sigma \models \Sigma$ となるのは命題 1.1.3 から従う.よって,正規様相論理の定義より,

(i) 任意のフレーム F で $\mathsf{H}(\mathbf{K})$ の全公理が妥当となること,および,
(ii) 任意のフレーム F で $\mathsf{H}(\mathbf{K})$ の全推論規則が妥当性を保つこと

の二つを示せばよい.命題 1.1.1 より,ここでは一様代入則が任意のフレーム $F = (W, R)$ で妥当性を保つことのみを示す.$F \models \varphi$ と仮定し,$\sigma : \mathsf{Prop} \to \mathsf{Form}$ を命題変数への任意の一様代入とする.このとき $F \models \overline{\sigma}(\varphi)$ を示す.このためには,任意の付値関数 V,任意の $w \in W$ を考え,$(F, V), w \models \overline{\sigma}(\varphi)$ を示せばよい.ここで付値関数 V' を $V'(p) := \{u \in W \mid (F, V), u \models \sigma(p)\}$ により定める.すると,任意の $x \in W$ に対し

$$(F, V'), x \models \psi \iff (F, V), x \models \overline{\sigma}(\psi)$$

となることを,ψ の構成に関する帰納法で示すことができる.このとき φ は F で妥当である ($F \models \varphi$) ので,$(F, V'), w \models \varphi$ がいえる.このとき,上述の同値より,目標の $(F, V), w \models \overline{\sigma}(\varphi)$ が得られる. □

上記の定理において $\{\mathsf{T, L}\}$ が定義するフレームクラスは空クラスとなることに注意[2].

系 1.2.8 任意の $\Sigma \subseteq \{\mathsf{T, B}, 4, 5, \mathsf{D}, .2\}$ に対し $\mathbf{K}\Sigma$ は無矛盾,すなわち,$\nvdash_{\mathbf{K}\Sigma} \bot$.

証明 定理 1.2.7 の健全性より,表3で Σ が定義するフレームクラス $\mathbb{F}_\Sigma$ において $\mathbb{F}_\Sigma \not\models \bot$,すなわち $\mathbb{F}_\Sigma \neq \varnothing$ を示せばよい.どの Σ の選択に対しても

---

[2] $\bot \in \mathbf{K}\{\mathsf{T, L}\}$ も示せるため,この意味で $\mathbf{K}\{\mathsf{T, L}\}$ は矛盾する.

$(\{0\}, \{(0,0)\}) \in \mathbb{F}_\Sigma$（無論 $\Sigma = \emptyset$ の場合も含まれている）． □

定理 1.2.7 と系 1.2.8 から図 1 の 15 個すべての正規様相論理は対応するフレームクラスに対して健全であり，かつ，矛盾を含まないことがわかる．

1.3 正規様相論理の強完全性証明

本節では正規様相論理の強完全性証明を行う．その結果，図 1 の 15 個の正規様相論理はすべて対応するフレームクラスに対して強完全となることが導かれる．本節の内容は様相論理の教科書ならどのようなものにも含まれるものであるが，本節の記述は教科書 [2, 18] に沿ったものである．

定義 1.3.1 正規様相論理 Λ 上の**導出関係** $\Gamma \vdash_\Lambda \varphi$（$\Gamma$ から φ が正規様相論理 Λ で導かれる）は，ある有限集合 $\Delta \subseteq \Gamma$ に対して $\bigwedge \Delta \to \varphi \in \Lambda$ により定める（$\bigwedge \Delta$ は Δ の要素すべての連言，Δ が空集合の場合は $\bigwedge \Delta := \top$ と定める）．

定義 1.3.2 論理式 φ が論理式の集合 Γ からの $\mathbb{F}$ **帰結**である（$\Gamma \models_\mathbb{F} \varphi$ と表記）のは，任意のフレーム $F = (W, R) \in \mathbb{F}$，任意の付値関数 V，任意の $w \in W$ に対して，$(F, V), w \models \Gamma$ ならば $(F, V), w \models \varphi$ が成立する場合である．

定義 1.3.3 正規様相論理 Λ がフレームクラス $\mathbb{F}$ に対して**弱完全**であるのは，任意の論理式 φ に対して $\mathbb{F} \models \varphi$ ならば $\varphi \in \Lambda$ となる場合である．正規様相論理 Λ がフレームクラス $\mathbb{F}$ に対して**強完全**であるのは，論理式の集合 $\Gamma \cup \{\varphi\}$ に対して $\Gamma \models_\mathbb{F} \varphi$ ならば $\Gamma \vdash_\Lambda \varphi$ となる場合である．

定義 1.3.4 Λ を正規様相論理，Γ を論理式の集合としたとき Γ が Λ **矛盾**であるのは，$\Gamma \vdash_\Lambda \bot$ となる場合である．Γ が Λ **無矛盾**であるのは Γ が Λ 矛盾ではない，すなわち，任意の有限集合 $\Delta \subseteq \Gamma$ に対して $\nvdash_\Lambda \bigwedge \Delta \to \bot$ となる場合である．さらに Γ が**極大 Λ 無矛盾**であるのは Γ が Λ 無矛盾であり，かつ，任意の論理式 φ に対して $\varphi \in \Gamma$ あるいは $\neg \varphi \in \Gamma$ が成立する場合である．

上記の Λ 無矛盾の定義において Γ が単元集合 $\{\varphi\}$ のとき，混乱を生じな

い限りにおいて，単に φ が Λ 無矛盾，ともいう．

定義 1.3.5 Γ がフレーム $F = (W, R)$ で**充足可能**であるのは，ある付値関数 $V : \mathsf{Prop} \to \wp(W)$，ある $w \in W$ が存在して $(F, V), w \models \Gamma$，すなわち Γ の全要素が (F, V) の w で真となる場合である．Γ がフレームクラス $\mathbb{F}$ で**充足可能**であるのは，あるフレーム $F \in \mathbb{F}$ が存在して Γ が F で充足可能となる場合である．

命題 1.3.6 正規様相論理 Λ がフレームクラス $\mathbb{F}$ に対して**強完全**である $\iff$ 任意の論理式の集合 Γ に対して Γ が Λ 無矛盾ならば Γ は $\mathbb{F}$ で充足可能である．

証明 論理式の集合 $\Gamma \cup \{\varphi\}$ に対して，次の二つの同値が成立することから命題が帰結する．

- $\Gamma \not\models_{\mathbb{F}} \varphi \iff \Gamma \cup \{\neg\varphi\}$ が $\mathbb{F}$ で充足可能である．
- $\Gamma \not\vdash_{\Lambda} \varphi \iff \Gamma \cup \{\neg\varphi\}$ が Λ 無矛盾である． □

命題 1.3.6 と同様の命題は弱完全性についても成立する．

命題 1.3.7 正規様相論理 Λ がフレームクラス $\mathbb{F}$ に対して**弱完全**である $\iff$ 任意の論理式 φ に対して φ が Λ 無矛盾ならば φ は $\mathbb{F}$ で充足可能である．

命題 1.3.8 Λ を正規様相論理とし，Γ を極大 Λ 無矛盾とする．

(i) $\Lambda \subseteq \Gamma$.
(ii) $\Gamma \vdash_{\Lambda} \varphi \iff \varphi \in \Gamma$.
(iii) ($\varphi \in \Gamma$ かつ $\vdash_{\Lambda} \varphi \to \psi$) ならば $\psi \in \Gamma$.
(iv) $\neg\varphi \in \Gamma \iff \varphi \notin \Gamma$.
(v) $\varphi \to \psi \in \Gamma \iff \varphi \notin \Gamma$ あるいは $\psi \in \Gamma$.
(vi) $\varphi \land \psi \in \Gamma \iff \varphi \in \Gamma$ かつ $\psi \in \Gamma$.

証明 (i) $\varphi \in \Lambda$ と仮定する．背理法により $\varphi \notin \Gamma$ と仮定する．すると，Γ が極大 Λ 無矛盾であるので，$\neg\varphi \in \Gamma$ となる．$\varphi \in \Lambda$ より $\vdash_{\Lambda} \neg\neg\varphi$，すなわち，$\vdash_{\Lambda} \neg\varphi \to \bot$ が成立するため，$\neg\varphi \in \Gamma$ と合わせて Γ が Λ 矛

盾となり，Γ が Λ 無矛盾であることに反する．

(ii) ($\Leftarrow$) は導出関係の定義より明らかなので，($\Rightarrow$) を示す．$\Gamma \vdash_\Lambda \varphi$ と仮定する．$\varphi \in \Gamma$ を示す．Γ は極大 Λ 無矛盾なので，$\varphi \in \Gamma$ あるいは $\neg\varphi \in \Gamma$ が成立する．そこで $\neg\varphi \notin \Gamma$ を示せば十分である．矛盾を導くために $\neg\varphi \in \Gamma$ と仮定する．$\Gamma \vdash_\Lambda \varphi$ の仮定より，ある有限集合 $\Delta \subseteq \Gamma$ が存在して $\vdash_\Lambda \bigwedge \Delta \to \varphi$ となる．これから

$$\vdash_\Lambda \bigwedge (\Delta \cup \{\neg\varphi\}) \to \bot$$

がいえる．ここで $\Delta \cup \{\neg\varphi\}$ は有限であり，かつ，$\neg\varphi \in \Gamma$ より $\Delta \cup \{\neg\varphi\} \subseteq \Gamma$ なので，Γ が Λ 矛盾することになり，仮定に反する．よって $\neg\varphi \notin \Gamma$ が示された．

(iii) (ii) を用いると $\varphi \in \Gamma$ かつ $\vdash_\Lambda \varphi \to \psi$ ならば $\Gamma \vdash_\Lambda \psi$ を示せばよい．しかし，これは導出関係の定義から明らかである．

(iv) ($\Leftarrow$) は極大 Λ 無矛盾の定義から明らかなので ($\Rightarrow$) を示す．$\neg\varphi \in \Gamma$ を仮定する．矛盾を導くために $\varphi \in \Gamma$ と仮定する．すると，$\vdash_\Lambda (\varphi \land \neg\varphi) \to \bot$ なので Γ が Λ 矛盾することになり，仮定に反する．以上より，$\varphi \notin \Gamma$ となる．

(v) ($\Rightarrow$) $\varphi \to \psi \in \Gamma$ かつ $\varphi \in \Gamma$ を仮定する．このとき $\psi \in \Gamma$ を示す．(ii) により $\Gamma \vdash_\Lambda \psi$ を示せば十分である．$\vdash_\Lambda \bigwedge\{\varphi \to \psi, \varphi\} \to \psi$ はトートロジーの代入例であるので成立する．$\{\varphi \to \psi, \varphi\} \subseteq \Gamma$ に注意すると $\Gamma \vdash_\Lambda \psi$ が得られる．($\Leftarrow$) $\varphi \notin \Gamma$ あるいは $\psi \in \Gamma$ と仮定する．まず $\varphi \notin \Gamma$ の場合に $\varphi \to \psi \in \Gamma$ を導く．(iv) より $\neg\varphi \in \Gamma$ となる．$\neg\varphi \to (\varphi \to \psi)$ はトートロジーの代入例なので，$\Gamma \vdash_\Lambda \varphi \to \psi$ 従う．(ii) により目標を得る．次に $\psi \in \Gamma$ の場合に $\varphi \to \psi \in \Gamma$ を導く．$\psi \to (\varphi \to \psi)$ もまたトートロジーの代入例なので，$\Gamma \vdash_\Lambda \varphi \to \psi$ が従い，(ii) により目標を得る．

(vi) 略記 $\land$ の定義と (iv) と (v) から従う． □

補題 1.3.9（リンデンバウム補題） Λ を正規様相論理とする．任意の Λ 無矛盾集合 Γ に対し，極大 Λ 無矛盾な集合 Γ^+ が存在し $\Gamma \subseteq \Gamma^+$．

証明　$(\varphi_n)_{n\in\omega}$ を可算無限個存在する全論理式の枚挙とする．このとき Λ 無矛盾な論理式の集合の列 $(\Gamma_n)_{n\in\omega}$ で，任意の $n\in\omega$ について $\Gamma_n\subseteq\Gamma_{n+1}$ をみたすものを以下のように帰納的に定義する．

- $\Gamma_0:=\Gamma$ とする．仮定より，Γ_0 は明らかに Λ 無矛盾．

- Λ 無矛盾な論理式の集合の列 $(\Gamma_k)_{0\leqslant k\leqslant n}$ で任意の $0\leqslant k\leqslant n-1$ について $\Gamma_k\subseteq\Gamma_{k+1}$ を満たす列が構成されたとする．このとき Γ_{n+1} を以下のように定める：

$$\Gamma_{n+1}:=\begin{cases}\Gamma_n\cup\{\varphi_n\} & (\Gamma_n\cup\{\varphi_n\}\text{ が }\Lambda\text{ 無矛盾の場合})\\ \Gamma_n\cup\{\neg\varphi_n\} & (\Gamma_n\cup\{\varphi_n\}\text{ が }\Lambda\text{ 矛盾の場合})\end{cases}$$

このとき，明らかに $\Gamma_n\subseteq\Gamma_{n+1}$ であり，Γ_{n+1} は構成より Λ 無矛盾となることが示せる．$\Gamma_n\cup\{\varphi_n\}$ が Λ 矛盾の場合に $\Gamma_{n+1}:=\Gamma_n\cup\{\neg\varphi_n\}$ が Λ 無矛盾となることを以下で示しておく．$\Gamma_n\cup\{\varphi_n\}$ が Λ 矛盾なので，ある有限集合 $\Delta\subseteq\Gamma_n$ が存在して $\vdash_\Lambda(\varphi_n\wedge\bigwedge\Delta)\to\bot$ となる．背理法のために $\Gamma_n\cup\{\neg\varphi_n\}$ が Λ 矛盾と仮定する．すると，ある有限集合 $\Sigma\subseteq\Gamma_n$ が存在して $\vdash_\Lambda(\neg\varphi_n\wedge\bigwedge\Sigma)\to\bot$ となる．これから命題論理の推論により $\vdash_\Lambda\bigwedge\Sigma\to\varphi_n$ となる．上述の仮定と合わせると，命題論理の推論により $\vdash_\Lambda\bigwedge(\Delta\cup\Sigma)\to\bot$ が得られ，$\Delta\cup\Sigma\subseteq\Gamma_n$ より Γ_n が Λ 矛盾することとなり，仮定に反する．

列 $(\Gamma_n)_{n\in\omega}$ の「極限」として $\Gamma^+:=\bigcup_{n\in\omega}\Gamma_n$ と定めると，明らかに $\Gamma\subseteq\Gamma^+$ であり，かつ，Γ^+ は極大 Λ 無矛盾であることが示せる（練習問題）．　□

補題 1.3.10　Γ を極大 Λ 無矛盾集合とする．このとき，$\Box\psi\notin\Gamma$ ならば $\{\neg\psi\}\cup\{\gamma\mid\Box\gamma\in\Gamma\}$ は Λ 無矛盾である．

証明　$\Box\psi\notin\Gamma$ と仮定する．矛盾を導くために，$\{\neg\psi\}\cup\{\gamma\mid\Box\gamma\in\Gamma\}$ が Λ 矛盾と仮定する．Λ 矛盾の定義より，ある有限集合 $\Delta\subseteq\{\neg\psi\}\cup\{\gamma\mid\Box\gamma\in\Gamma\}$ が存在して $\vdash_\Lambda\bigwedge\Delta\to\bot$ となる．これから Δ が $\Box\gamma_i\in\Gamma$ を満たす γ_i を使って $\{\neg\psi,\gamma_1,\ldots,\gamma_n\}$ の形をしていると仮定してよい．すなわち，

$$\vdash_\Lambda((\gamma_1\wedge\cdots\wedge\gamma_n)\wedge\neg\psi)\to\bot$$

となる．これから命題論理の推論により，

1.3 正規様相論理の強完全性証明

$$\vdash_\Lambda (\gamma_1 \wedge \cdots \wedge \gamma_n) \to \psi$$

が得られる．さらに必然化則と公理 K により

$$\vdash_\Lambda \Box(\gamma_1 \wedge \cdots \wedge \gamma_n) \to \Box\psi$$

がいえる．$\Box$ と $\wedge$ は可換なので（命題 1.2.2）

$$\vdash_\Lambda (\Box\gamma_1 \wedge \cdots \wedge \Box\gamma_n) \to \Box\psi$$

が得られる．各 γ_i は $\Box\gamma_i \in \Gamma$ を満たすので，命題 1.3.8 (vi) より $\Box\gamma_1 \wedge \cdots \wedge \Box\gamma_n \in \Gamma$．これから上の含意と命題 1.3.8 (iii) より $\Box\psi \in \Gamma$ となるが，これは仮定 $\Box\psi \notin \Gamma$ に反する．以上より，$\{\neg\psi\} \cup \{\gamma \mid \Box\gamma \in \Gamma\}$ が Λ 無矛盾となることが示された． □

定義 1.3.11 任意の正規様相論理 Λ に対して，Λ カノニカルモデル $M^\Lambda = (W^\Lambda, R^\Lambda, V^\Lambda)$ は以下のように定められる：

- $W^\Lambda := \{\Gamma \mid \Gamma \text{ は極大 } \Lambda \text{ 無矛盾集合 }\}$．
- $\Gamma R^\Lambda \Sigma \iff$ 任意の論理式 φ に対し $(\Box\varphi \in \Gamma$ ならば $\varphi \in \Sigma)$．
- $\Gamma \in V^\Lambda(p) \iff p \in \Gamma$．

次の命題は R^Λ の定義，命題 1.2.5，命題 1.3.8 などから成立する．

命題 1.3.12 正規様相論理 Λ の Λ カノニカルモデルにおいて

$$\Gamma R^\Lambda \Sigma \iff \text{任意の論理式 } \varphi \text{ に対し}, \varphi \in \Sigma \text{ ならば } \Diamond\varphi \in \Gamma.$$

それゆえ $\Gamma R^\Lambda \Sigma \iff \{\varphi \mid \Box\varphi \in \Gamma\} \subseteq \Sigma \iff \{\Diamond\varphi \mid \varphi \in \Sigma\} \subseteq \Gamma$．

補題 1.3.13（真理補題） Λ を任意の正規様相論理とする．任意の論理式 φ と任意の極大 Λ 無矛盾集合 Γ に対し

$$M^\Lambda, \Gamma \models \varphi \iff \varphi \in \Gamma.$$

証明 φ の構成に関する帰納法により示す．

- φ が命題変数 p のとき：V^Λ の定義より明らか．

- φ が $\bot$ のとき：Γ を任意の極大 Λ 無矛盾集合とすると，$\bot \notin \Gamma$ および $M^\Lambda, \Gamma \not\models \bot$ が共に成立するため，同値 $M^\Lambda, \Gamma \models \bot \iff \bot \in \Gamma$ は成立．

- φ が $\psi \to \chi$ の形のとき：Γ を任意の極大 Λ 無矛盾集合とすると，
$$\begin{aligned} M^\Lambda, \Gamma \models \psi \to \chi &\iff M^\Lambda, \Gamma \not\models \psi \text{ あるいは } M^\Lambda, \Gamma \models \chi \\ &\iff \psi \notin \Gamma \text{ あるいは } \chi \in \Gamma \quad (\because \text{帰納法の仮定}) \\ &\iff \psi \to \chi \in \Gamma \quad (\because \text{命題 } 1.3.8\,(\mathrm{v})) \end{aligned}$$
となる．

- φ が $\Box\psi$ の形のとき：Γ を任意の極大 Λ 無矛盾集合とする．
  ($\Leftarrow$)：$\Box\psi \in \Gamma$ と仮定する．$M^\Lambda, \Gamma \models \Box\psi$ を示すために $\Gamma R^\Lambda \Delta$ となる任意の極大 Λ 無矛盾集合 Δ を考える．$\psi \in \Delta$ を示す．$\Gamma R^\Lambda \Delta$ の定義と $\Box\psi \in \Gamma$ より，目標の $\psi \in \Delta$ は直ちに従う．
  ($\Rightarrow$)：対偶を示す．$\Box\psi \notin \Gamma$ と仮定する．$M^\Lambda, \Gamma \not\models \Box\psi$ を示す．補題 1.3.10 より，$\{\neg\psi\} \cup \{\gamma \mid \Box\gamma \in \Gamma\}$ は Λ 無矛盾である．さらに補題 1.3.9 より，ある極大 Λ 無矛盾集合 Δ が存在して $\{\neg\psi\} \cup \{\gamma \mid \Box\gamma \in \Gamma\} \subseteq \Delta$ となる．このとき $\Gamma R^\Lambda \Delta$ となり，かつ，$\neg\psi \in \Delta$ となる．後者からは，命題 1.3.8\,(iv) と帰納法の仮定より，$M^\Lambda, \Delta \not\models \psi$ が得られる．$\Gamma R^\Lambda \Delta$ と合わせて目標の $M^\Lambda, \Gamma \not\models \Box\psi$ が得られた． □

補題 1.3.14 Λ を正規様相論理とする．

 (i) $\mathrm{T} \in \Lambda$ のとき R^Λ は反射的となる．
 (ii) $\mathrm{B} \in \Lambda$ のとき R^Λ は対称的となる．
 (iii) $4 \in \Lambda$ のとき R^Λ は推移的となる．
 (iv) $5 \in \Lambda$ のとき R^Λ はユークリッド的となる．
 (v) $\mathrm{D} \in \Lambda$ のとき R^Λ は継起的となる．

証明 (i) $\mathrm{T} \in \Lambda$ と仮定する．Γ を極大 Λ 無矛盾集合とする．$\Gamma R^\Lambda \Gamma$ を示す．R^Λ の定義より $\Box\varphi \in \Gamma$ を満たす φ を考える．$\varphi \in \Gamma$ を示せばよい．$\mathrm{T} \in \Lambda$ なので $\vdash_\Lambda \Box\varphi \to \varphi$ となる．$\Box\varphi \in \Gamma$ と合わせて，命題 1.3.8\,(iii) より $\varphi \in \Gamma$ となる．

1.3 正規様相論理の強完全性証明　　　43

(ii) $B \in \Lambda$ と仮定する. Γ_1, Γ_2 を極大 Λ 無矛盾集合とする. $\Gamma_1 R^\Lambda \Gamma_2$ と仮定する. $\Gamma_2 R^\Lambda \Gamma_1$ を示すのが目標である. 命題 1.3.12 により, $\varphi \in \Gamma_1$ と仮定して $\Diamond \varphi \in \Gamma_2$ を示す. $B \in \Lambda$ より $\vdash_\Lambda \varphi \to \Box \Diamond \varphi$ なので $\varphi \in \Gamma_1$ から命題 1.3.8 (iii) より $\Box \Diamond \varphi \in \Gamma_1$ となる. すると $\Gamma_1 R^\Lambda \Gamma_2$ と R^Λ の定義より $\Diamond \varphi \in \Gamma_2$ となるので目標が得られた.

(iii) $4 \in \Lambda$ と仮定する. $\Gamma_1, \Gamma_2, \Gamma_3$ を極大 Λ 無矛盾集合とする. $\Gamma_1 R^\Lambda \Gamma_2$ かつ $\Gamma_2 R^\Lambda \Gamma_3$ と仮定する. $\Gamma_1 R^\Lambda \Gamma_3$ を示すのが目標である. R^Λ の定義より, $\Box \varphi \in \Gamma_1$ と仮定し, $\varphi \in \Gamma_3$ を示せばよい. $4 \in \Lambda$ より $\vdash_\Lambda \Box \varphi \to \Box \Box \varphi$ なので $\Box \varphi \in \Gamma_1$ から命題 1.3.8 (iii) より $\Box \Box \varphi \in \Gamma_1$ となる. $\Gamma_1 R^\Lambda \Gamma_2$ から R^Λ の定義により, $\Box \varphi \in \Gamma_2$ が成立する. さらに $\Gamma_2 R^\Lambda \Gamma_3$ から再び R^Λ の定義により, 目標の $\varphi \in \Gamma_3$ が得られる.

(iv) $5 \in \Lambda$ と仮定する. $\Gamma_1, \Gamma_2, \Gamma_3$ を極大 Λ 無矛盾集合とする. $\Gamma_1 R^\Lambda \Gamma_2$ かつ $\Gamma_1 R^\Lambda \Gamma_3$ と仮定する. $\Gamma_2 R^\Lambda \Gamma_3$ を示すのが目標である. 命題 1.3.12 により, $\varphi \in \Gamma_3$ と仮定して $\Diamond \varphi \in \Gamma_2$ を示す. 仮定 $\varphi \in \Gamma_3$ と $\Gamma_1 R^\Lambda \Gamma_3$ より, 命題 1.3.12 を使って $\Diamond \varphi \in \Gamma_1$ となる. ここで $5 \in \Lambda$ より $\vdash_\Lambda \Diamond \varphi \to \Box \Diamond \varphi$ なので, 命題 1.3.8 (iii) から $\Box \Diamond \varphi \in \Gamma_1$ となる. 次に, これと $\Gamma_1 R^\Lambda \Gamma_2$ から目標の $\Diamond \varphi \in \Gamma_2$ が得られる.

(v) $D \in \Lambda$ と仮定し, Γ を極大 Λ 無矛盾集合とする. $\Gamma R^\Lambda \Delta$ となる Δ を見出すのが目標である. $D \in \Lambda$ なので $\vdash_\Lambda \neg \Box \bot$ となる (命題 1.2.5 (xi)). 命題 1.3.8 (i) から $\neg \Box \bot \in \Gamma$ となり, さらに命題 1.3.8 (iv) から $\Box \bot \notin \Gamma$. 補題 1.3.10 と補題 1.3.9 より, ある極大 Λ 無矛盾集合 Δ が存在して $\{\neg \bot\} \cup \{\gamma \mid \Box \gamma \in \Gamma\} \subseteq \Delta$ となる. このとき $\Gamma R^\Lambda \Delta$ となり目標が示された. □

補題 1.3.15　.2 $\in \Lambda$ をみたす正規様相論理 Λ では R^Λ は有向的となる.

証明　.2 $\in \Lambda$ と仮定する. $\Gamma R^\Lambda \Delta_1$ かつ $\Gamma R^\Lambda \Delta_2$ をみたす極大 Λ 無矛盾集合 $\Gamma, \Delta_1, \Delta_2$ を考える. 目標は $\Delta_1 R^\Lambda \Sigma$ かつ $\Delta_2 R^\Lambda \Sigma$ をみたす極大 Λ 無矛盾集合 Σ を見出すことである. .2 $\in \Lambda$ を用いて, 次の主張を示せる.

主張　$\{\gamma \mid \Box \gamma \in \Delta_1\} \cup \{\delta \mid \Box \delta \in \Delta_2\}$ は Λ 無矛盾である.

すると，この主張と補題 1.3.9 より $\{\gamma\,|\,\Box\gamma\in\Delta_1\}\cup\{\delta\,|\,\Box\delta\in\Delta_2\}\subseteq\Sigma$ なる極大 Λ 無矛盾集合 Σ が存在する．さらに Σ が満たす上述の包含関係より，$\Delta_1 R^\Lambda \Sigma$ かつ $\Delta_2 R^\Lambda \Sigma$ が成立し，目標が示される．

主張の証明 矛盾を導くために，$\{\gamma\,|\,\Box\gamma\in\Delta_1\}\cup\{\delta\,|\,\Box\delta\in\Delta_2\}$ が Λ 矛盾である，と仮定する．すなわち，ある $\gamma_1,\ldots,\gamma_n$ と ある $\delta_1,\ldots,\delta_m$ が存在して，

(1) $\Box\gamma_i \in \Delta_1\ (1 \leqslant i \leqslant n)$,
(2) $\Box\delta_j \in \Delta_2\ (1 \leqslant j \leqslant m)$, かつ
(3) $\vdash_\Lambda ((\gamma_1 \wedge \cdots \wedge \gamma_n) \wedge (\delta_1 \wedge \cdots \wedge \delta_m)) \to \bot$

の三つを満たす．まず (1) から $\Box(\gamma_1 \wedge \cdots \wedge \gamma_n) \in \Delta_1$ となる．さらに $\Gamma R^\Lambda \Delta_1$ と命題 1.3.12 を使って

$$\Diamond\Box(\gamma_1 \wedge \cdots \wedge \gamma_n) \in \Gamma \tag{1$'$}$$

となる．次に (3) から命題論理の推論により，

$$\vdash_\Lambda (\gamma_1 \wedge \cdots \wedge \gamma_n) \to \neg(\delta_1 \wedge \cdots \wedge \delta_m)$$

となる．ここで必然化則と公理 K により

$$\vdash_\Lambda \Box(\gamma_1 \wedge \cdots \wedge \gamma_n) \to \Box\neg(\delta_1 \wedge \cdots \wedge \delta_m)$$

さらに，必然化則と公理 K と命題論理の推論により

$$\vdash_\Lambda \Diamond\Box(\gamma_1 \wedge \cdots \wedge \gamma_n) \to \Diamond\Box\neg(\delta_1 \wedge \cdots \wedge \delta_m)$$

が得られ，$\Diamond$ の定義を用いると

$$\vdash_\Lambda \Diamond\Box(\gamma_1 \wedge \cdots \wedge \gamma_n) \to \neg\Box\Diamond(\delta_1 \wedge \cdots \wedge \delta_m) \tag{3$'$}$$

が得られる．(1$'$) と (3$'$) から命題 1.3.8 (iii) により

$$\neg\Box\Diamond(\delta_1 \wedge \cdots \wedge \delta_m) \in \Gamma$$

が得られる．一方で，(1) から (1$'$) を導いたのと同様の推論を (2) と $\Gamma R^\Lambda \Delta_2$ に対して行うことで $\Diamond\Box(\delta_1 \wedge \cdots \wedge \delta_m) \in \Gamma$ が得られる．ここでさらに .2 $\in \Lambda$ より

$$\vdash_\Lambda \Diamond\Box(\delta_1 \wedge \cdots \wedge \delta_m) \to \Box\Diamond(\delta_1 \wedge \cdots \wedge \delta_m)$$

となり，命題 1.3.8 (iii) により $\Box\Diamond(\delta_1 \wedge \cdots \wedge \delta_m) \in \Gamma$ が導かれるが，これは上述の $\neg\Box\Diamond(\delta_1 \wedge \cdots \wedge \delta_m) \in \Gamma$ と合わせると Γ の Λ 無矛盾性に反する． □

定理 1.3.16 任意の $\Sigma \subseteq \{\mathrm{T, B}, 4, 5, \mathrm{D}, .2\}$ について $\mathbf{K}\Sigma$ は 表 3 で Σ が定義するフレームクラス $\mathbb{F}_\Sigma$ に対して強完全となる．

証明 Λ を Σ を含む最小の正規様相論理とする（H($\mathbf{K}\Sigma$) が対応する公理系）．命題 1.3.6 により Λ 無矛盾な集合 Γ が $\mathbb{F}_\Sigma$ で充足可能であることを示せば十分である．Λ 無矛盾な集合 Γ は命題 1.3.9 により極大 Λ 無矛盾集合 Γ^+ へ拡大できる．ここで Λ カノニカルモデル M^Λ を考える．補題 1.3.13（真理補題）により $M^\Lambda, \Gamma^+ \models \Gamma$ となる．よって，$F^\Lambda = (W^\Lambda, R^\Lambda)$ が $\mathbb{F}_\Sigma$ に属すことを示せば，Γ は $\mathbb{F}_\Sigma$ で充足可能となる．$F^\Lambda \in \mathbb{F}_\Sigma$ を示すためには $F^\Lambda \models \Sigma$ を示せばよいが，これは補題 1.3.14 および補題 1.3.15 から成立する． □

定理 1.3.16 より，図 1 の 15 個の正規様相論理および **S4.2** は，すべて対応するフレームクラスに対して強完全となることが導かれる．

第2章

正規様相論理の有限フレーム性・決定可能性

2.1 濾過法による有限フレーム性と決定可能性

定義 2.1.1 Λ を正規様相論理とする．Λ が有限フレームからなるあるクラス $\mathbb{F}$ に対して**有限フレーム性**をもつのは，Λ が $\mathbb{F}$ に対して健全かつ弱完全となる場合，すなわち，$\mathbb{F} \models \Lambda$（健全性）かつ任意の論理式 φ に対して

$$\mathbb{F} \models \varphi \implies \vdash_\Lambda \varphi$$

となる（弱完全性）場合である．Λ が有限フレーム性をもつのは，有限フレームからなるあるクラス $\mathbb{F}$ が存在して Λ が $\mathbb{F}$ に対し有限フレーム性をもつ場合である．

正規様相論理 Λ が**決定可能**とは，ある実効的な（計算可能な）手続き P が存在して，任意の論理式 φ を P へ入力したとき，$\vdash_\Lambda \varphi$ のときは P が Yes を出力し，$\nvdash_\Lambda \varphi$ のときは P が No を出力する場合である．次の定理により，正規様相論理が論理式の有限集合から生成されている（すなわち，有限公理化可能である）場合には，その決定可能性が有限フレーム性に還元される．

定理 2.1.2（ハロップの補題） Σ を論理式の有限集合とする．このとき $\mathbf{K}\Sigma$ が有限フレーム性をもつならば，$\mathbf{K}\Sigma$ は決定可能となる．

証明 Σ は有限なので，与えた論理式が Σ に属するか否かを判定する実効的手続きが存在する．ゆえに，任意の論理式 φ を P へ入力したとき，$\vdash_{\mathbf{K}\Sigma} \varphi$ のときに Yes を出力するある実効的手続き P が存在する（$\mathsf{H}(\mathbf{K}\Sigma)$ で体系内定

理になることと $\mathbf{K}\Sigma$ の要素になることは同値).

一方,任意の論理式 φ を入力したとき,$\not\vdash_{\mathbf{K}\Sigma} \varphi$ の場合に No を返す実効的手続き Q を次のように構成する.まず次の二つの手続きは存在する:

- 有限のフレームを(同型を除いて)すべて枚挙する手続き Q_1,
- 入力された有限フレーム $F = (W, R)$ と入力された論理式 ψ に対して,F で ψ が妥当か否かを判定する実効的手続き Q_2.

いま Σ が有限なので,各有限フレームについて $\bigwedge \Sigma$ が妥当か否かを Q_2 で判定し,手続き Q_1 と組み合わせることで Σ を妥当にするフレームすべてを枚挙する手続き Q_3 を構成できる.入力した論理式 φ が,枚挙手続き Q_3 で枚挙された各フレームで妥当になるかどうかを Q_2 を使って判定する手続き Q を構成する.$\mathbf{K}\Sigma$ の有限フレーム性より $\not\vdash_{\mathbf{K}\Sigma} \varphi$ のときには,φ は Σ を妥当にするある有限フレームで非妥当になるので,手続き Q_3 において φ を非妥当にする有限フレームが出現するはずである.

任意の論理式 φ を入力したとき,上述の手続き P と Q を並列で実行することで $\mathbf{K}\Sigma$ は決定可能となる. □

1936 年にチャーチ [6] とチューリング [41] は,それぞれ独立に一階述語論理が決定不可能となることを証明した.一方,図 1 の 15 個の正規様相論理はすべて決定可能となることが知られている (cf. [5, Theorem 5.22]).この節の目標は,どの有限集合 $\Sigma \subseteq \{\mathrm{T}, \mathrm{B}, 4, \mathrm{D}\}$(注意:公理 5 は含めない)に対しても,$\Sigma$ を含む最小の正規様相論理 $\mathbf{K}\Sigma$ が有限フレーム性をもち,それゆえ,定理 2.1.2 により決定可能となることを示すことである[3].

$\Sigma \subseteq \{\mathrm{T}, \mathrm{B}, 4, \mathrm{D}\}$ に対しては $\mathbf{K}\Sigma$ が Σ の定義するフレームクラス $\mathbb{F}_\Sigma$ に対して強完全となる(定理 1.3.16)ので,$\not\vdash_{\mathbf{K}\Sigma} \varphi$ の場合には,ある $F \in \mathbb{F}_\Sigma$ が存在して $F \not\models \varphi$ となる.そこで $\mathbf{K}\Sigma$ の有限フレーム性を示すためには,F をうまく有限サイズに縮めた F' を構成し,依然として $F' \models \Sigma$ かつ $F' \not\models \varphi$ が成立することを示す必要がある.このために有用なのが,与えた式の充足関係を変えずにモデルを有限サイズで「近似」することを可能にする**濾過法** (filtration) である.以下の濾過法の記述は概ね教科書 [2, 4, 55] に従ったもの

---

[3]公理 5 を含む $\mathbf{K5}$, $\mathbf{KD5}$, $\mathbf{K45}$, $\mathbf{KD45}$ のどの正規様相論理に対しても有限フレーム性を示すことができるが (cf. [5, Theorem 5.20]),別の準備が必要となるので本稿では取りあげない.

である[†].

定義 2.1.3　論理式 φ に対して φ の部分論理式全体の集合 $\mathrm{Sub}(\varphi)$ を以下のように帰納的に定める：

$$\begin{aligned}
\mathrm{Sub}(p) &:= \{p\}, \\
\mathrm{Sub}(\bot) &:= \{\bot\}, \\
\mathrm{Sub}(\varphi \to \psi) &:= \mathrm{Sub}(\varphi) \cup \mathrm{Sub}(\psi) \cup \{\varphi \to \psi\}, \\
\mathrm{Sub}(\Box\varphi) &:= \mathrm{Sub}(\varphi) \cup \{\Box\varphi\}.
\end{aligned}$$

論理式の集合 Σ に対して $\mathrm{Sub}(\Sigma) := \bigcup_{\varphi \in \Sigma} \mathrm{Sub}(\varphi)$ と定める．論理式の集合 Σ が**部分論理式に閉じる**とは，任意の $\varphi \in \Sigma$ に対し $\mathrm{Sub}(\varphi) \subseteq \Sigma$ を満たすことと定める．

定義 2.1.4（濾過法）　$M = (W, R, V)$ をモデル，Σ を部分論理式に閉じた論理式の集合とする．W 上に同値関係 $\sim_\Sigma$ を次のように定める：

$$w \sim_\Sigma v \iff 任意の \varphi \in \Sigma に対して (M, w \models \varphi \iff M, v \models \varphi).$$

w の $\sim_\Sigma$ による同値類を $|w| := \{v \in W \mid w \sim_\Sigma v\}$ と書く．

このとき，**M の Σ による濾過モデル** $M_\Sigma^f := (W_\Sigma, R^f, V_\Sigma)$ は以下の三つの条件を満たすモデルである：

- $W_\Sigma := W/{\sim_\Sigma} = \{|w| \mid w \in W\}$.

- R^f は次の二つの条件を満たす：

  (i) $wRv \Rightarrow |w|R^f|v|$.
  (ii) $|w|R^f|v| \Rightarrow$ 任意の $\Box\varphi \in \Sigma$ に対し $(M, w \models \Box\varphi \Rightarrow M, v \models \varphi)$.

- V_Σ は次の条件を満たす：任意の $p \in \Sigma$ について

$$V_\Sigma(p) := \{|w| \mid w \in V(p)\}.$$

命題 2.1.5　Σ が部分論理式に閉じた有限集合で $\#\Sigma = n$ ならば $\#W_\Sigma \leqslant 2^n$．ただし $\#X$ は集合 X の濃度を表す．

[†] 以下で，濾過法に関連して出現する，部分論理式に閉じた集合 Σ は $\Sigma \subseteq \{\mathrm{T}, \mathrm{B}, 4, \mathrm{D}\}$ とは異なるので注意せよ．

濾過法の定義では W_Σ の上の関係 R^f が満たすべき二つの条件が挙げられているだけで二つの条件を満たす R^f が存在することは示されていないことに注意しておこう.

命題 2.1.6 $M = (W, R, V)$ をモデル, Σ を部分論理式に閉じた論理式の集合とする. このとき任意の $\varphi \in \Sigma, w \in W$ に対して,

$$M, w \models \varphi \iff M^f_\Sigma, |w| \models \varphi.$$

証明 $\varphi \in \Sigma$ の構成に関する帰納法で示す. $\Box\psi \in \Sigma$ の場合のみ示す. Σ は部分論理式に閉じているので $\psi \in \Sigma$ となることに注意しておく.
($\Rightarrow$) $M, w \models \Box\psi$ と仮定する. $|w|R^f|v|$ と仮定して $M^f_\Sigma, |v| \models \psi$ を示せばよい. 初めの仮定と R^f の条件 (ii) より $M, v \models \psi$. $\psi \in \Sigma$ から帰納法の仮定により目標の $M^f_\Sigma, |v| \models \psi$ を得る.
($\Leftarrow$) $M^f_\Sigma, |w| \models \Box\psi$ と仮定する. wRv と仮定して $M, v \models \psi$ を示せばよい. R^f の条件 (i) より $|w|R^f|v|$ となる. 仮定より $M^f_\Sigma, |v| \models \psi$ となり, $\psi \in \Sigma$ に注意して帰納法の仮定より目標の $M, v \models \psi$ を得る. □

濾過法の定義の W_Σ の上の関係 R^f に要請される二つの条件を満たす R^f の具体例を二つ挙げよう.

定義 2.1.7 $M = (W, R, V)$ をモデル, Σ を部分論理式に閉じた論理式の集合とする. W_Σ 上の二項関係 R^s と R^l をそれぞれ:

- $|w|R^s|v| \iff$ ある $w' \in |w|$ とある $v' \in |v|$ が存在して $w'Rv'$.
- $|w|R^l|v| \iff$ 任意の $\Box\varphi \in \Sigma$ に対し $(M, w \models \Box\varphi \Rightarrow M, v \models \varphi)$.

と定義する.

この定義の R^s と R^l は矛盾なく定義されている (確認してみよ). さらに次の意味でそれぞれ最小と最大の濾過モデルを与える (cf. [2, Lemma 2.40], それぞれ finest filtration, coarsest filtration と呼ばれている).

命題 2.1.8 $M = (W, R, V)$ をモデル, Σ を部分論理式に閉じた論理式の集

合とする．このとき，$M_\Sigma^s := (W_\Sigma, R^s, V_\Sigma)$ と $M_\Sigma^l := (W_\Sigma, R^l, V_\Sigma)$ はそれぞれ M の Σ による濾過モデルであり，かつ，任意の M の Σ による濾過モデル $M_\Sigma^f := (W_\Sigma, R^f, V_\Sigma)$ に対して $R^s \subseteq R^f \subseteq R^l$ を満たす．

証明 R^s が濾過法に要請される二つの条件を満たすことのみ確認し，残りは練習問題とする．条件 (i) は自明なので条件 (ii) を確認する．$|w|R^s|v|$ と仮定し，$M, w \models \Box\varphi$ を満たす任意の $\Box\varphi \in \Sigma$ を考える．$M, v \models \varphi$ を示すのが目標である．仮定 $|w|R^s|v|$ より $w'Rv'$ となる $w' \in |w|$ と $v' \in |v|$ を見出せる．$w' \in |w|$ より $w \sim_\Sigma w'$ なので $\Box\varphi \in \Sigma$ に注意して $M, w \models \Box\varphi$ より $M, w' \models \Box\varphi$．$w'Rv'$ から $M, v' \models \varphi$ となる．再び $v' \in |v|$ より $v \sim_\Sigma v'$ なので，$\varphi \in \Sigma$ に注意して目標の $M, v \models \varphi$ を得る． □

定理 2.1.9 最小の正規様相論理 **K** は有限フレームすべてからなるクラスに対して有限フレーム性をもつ．それゆえ，**K** は決定可能である．

証明 $\Lambda = $ **K** とおく．健全性は定理 1.2.7 から明らかなので弱完全性を示す．命題 1.3.7 により，任意の Λ 無矛盾な論理式 φ が，ある有限フレームで充足可能であることを示せばよい．定理 1.3.16 より φ はあるフレーム $F = (W, R)$ で充足可能，すなわち，ある付値関数 V，ある $w \in W$ が存在して $M = (F, V)$ としたとき $M, w \models \varphi$ となる．M の $\mathrm{Sub}(\varphi)$ による（存在する）濾過モデルをとると，命題 2.1.6 より $M_{\mathrm{Sub}(\varphi)}^f, |w| \models \varphi$ となる．ここで $W_{\mathrm{Sub}(\varphi)}$ は有限なので，目標が示された． □

上述の証明では正規様相論理 **K** のみを考えているので到達可能性関係 R の性質が濾過法によって保存されるかは気にする必要がない．しかし，固定した $\Sigma \subseteq \{\mathrm{T, B, 4, D}\}$ を含む最小の正規様相論理の場合は Σ が定義する到達可能性関係 R の性質が濾過法によって保存されなければ同様の議論は使えない．そこで，Σ ごとに R^f を慎重に選ぶ必要がある．次に示すように，反射性と継起性については任意の濾過モデルにおいて保存され，対称性は最小の濾過モデルにおいて保存される．

命題 2.1.10 $M = (W, R, V)$ をモデル，Σ を部分論理式に閉じた論理式の集合とする．M の Σ による任意の濾過モデル $M_\Sigma^f := (W_\Sigma, R^f, V_\Sigma)$ と最小の濾過モデル $M_\Sigma^s := (W_\Sigma, R^s, V_\Sigma)$ に対して：

2.1 濾過法による有限フレーム性と決定可能性　51

(i) R が反射的なら R^f もまた反射的であり，
(ii) R が継起的なら R^f もまた継起的である．
(iii) R が対称的なら R^s もまた対称的である．

証明 (ii) のみ示す．R が継起的と仮定する．R^f の継起性を示すために $|w| \in W_\Sigma$ を考える．R の継起性より，ある $v \in W$ が存在し wRv．このとき R^f の条件 (i) より $|w|R^f|v|$ となり目標を得る． □

濾過モデル上の関係として R^s の推移的閉包 R^{s+} をとれば濾過モデルはもちろん推移的となる．

命題 2.1.11 $M = (W, R, V)$ を推移的モデル，Σ を部分論理式に閉じた論理式の集合とする．このとき

(i) $M_\Sigma^{s+} := (W_\Sigma, R^{s+}, V_\Sigma)$ は M の Σ による濾過モデルである．
(ii) R が対称的なら R^{s+} もまた対称的である．

証明 (ii) は命題 2.1.10 (iii) と対称的関係の推移的閉包もまた対称的であることから従う．そこで (i) のみ示す．R が推移的と仮定する．R^{s+} が濾過モデルの関係の二つの条件を満たすことを示せば十分である．R^{s+} が条件 (i) を満たすことは明らかなので，条件 (ii) のみチェックする．任意の $n \geqslant 1$ に対し：

$$|w|(R^s)^n|v| \Rightarrow \text{任意の } \Box\psi \in \Sigma \text{ に対し } (M, w \models \Box\psi \Rightarrow M, v \models \psi \wedge \Box\psi)$$

を示す．すると，これと $R^{s+} = \bigcup_{n \geqslant 1}(R^s)^n$ から条件 (ii) が満たされる．n ($\geqslant 1$) についての帰納法により上記を示す．以下では $n = 1$ の場合のみ示す（帰納法のステップは練習問題）．$|w|R^s|v|$ と仮定し，$M, w \models \Box\psi$ を満たす $\Box\psi \in \Sigma$ を考える．$M, v \models \psi$ かつ $M, v \models \Box\psi$ を示す．$|w|R^s|v|$ より，ある $w' \in |w|$ と $v' \in |v|$ が存在して $w'Rv'$ となる．$w' \in |w|$ より $w \sim_\Sigma w'$ なので $\Box\psi \in \Sigma$ と仮定 $M, w \models \Box\psi$ より $M, w' \models \Box\psi$ となる．すると $w'Rv'$ より $M, v' \models \psi$ がいえる．$\psi \in \Sigma$ と $v' \in |v|$ より $M, v \models \psi$ がいえる．

次に $M, v \models \Box\psi$ を示すためには $v' \in |v|$ より $M, v' \models \Box\psi$ を示せば十分である．そこで $v'Ru$ を満たす $u \in W$ を考え，$M, u \models \psi$ を示す．R が推移的なので $w'Rv'$ と $v'Ru$ より $w'Ru$ となる．上述の $M, w' \models \Box\psi$ より目標の $M, u \models \psi$ がいえた． □

定理 2.1.12 どの $\Sigma \subseteq \{T, B, 4, D\}$ に対しても，Σ を含む最小の正規様相論理 $\mathbf{K}\Sigma$ は有限フレーム性をもち，それゆえ，決定可能である．

証明 前半部分から後半部分は定理 2.1.2 による．前半部分を示すために，Σ が定義するフレームクラス $\mathbb{F}_\Sigma$ 中の有限フレームすべてを集めた部分クラスに対して $\mathbf{K}\Sigma$ が有限フレーム性をもつことを示す．健全性は定理 1.2.7 より明らかなので弱完全性を示す．証明の方針は定理 2.1.9 とほぼ同様であるが，Σ に依存して濾過法を適用する際に R^f をうまく選ぶ必要がある．

- **K**, **KB**, **KDB**, **KT**, **KTB** ($4 \notin \Sigma$) の場合：$R^f := R^s$ とすればよい．命題 2.1.10 より Σ が定義する性質はすべて濾過モデルにおいても保たれる．

- **K4**, **KD4**, **S4**, **KB4**, **S5** (= **KTB4**) ($4 \in \Sigma$) の場合：$R^f := R^{s+}$ とすればよい．命題 2.1.10 (i), (ii) と命題 2.1.11 より Σ が定義する性質はすべて濾過モデルにおいても保たれる． □

2.2 双模倣関係・生成部分モデル・木展開

正規様相論理の決定可能性を示すために前節で導入した濾過法は，あらかじめ与えた部分論理式に閉じた集合 Σ に関して与えたモデルを有限サイズで「近似」する方法を与えてくれた．本節では，Σ に限らず，任意の論理式の充足関係を不変に保ちながら，与えたモデルの「形」を変える構成方法を導入する．こういった構成方法は，二つのモデルがお互いに類似していることを捉える双模倣の概念の具体例となる．本節で導入する構成方法は，正規様相論理 Λ で証明不可能な式 φ に対する反例モデルを，式の充足を変えずに木構造などの「意図する」形に変えるために，次節以降で用いられる．

定義 2.2.1 二つのモデル $M = (W, R, V)$, $M' = (W', R', V')$ に対して非空関係 $(\varnothing \neq)$ $Z \subseteq W \times W'$ が M と M' の間の**双模倣関係** (bisimulation) であるのは次の三つの条件を満たす場合である：

(**Atom**) wZw' なら，すべての $p \in \mathsf{Prop}$ に対し $w \in V(p) \iff w' \in V'(p)$.
(**Forth**) wZw' かつ wRv なら，ある $v' \in W'$ が存在し vZv' かつ $w'R'v'$.
(**Back**) wZw' かつ $w'R'v'$ なら，ある $v \in W$ が存在し vZv' かつ wRv.

2.2 双模倣関係・生成部分モデル・木展開　　　　53

wZw' のとき，$Z : (M, w) \leftrightarroweq (M', w')$ とも書く．ある双模倣関係 $Z \subseteq W \times W'$ が存在して wZw' となるとき，$(M, w) \leftrightarroweq (M', w')$ と表し，(M, w) と (M', w') は双模倣である，という．

定義 2.2.2（様相同値）　$M = (W, R, V)$, $M' = (W', R', V')$ を二つのモデル，$w \in W$, $w' \in W'$ とする．(M, w) と (M', w') が **様相同値**（$(M, w) \leftrightsquigarrow (M', w')$ と表記）であるのは，どの論理式 φ に対しても $M, w \models \varphi \iff M', w' \models \varphi$ が成立する場合である．

命題 2.2.3　$M = (W, R, V)$, $M' = (W', R', V')$ を二つのモデル，$Z \subseteq W \times W'$ を双模倣関係とする．このとき，どの論理式 φ に対しても，$Z : (M, w) \leftrightarroweq (M', w')$ ならば $M, w \models \varphi \iff M', w' \models \varphi$．それゆえ，

$$(M, w) \leftrightarroweq (M', w') \implies (M, w) \leftrightsquigarrow (M', w').$$

証明　後半部分は前半部分から従う．前半部分は φ の構成に関する帰納法で示される．命題変数の場合は双模倣関係の (Atom) 条件による．φ が $\Box \psi$ のときのみ示す．$Z : (M, w) \leftrightarroweq (M', w')$，すなわち wZw' と仮定する．まず ($\Rightarrow$) を示す．$M, w \models \Box \psi$ と仮定する．$M', w' \models \Box \psi$ を示すために，$w'R'v'$ と仮定し $M', v' \models \psi$ を示す．条件 (Back) より，vZv' かつ wRv となる $v \in W$ が存在する．wRv と仮定より $M, v \models \psi$．さらに vZv' と帰納法の仮定より，目標の $M', v' \models \psi$ が得られる．($\Leftarrow$) の証明もほぼ同様であるが，双模倣関係の (Forth) 条件を使う．　　□

　一般に命題 2.2.3 の後半部分の逆向きは成立しないが，各 $w \in W$ ごとに w から到達できる世界（状況）の集合 $\{v \in W \mid wRv\}$ が有限集合となるようなモデル（像有限 (image-finite) なモデル）に制限すれば，逆向き（様相同値なら双模倣）が成立することが知られている (cf. [2, Theorem 2.24])[4]．

定義 2.2.4（生成部分フレーム・モデル）　$F' = (W', R')$ が $F = (W, R)$ の **生成部分フレーム** (generated subframe) であるのは次の二つの条件を満たす場

---
[4] どの二つのモデルをとっても双模倣関係と様相同値関係が同値となるモデルのクラスは，ヘネシー・ミルナークラス (Hennessy-Milner class) と呼ばれる (cf. [2, Definition 2.52])．

合である：

(i) $W' \subseteq W$ かつ $R' = R \cap (W' \times W')$（$R'$ は R の W' への制限）．
(ii) W' は R について閉じる，すなわち，任意の $w \in W'$ と $v \in W$ に対して wRv ならば $v \in W'$．

$M' = (W', R', V')$ が $M = (W, R, V)$ の**生成部分モデル** (generated submodel) であるのは，(W', R') が (W, R) の生成部分フレームで，さらに

(**Atom**) すべての $p \in \mathsf{Prop}$ に対して，$V'(p) = V(p) \cap W'$．

を満たす場合である．$M' = (W', R', V')$ が $X \subseteq W$ を含む最小の M の生成部分モデルであるとき M' は $\boldsymbol{X}$ **により生成された**といい，M' を M_X とも書く（M_X は常に存在する，理由を考えよ）．さらに X が単元集合 $\{w\}$ のときには**点生成部分モデル**といい，M_w と表す．$F = F_w$ や $M = M_w$ が成立するとき，F や M は $\boldsymbol{w}$ **により生成されている**，といい，M, F をそれぞれ**点生成フレーム**，**点生成モデル**という．

定義 2.2.5（p モルフィズム） $F = (W, R), F' = (W', R')$ を二つのフレームとしたとき $f : W \to W'$ が F から F' への $\boldsymbol{p}$ **モルフィズム** (p-morphism, bounded morphism) であるのは次の二つの条件が満たされる場合である：

(**Forth**) wRv ならば $f(w)R'f(v)$；
(**Back**) $f(w)R'v'$ ならば，ある $v \in W$ が存在し wRv かつ $f(v) = v'$．

$M = (W, R, V), M' = (W', R', V')$ を二つのモデルとしたとき $f : W \to W'$ が M から M' への $\boldsymbol{p}$ モルフィズムであるのは，$f : W \to W'$ が F から F' への p モルフィズムであり，かつ，次の条件を満たす場合である：

(**Atom**) すべての $p \in \mathsf{Prop}$ に対して，$w \in V(p) \iff f(w) \in V'(p)$．

生成部分モデルと p モルフィズムは次の意味で双模倣により捉えられる．

命題 2.2.6 $M = (W, R, V), M' = (W', R', V')$ をモデルとしたとき：

(i) f が M から M' への p モルフィズムなら，$(M, w) \leftrightarrows (M', f(w))$．
(ii) M' が M の生成部分モデルで $w' \in W'$ なら，$(M', w') \leftrightarrows (M, w')$．

証明 (i) は f のグラフ $Gr(f) := \{(x, f(x)) \mid x \in W\}$ が (M, w), $(M, f(w))$ の間の双模倣となることから従う．また，(ii) については $\{(x, x) \mid x \in W'\}$ が (M', w') と (M, w') の間の双模倣となることから従う． □

命題 2.2.7 $F = (W, R)$, $F' = (W', R')$ をフレーム，φ を論理式としたとき：

(i) f が F から F' への全射 p モルフィズムのとき，$F \models \varphi$ ならば $F' \models \varphi$．
(ii) F' が F の生成部分フレームのとき，$F \models \varphi$ ならば $F' \models \varphi$．

証明 (i) のみ示す．(ii) も同様に示せる．$f : W \to W'$ を全射 p モルフィズムとし，$F \models \varphi$ と仮定する．$F' \models \varphi$ を示すために F' 上の任意の付値関数 V'，任意の $w' \in W'$ を考える．$M' := (F', V')$ とおいて $M', w' \models \varphi$ を示すのが目標である．f が全射なので $f(w) = w'$ となる $w \in W$ が存在する．W 上の付値関数 V を $V(p) = f^{-1}[V'(p)] = \{w \in W \mid f(w) \in V'(p)\}$ で定める．このとき，f は $M = (F, V)$ から M' への p モルフィズムとなる．さらに仮定より $(F, V), w \models \varphi$．命題 2.2.6 と命題 2.2.3 より $(M, w) \leftrightarrow (M', w')$ となるので目標 $M', w' \models \varphi$ が得られる． □

命題 2.2.8 非反射的なフレームすべてからなるクラスと反対称的なフレームすべてのクラスはいずれも様相論理式の集合で定義可能ではない．

証明 非反射的なフレームの定義不可能性のみ示す．反対称性については練習問題とする．$F_1 = (\{0, 1\}, \{(0, 1), (1, 0)\})$, $F_2 = (\{0\}, \{(0, 0)\})$ とし，f を $\{0, 1\}$ から $\{0\}$ への唯一の関数とする．このとき f は全射の p モルフィズムである．仮に非反射性が Γ より定義可能だとする．このとき $F_1 \models \Gamma$ だが $F_2 \not\models \Gamma$ となるはず．しかし命題 2.2.7 (i) と $F_1 \models \Gamma$ から $F_2 \models \Gamma$ となり，矛盾する． □

$F = (W, R)$ が普遍的とは $R = W \times W$ となる場合であった．生成部分モデルを使うことで **S5** が普遍的フレームすべてからなるクラスに対して健全かつ強完全となることを示せる．

定理 2.2.9 **S5** は普遍的フレームすべてからなるクラスに対して健全かつ強完全となる．

証明 健全性については，どのような普遍的なフレームにおいても R が同値関係（反射的，対称的かつ推移的）であることより定理 1.2.7 から従う．以下で強完全性を示す．Γ を **S5** 無矛盾な集合とすると，定理 1.3.16 から R が同値関係となるフレームクラスで充足可能となる．よって，ある R が同値関係となるフレーム $F = (W, R)$，ある付値関数 V，ある $w \in W$ に対して，$M = (F, V)$ としたとき $M, w \models \Gamma$ となる．ここで M の w による点生成部分モデル $M_w = (W_w, R_w, V_w)$ をとると，命題 2.2.6 と命題 2.2.3 より，$(M, w) \leftrightsquigarrow (M_w, w)$ なので $M_w, w \models \Gamma$．このとき R_w もまた同値関係であり，さらに $R_w = W_w \times W_w$ がいえるので (W_w, R_w) は普遍的である．よって Γ は普遍的フレームすべてからなるクラスで充足可能となる． □

定義 2.2.10（木展開） $F = (W, R)$ を w による点生成フレームとするとき，F の w に関する**木展開** (tree unravelling) $\mathrm{Tree}(F, w) := (\vec{W}, \vec{R})$ は

(i) $\vec{W} := \{(w, w_1, \ldots, w_n) \mid wRw_1 \text{ かつ } \cdots \text{ かつ } w_{n-1}Rw_n\}$.

(ii) $(w, w_1, \ldots, w_n)\vec{R}(w, v_1, \ldots, v_m)$
$\iff m = n + 1$ かつ任意の $1 \leqslant i \leqslant n$ に対し $w_i = v_i$.

によって定義される．$\vec{R}$ の推移閉包 $(\vec{R})^+$ を使った $\mathrm{Tree}^+(F, w) := (\vec{W}, (\vec{R})^+)$ を $F = (W, R)$ の w に関する**推移木展開**という．

$M = (W, R, V)$ を $w \in W$ による点生成モデルとするとき，M の w に関する**木展開** $\mathrm{Tree}(M, w)$ は (W, R) の w に関する木展開 $(\vec{W}, \vec{R})$ と次のように定める付値関数 $\vec{V} : \mathsf{Prop} \to \wp(\vec{W})$ の対である：

(Atom) $(w, w_1, \ldots, w_n) \in \vec{V}(p) \iff w_n \in V(p)$ ($p \in \mathsf{Prop}$).

M の w に関する**推移木展開** $\mathrm{Tree}^+(M, w)$ も同様に定める．

w により生成された $M = (W, R, V)$ の中に vRv を満たす要素 $v \in W$ が存在するときには W が有限であっても $\vec{W}$ は無限集合となる（v がいわば「無限回展開」されてしまうため）．次の命題の証明は略す（練習問題）．

命題 2.2.11 $M = (W, R, V)$ を $w \in W$ による点生成モデルとするとき，$f : \vec{W} \to W$ を $f(w, w_1, \ldots, w_n) := w_n$ で定める．このとき：

(i) f は $\mathrm{Tree}(M, w)$ から M への全射の p モルフィズムとなる．
(ii) (W, R) が推移的なら，f は $\mathrm{Tree}^+(M, w)$ から M への全射の p モルフィズムとなる．

定理 2.2.12 **K** は木構造すべてからなるクラスに対して健全かつ強完全となる．

証明 健全性は定理 1.2.7 から従う．以下で強完全性を示す．Γ を **K** 無矛盾として，Γ がある木構造で充足可能となることを示す．定理 1.3.16 から Γ はあるフレーム $F = (W, R)$ で充足可能．よって，ある付値関数 V，ある $w \in W$ に対し，$M = (F, V)$ としたとき $M, w \models \Gamma$．さて M の w による点生成部分モデル M_w とった後で M_w の w に関する木展開 $\mathrm{Tree}(M_w, w)$ をとる．すると命題 2.2.6，命題 2.2.3，命題 2.2.11 より $(M, w) \leftrightsquigarrow (M_w, w) \leftrightsquigarrow (\mathrm{Tree}(M_w, w), w)$ なので $\mathrm{Tree}(M_w, w), w \models \Gamma$．よって Γ はある木構造で充足可能． □

2.3 S4.2 と GL の有限フレーム性

本節の目的は，本書の第 2 部「証明可能性論理」と第 3 部「強制法と様相論理」で必要とされる結果を準備しておくことにある．まず (I) では第 3 部の準備として，正規様相論理 **S4.2** が有限前束とよばれるフレームすべてからなるクラスに対して有限フレーム性をもつことを示す．(II) では第 2 部の準備として正規様相論理 **GL** が有限推移木すべてからなるクラスに対して有限フレーム性をもつことを示す．

(I) S4.2 の有限前束のクラスに対する有限フレーム性

フレーム F が**有向的前順序**であるのは F が前順序であり，かつ，有向的（表 2 をみよ）である場合である．本節では **S4.2** が有限の有向的前順序すべてからなるクラスと有限前束すべてからなるクラスに対して有限フレーム性をもつことを示す．基本的な証明方針は [4, Theorem 5.33] による．それゆえ，**S4.2** は決定可能となる．

定義 2.3.1 (W, R) が**束**であるとは，(W, R) が半順序であり，かつ，W の任意の二元 $\{w, v\}$ が最小上界と最大下界をもつ場合である．

定義 2.3.2 $F = (W, R)$ を前順序とする. F の**スケルトン** $F/\approx$ とは, W 上の次のように定義される同値関係 $\approx$:

$$w \approx v \iff wRv \text{ かつ } vRw$$

による, 半順序となる商構造 $(W/\approx, R/\approx)$ である. ただし, $\approx$ による w の同値類を $C(w)$ としたとき,

$$W/\approx := \{\, C(w) \mid w \in W \,\}, \quad C(w) R/\approx C(v) \iff wRv,$$

と定める. $F = (W, R)$ が**前束** (pre-lattice) であるのは, R が前順序であり, かつ, F のスケルトン $F/\approx$ が束になる場合である. F が前束ならば F は有向的前順序でもある (確認せよ).

定理 2.3.3 **S4.2** は有限の有向的前順序すべてからなるクラスに対して有限フレーム性をもつ. それゆえ **S4.2** は決定可能である.

証明 健全性は定理 1.2.7 から明らかなので弱完全性を示す. **S4.2** 無矛盾な論理式 φ を考える. φ がある有限の有向的前順序で充足可能であることを示せばよい. 定理 1.3.16 より φ はある有向的前順序 $F = (W, R)$ で充足可能, すなわち, ある付値関数 V, ある $w \in W$ が存在して $M = (W, R, V)$ としたとき $M, w \models \varphi$ となる. ここで M の w による点生成部分モデル $M_w = (W_w, R_w, V_w)$ を考える. 命題 2.2.6 と命題 2.2.3 より, $M_w, w \models \varphi$. ここで R_w^{s+} (R_w の最小の濾過関係の推移的閉包) を使って, M_w の $\mathrm{Sub}(\varphi)$ による濾過モデル $(M_w)_{\mathrm{Sub}(\varphi)}^{s+}$ を考える. このとき, $(M_w)_{\mathrm{Sub}(\varphi)}^{s+}$ は有限モデルであり, かつ, 命題 2.1.10 と命題 2.1.11 より R_w^{s+} は前順序となる. よって, 有限の有向的前順序すべてからなるクラスに対する有限フレーム性のためには, R_w^{s+} が有向的であることを示せば目標は示される.

主張 R_w^{s+} は有向的である.

主張の証明 $|w_1| R_w^{s+} |w_2|$ かつ $|w_1| R_w^{s+} |w_3|$ を満たす M_w のドメインの要素 w_1, w_2, w_3 について考える. このとき, ある $|v| \in W^{\mathrm{Sub}(\varphi)}$ が存在して $|w_2| R_w^{s+} |v|$ かつ $|w_3| R_w^{s+} |v|$ となることを示す. M_w は w により点生成されているので, M_w が推移的であることに注意して wRw_2 かつ wRw_3 となる. すると R が有向的なので $w_2 Rv$ かつ $w_3 Rv$ となる $v \in W$ が存在し, さらに v

は w から R で到達可能なので M_w のドメインの要素となる．さらに R_w^s の定義より $|w_2|R_w^s|v|$ かつ $|w_3|R_w^s|v|$ となるので，$|w_2|R_w^{s+}|v|$ かつ $|w_3|R_w^{s+}|v|$ が得られる． □

定理 2.3.4 **S4.2** は有限前束すべてからなるクラスに対して有限フレーム性をもつ．

以下で与える証明はオリジナルの [14, Lemma 6.5] にほぼ従ったものである[5]．

証明 前束は有向的前順序なので，健全性は定理 2.3.3 から明らか．そこで弱完全性を示す．**S4.2** 無矛盾な論理式 φ がある有限前束で充足可能になることを示せば十分である．定理 2.3.3 から，ある有限の有向的前順序 $F = (W, R)$，F 上のある付値関数 V，ある $w \in W$ が存在して，$M = (F, V)$ とおいたとき $M, w \models \varphi$ となる．F は w で点生成されていると仮定してよい．ここで F のスケルトン $F/_{\approx} = (W_{\approx}, R_{\approx})$ を考えると，$F/_{\approx}$ は有限の有向的半順序であり，w の $\approx$ による同値類 $C(w)$ は $F/_{\approx}$ で最小元となる．また，F が有向的なので $F/_{\approx}$ には最大元 $C(b)$ が存在する．以下では $F/_{\approx}$ から最大元を抜いたフレームに対して推移木展開（の修整版）を行い，最大元 $C(b)$ を付加し直すことで有限束（推移木展開に最大元を加えた半順序となる）を構成する．例えば，F のスケルトン $F_{\approx}$ が図 2 の左の形のときは，図 2 の右の形の有限束を構成することになる．最後に，構成した有限束構造をスケルトンとするような有限前束モデル $M' = (W', R', V')$ を上述の M から構成し，M' から M へ全射となる p モルフィズムが存在することを示す．

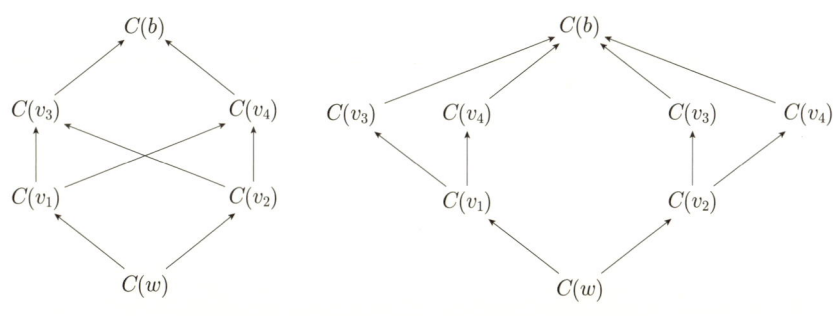

図 2 $F/_{\approx}$ （左）と $\mathrm{FinLat}(F/_{\approx})$ （右）の例

---

[5]ただし [14, Lemma 6.5] では双模倣概念が用いられているが，以下の証明では双模倣概念の代わりに全射 p モルフィズムを用いている．

まず $F/_\approx$ から最大元 $C(b)$ を抜いたフレームに対して,反射性を「無視」して推移木展開を行う.$(F/_\approx)^-$ を $(W_\approx \setminus \{C(b)\}, R_\approx^\bullet)$ のペア,ただし $C(v)R_\approx^\bullet C(v') \iff C(v)R_\approx C(v')$ かつ $C(v) \neq C(v')$,と定める.ここで $(F/_\approx)^-$ の $C(w)$ による推移木展開 $\mathrm{Tree}^+((F/_\approx)^-, C(w))$ をとると有限の狭義の半順序を得る(有限性は推移木展開の際に反射性を「無視」しているため).この狭義の半順序の各点を再び反射的にすると,有限の半順序を得る.この半順序に $C(b)$ を最大元として加えた半順序構造を $\mathrm{FinLat}(F/_\approx)$ と書こう.$\mathrm{FinLat}(F/_\approx)$ はその構成から有限であり,かつ,束となる.$\mathrm{FinLat}(F/_\approx)$ の元は $C(b)$ ないし推移木展開 $\mathrm{Tree}^+((F/_\approx)^-, C(w))$ の要素となる.以下では $\mathrm{Tree}^+((F/_\approx)^-, C(w))$ の要素となる $C(w)$ から始まる有限リスト(**道**とよぶ)を t, t' などと表し,$\mathrm{FinLat}(F/_\approx)$ 上の半順序を $\leqslant$ と書く.すなわち $t \leqslant t'$ ならば,t は t' と等しいか,あるいは t は t' の始切片となる.

それでは,そのフレーム部分が $\mathrm{FinLat}(F/_\approx)$ をスケルトンとするような有限前束モデル $M' = (W', R', V')$ を,$M = (F, V)$ から以下のように構成する.まず W' は

$$W' := C(b) \cup \{(v, t) \mid v \in W \setminus C(b), \text{かつ},$$
$$t \text{ は } \mathrm{Tree}^+((F/_\approx)^-, C(w)) \text{ 中の } C(v) \text{ に至る道}\}$$

と定める.さらに $f : W' \to W$ を $x \in C(b)$ のときは $f(x) := x$,$x \notin C(b)$ のときは $x = (v, t)$ の形なので $f(v, t) := v$ と定義する.f は明らかに全射である.次に R' を $x, y \in W'$ について $xR'y$ が成立するのは

- $y \in C(b)$ あるいは
- $y = (v', t')$ かつ $x = (v, t)$ であり,vRv'

となる場合であり,その場合に限る,と定める.このとき $F' := (W', R')$ とおけば F' のスケルトンは $\mathrm{FinLat}(F/_\approx)$ となる.さらに W' 上の付値関数 V' を $V'(p) := f^{-1}[V(p)] = \{x \in W' \mid f(x) \in V(p)\}$ $(p \in \mathsf{Prop})$ と決める.このとき f は $M' = (F', V')$ から M への全射の p モルフィズムとなる(練習問題).ゆえに $(F, V), w \models \varphi$ から,ある $x \in W'$ が存在し $f(x) = w$ かつ $(F', V'), x \models \varphi$ となる.これで **S4.2** 無矛盾な論理式 φ が有限前束フレームで充足可能となることが示せた.□

(II) GL の有限推移木のクラスに対する有限フレーム性

正規様相論理 **GL** はこれまで扱ってきた正規様相論理と異なり,どのよう

なフレームクラス $\mathbb{F}$ に対しても健全かつ強完全とはならないことが知られている (cf. [2, Theorem 4.43]). しかし, **GL** に対するカノニカルモデルに対して濾過法を「うまく」適用することで有限フレーム性を確立し, 決定可能性を示すことができる. **GL** の有限フレーム性の証明には様々な方法 ([18, Ch.8], [4, Ch.5.5] など) があるが, 本節の証明方法は比較的最近出版された教科書 [3, pp.131-3] によるものである. 以下では, まず **GL** が有限フレーム性をもつことを示し, その後, **GL** がどのようなフレームクラス $\mathbb{F}$ に対しても健全かつ強完全とはならないことを示す.

$F = (W, R)$ が非反射的であるとは, 任意の $w \in W$ に対し (wRw が不成立), となることであった. このとき, 次の意味で L は有限フレーム内で非反射的かつ推移的なフレームを定義する (練習問題).

命題 2.3.5 $F = (W, R)$ を有限フレームとする. このとき同値: $F \models \mathrm{L} \iff F$ は推移的かつ非反射的, が成立する.

定義 2.3.6 $\Lambda := \mathbf{GL}$, φ を論理式とし, $\Sigma := \mathrm{Sub}(\varphi)$ とする. このとき, Λ カノニカルモデル $M^\Lambda := (W^\Lambda, R^\Lambda, V^\Lambda)$ に対し W^Λ_Σ 上の関係 R^g を

$$|\Gamma|R^g|\Delta| \iff \begin{cases} 1) \text{ すべての } \Box\psi \in \Sigma \text{ に対し } (\Box\psi \in \Gamma \text{ ならば } \psi \wedge \Box\psi \in \Delta), \\ \quad \text{かつ} \\ 2) \text{ ある } \Box\gamma \in \Sigma \text{ に対し } (\Box\gamma \notin \Gamma \text{ かつ } \Box\gamma \in \Delta). \end{cases}$$

と定める. このとき $(M^\Lambda_\Sigma)^g := (W^\Lambda_\Sigma, R^g, V^\Lambda_\Sigma)$ とする.

R_g が矛盾なく定義されていることに注意しよう.

補題 2.3.7 φ を論理式とし, $\Sigma := \mathrm{Sub}(\varphi)$ とする. $(M^\Lambda_\Sigma)^g = (W^\Lambda_\Sigma, R^g, V^\Lambda_\Sigma)$ において R^g は非反射的かつ推移的であり, W^Λ_Σ は有限である.

証明 Σ が有限であるので W^Λ_Σ は有限である. R^g が非反射的であることは, R^g の定義と Γ の Λ 無矛盾性より直ちに従う. R^g が推移的であることは次のように示される. $|\Gamma_1|R^g|\Gamma_2|$ かつ $|\Gamma_2|R^g|\Gamma_3|$ と仮定して $|\Gamma_1|R^g|\Gamma_3|$ を示す. そのために,

1) すべての $\Box\psi \in \Sigma$ に対し ($\Box\psi \in \Gamma_1$ ならば $\psi \wedge \Box\psi \in \Gamma_3$)

2) ある $\Box\gamma \in \Sigma$ に対し ($\Box\gamma \notin \Gamma_1$ かつ $\Box\gamma \in \Gamma_3$)

の二つを示す．まず 1) を示す．任意の $\Box\psi \in \Sigma$ を考え，$\Box\psi \in \Gamma_1$ と仮定する．このとき $|\Gamma_1|R^g|\Gamma_2|$ の条件 1) より $\Box\psi \in \Gamma_2$．これに対して $|\Gamma_2|R^g|\Gamma_3|$ の条件 1) を使って $\psi \wedge \Box\psi \in \Gamma_3$ が得られる．次に 2) を示す．$|\Gamma_1|R^g|\Gamma_2|$ の条件 2) より $\Box\gamma \notin \Gamma_1$ だが $\Box\gamma \in \Gamma_2$ となる $\Box\gamma \in \Sigma$ が存在する．$\Box\gamma \in \Gamma_2$ と $|\Gamma_2|R^g|\Gamma_3|$ の条件 1) より $\Box\gamma \in \Gamma_3$ がいえ，$|\Gamma_1|R^g|\Gamma_3|$ のための条件 2) が示された． □

命題 2.3.8 $\vdash_{\mathbf{GL}} \Box p \to \Box\Box p$.

証明 以下のように示される．命題論理の推論により，

$$\vdash_{\mathbf{GL}} p \to ((\Box p \wedge \Box\Box p) \to (p \wedge \Box p))$$

が成立し，さらに $\Box$ と連言 $\wedge$ が可換であることより

$$\vdash_{\mathbf{GL}} p \to (\Box(p \wedge \Box p) \to (p \wedge \Box p))$$

がいえる．ここで必然化則と公理 K より

$$\vdash_{\mathbf{GL}} \Box p \to \Box(\Box(p \wedge \Box p) \to (p \wedge \Box p)).$$

$\Box(\Box(p \wedge \Box p) \to (p \wedge \Box p)) \to \Box(p \wedge \Box p) \in \mathbf{GL}$ より，

$$\vdash_{\mathbf{GL}} \Box p \to \Box(p \wedge \Box p)$$

となり，再び $\Box$ と連言 $\wedge$ が可換であることと命題論理の推論により，$\vdash_{\mathbf{GL}} \Box p \to \Box\Box p$ が得られる． □

補題 2.3.9 $\Box\beta \notin \Gamma$ ならば $\{\neg\beta, \Box\beta\} \cup \{\gamma, \Box\gamma \mid \Box\gamma \in \Gamma\}$ は **GL** 無矛盾．

証明 $\Box\beta \notin \Gamma$ と仮定する．$\Theta := \{\neg\beta, \Box\beta\} \cup \{\gamma, \Box\gamma \mid \Box\gamma \in \Gamma\}$ が **GL** 矛盾と仮定して，矛盾することを示す．Θ が **GL** 矛盾なので，$\Box\gamma_1, \ldots, \Box\gamma_n \in \Gamma$ を満たす，ある $\gamma_1, \ldots, \gamma_n$ が存在して，

$$\vdash_{\mathbf{GL}} (\neg\beta \wedge \Box\beta \wedge (\gamma_1 \wedge \Box\gamma_1) \wedge \cdots \wedge (\gamma_n \wedge \Box\gamma_n)) \to \bot$$

となる．これは命題論理の推論により，

$$\vdash_{\mathbf{GL}} ((\gamma_1 \wedge \Box\gamma_1) \wedge \cdots \wedge (\gamma_n \wedge \Box\gamma_n)) \to (\Box\beta \to \beta)$$

と同値となる．さらに必然化則と公理 K により

$$\vdash_{\mathbf{GL}} ((\Box\gamma_1 \wedge \Box\Box\gamma_1) \wedge \cdots \wedge (\Box\gamma_n \wedge \Box\Box\gamma_n)) \to \Box(\Box\beta \to \beta).$$

$\vdash_{\mathbf{GL}} \Box\gamma_i \to \Box\Box\gamma_i$（命題 2.3.8）と $\vdash_{\mathbf{GL}} \Box(\Box\beta \to \beta) \to \Box\beta$ より

$$\vdash_{\mathbf{GL}} (\Box\gamma_1 \wedge \cdots \wedge \Box\gamma_n) \to \Box\beta$$

が得られる．このとき，$\Box\gamma_1, \ldots, \Box\gamma_n \in \Gamma$ より $\Box\beta \in \Gamma$ となるが，これは仮定 $\Box\beta \notin \Gamma$ に反する． □

$(M_\Sigma^\Lambda)^g$ に対しては濾過法に関する命題 2.1.6 を経由せずに次の命題が直接示せる．

補題 2.3.10 $\Lambda := \mathbf{GL}$ のとき，任意の $\psi \in \Sigma$，任意の極大 Λ 無矛盾集合 Γ に対し：

$$(M_\Sigma^\Lambda)^g, |\Gamma| \models \psi \iff \psi \in \Gamma.$$

証明 ψ の構成に関する帰納法で示す．ψ が $\Box\beta$ の形のときのみ示す．$\Box\beta \in \Sigma$ と仮定する．まず ($\Leftarrow$) を示す．$\Box\beta \in \Gamma$ と仮定する．$(M_\Sigma^\Lambda)^g, |\Gamma| \models \Box\beta$ を示すために $|\Gamma|R^g|\Delta|$ を仮定する．$(M_\Sigma^\Lambda)^g, |\Delta| \models \beta$ を示せばよい．R^g の定義と仮定 $\Box\beta \in \Gamma$ から $\beta \in \Delta$ が得られ，帰納法の仮定より目標が得られる．次に ($\Rightarrow$) を対偶により示す．$\Box\beta \notin \Gamma$ を仮定する．補題 2.3.9 より $\{\neg\beta, \Box\beta\} \cup \{\gamma, \Box\gamma \mid \Box\gamma \in \Gamma\}$ は Λ 無矛盾である．このとき補題 1.3.9 により，ある極大 Λ 無矛盾集合 Δ が存在して $\Delta \supseteq \{\neg\beta, \Box\beta\} \cup \{\gamma, \Box\gamma \mid \Box\gamma \in \Gamma\}$．すなわち $\neg\beta \in \Delta$ より $\beta \notin \Delta$ となる．$\beta \in \Sigma$ なので，帰納法の仮定より $(M_\Sigma^\Lambda)^g, |\Delta| \not\models \beta$ となる．$|\Gamma|R^g|\Delta|$ を示せば $(M_\Sigma^\Lambda)^g, |\Gamma| \not\models \Box\beta$ がわかる．$|\Gamma|R^g|\Delta|$ を示すために定義の二つの条件を確認する．まず 1) を示す．$\Box\gamma \in \Sigma$ について $\Box\gamma \in \Gamma$ と仮定する．Δ の構成の仕方より，明らかに $\gamma \wedge \Box\gamma \in \Delta$．次に 2) を示す．$\Box\beta \in \Sigma$ について仮定より $\Box\beta \notin \Gamma$ であり，かつ，Δ の構成の仕方より $\Box\beta \in \Delta$ となる． □

定理 2.3.11 **GL** は非反射的かつ推移的な有限フレームすべてからなるクラスに対して有限フレーム性をもつ．

証明 $\Lambda := $ **GL** とおく．健全性は命題 2.3.5 から従うので，弱完全性を示す．Λ 無矛盾な論理式 φ を考える．補題 1.3.9 より $\varphi \in \Gamma$ となる極大 Λ 無矛盾な集合が存在．補題 2.3.10 より，$\Sigma := \mathrm{Sub}(\varphi)$ として $(M_\Sigma^\Lambda)^q, |\Gamma| \models \varphi$．$\varphi$ は (W_Σ^Λ, R^q) で充足可能なので，補題 2.3.7 より φ は非反射的かつ推移的な有限フレームすべてからなるクラスで充足可能となる． □

有限推移木をその二項関係が推移的で非反射的な有限の木構造としよう．

定理 2.3.12 **GL** は有限推移木すべてからなるクラスに対して有限フレーム性をもつ．

証明 有限推移木は非反射的かつ推移的なので，健全性は定理 2.3.11 から従う．そこで弱完全性を示す．**GL** 無矛盾な論理式 φ を考える．φ が有限推移木すべてからなるクラスで充足可能であることを示す．定理 2.3.11 より，φ は非反射的かつ推移的な有限フレームすべてからなるクラスで充足可能であるので，ある非反射的かつ推移的な有限フレーム (W, R)，ある付値関数 $V : \mathrm{Prop} \to \wp(W)$，ある $w \in W$ が存在して，$M = (W, R, V)$ としたとき $M, w \models \varphi$ となる．M の w による生成部分モデル M_w を考えると，命題 2.2.6 より $M_w, w \models \varphi$．さらに定義 2.2.10 により $\mathrm{Tree}^+(M_w, w)$ を考えると，命題 2.2.6 と命題 2.2.11 より，$\mathrm{Tree}^+(M_w, w), w \models \varphi$ となり，さらに，$\mathrm{Tree}^+(M_w, w)$ は R の非反射性より有限モデルとなるため，目標が示された． □

それでは以下で **GL** がどのようなフレームクラス $\mathbb{F}$ に対しても健全かつ強完全とはならないことを示そう．

命題 2.3.13 $\Delta_\omega := \{\Diamond p_1\} \cup \{\Box(p_i \to \Diamond p_{i+1}) \mid 1 \leq i \in \omega\}$ は推移的かつ R 無限上昇列をもたないフレームすべてからなるクラスにおいて充足不可能であるが，Δ_ω の任意の有限部分集合は同じフレームクラスにおいて充足可能である．

証明 $\mathbb{F}_{\mathbf{GL}}$ を推移的かつ R 無限上昇列をもたないフレームすべてからなるクラスとする. まず Δ_ω が $\mathbb{F}_{\mathbf{GL}}$ で充足不可能であることを示す. Δ_ω が $\mathbb{F}_{\mathbf{GL}}$ で充足可能であると仮定して矛盾を導く. ある $F = (W, R) \in \mathbb{F}_{\mathbf{GL}}$, ある付値関数 V, ある $w \in W$ が存在して, $M = (W, R, V)$ としたとき $M, w \models \Delta_\omega$ となる. このとき次のように R 無限上昇列 $(w_n)_{1 \leq n \in \omega}$ を構成できる. $M, w \models \Diamond p_1$ なので wRv かつ $M, v \models p_1$ となる $v \in W$ を一つ選んで w_1 とおく. 次に $w_1, \ldots, w_N$ で $M, w_i \models p_i$ かつ $w_i R w_{i+1}$ ($1 \leq i \leq N-1$) を満たすものが構成されたとする. $M, w_N \models p_N$ かつ $M, w \models \Box(p_N \rightarrow \Diamond p_{N+1}) \in \Delta_\omega$ なので R の推移性より, $M, w_N \models \Diamond p_{N+1}$ となる. このとき $w_N R v$ かつ $M, v \models p_{N+1}$ となる $v \in W$ を一つ選んで w_{N+1} とおく. このように R 無限上昇列 $(w_n)_{1 \leq n \in \omega}$ が構成できるが, $(W, R) \in \mathbb{F}_{\mathbf{GL}}$ なので W には R 無限上昇列は存在しないため, 仮定に反する.

次に Δ_ω の任意の有限部分集合 Φ が $\mathbb{F}_{\mathbf{GL}}$ で充足可能であることを示す. $\Delta_n := \{\Diamond p_1\} \cup \{\Box(p_i \rightarrow \Diamond p_{i+1}) \mid 1 \leq i \leq n-1\} \supseteq \Phi$ なる十分大きな n の Δ_n が $\mathbb{F}_{\mathbf{GL}}$ で充足可能であることを示せば十分である. ここで, モデル $M_n := (\{0, 1, \ldots, n\}, <, V_n)$ を考える. ただし, $<$ は通常の大小関係であり, かつ, V_n は $V_n(p_i) = \{i\}$ ($i \leq n$) を満たす付値関数とする. このとき $M_n, 0 \models \Delta_n$ となることは簡単に確認できる. また M_n のフレーム部分 $(\{0, 1, \ldots, n\}, <)$ は推移的であり, かつ, その中に $<$ 無限上昇列は存在しない. これより $(\{0, 1, \ldots, n\}, <)$ は $\mathbb{F}_{\mathbf{GL}}$ に属するため, 目標が示された. □

命題 2.3.14 $\Delta_\omega = \{\Diamond p_1\} \cup \{\Box(p_i \rightarrow \Diamond p_{i+1}) \mid 1 \leq i \in \omega\}$ は **GL** 無矛盾.

証明 $\mathbb{F}_{\mathbf{GL}}$ を推移的かつ R 無限上昇列をもたないフレームすべてからなるクラスとする. Δ_ω の任意の有限部分集合 Φ に対して $\not\vdash_{\mathbf{GL}} \bigwedge \Phi \rightarrow \bot$ を示す. $\mathbb{F}_{\mathbf{GL}} \models \mathbf{GL}$ (定理 1.2.7) なので Δ_ω の任意の有限部分集合 Φ に対して Φ が $\mathbb{F}_{\mathbf{GL}}$ で充足可能であることを示せばよいが, これは前命題 2.3.13 から明らか. □

定理 2.3.15 **GL** はどのようなフレームクラス $\mathbb{F}$ に対しても健全かつ強完全とはならない.

証明 **GL** があるフレームクラス $\mathbb{F}$ に対して健全かつ強完全となる, とする. $\bot \notin \mathbf{GL}$ (なぜか? 命題 1.2.8 の証明に類比の議論で示せ) なので強完全性

より $\mathbb{F}$ は空クラスではない. 命題 2.3.14 より Δ_ω が **GL** 無矛盾なので **GL** が $\mathbb{F}$ に対し強完全であることより, Δ_ω は $\mathbb{F}$ で充足可能である. すなわち, ある $F = (W, R) \in \mathbb{F}$ が存在して Δ_ω が F で充足可能となる. **GL** は $\mathbb{F}$ に対し健全でもあるので, $F \in \mathbb{F}$ より $F \models \mathsf{L}$ となる. ゆえに, 命題 1.1.3 より F は推移的であり, かつ, F には R 無限上昇列が存在しない. このとき, 命題 2.3.13 の前半部分より, Δ_ω は F で充足不可能となるため, 矛盾が得られる. □

第3章

様相論理の発展と歴史的背景

3.1 シークエント計算体系とカット除去定理

ヒルベルト式公理系 H(KΣ) で，ある式の体系内証明を与える場合，（体系内）証明となる式のリストは膨大な長さになりがちであり，そのため，ある式の証明可能性を示す場合に体系内証明となる式のリストは直接与えず，$\vdash_{H(KΣ)}$（ないし $\vdash_{KΣ}$）が付いた形で証明可能性の書き換えを行っていた．このような証明可能性の「導出」を，各論理結合子・様相演算子の振る舞いを推論規則として抽出した上で，形式化したのがシークエント計算である．

シークエントとは，論理式の**多重集合**[6]のペアであり，

$$\Gamma \Rightarrow \Delta$$

と表される[7]．その直観的な読みは

「Γ のすべてを仮定すれば Δ のいずれかが帰結する」

である．Δ が単元の $\{\varphi\}$ なら「Γ のすべてを仮定すれば φ が帰結する」を読める．この読みを反映して，シークエント $\Gamma \Rightarrow \Delta$ は論理式 $\bigwedge \Gamma \to \bigvee \Delta$ へと翻訳できる．ただし $\bigwedge \Gamma$ と $\bigvee \Delta$ はそれぞれ Γ, Δ の全要素を連言ないし選言で結んだ論理式である（$\bigwedge \emptyset := \top, \bigvee \emptyset := \bot$ と約束する）．

---

[6]多重集合とは，通常の集合に加えて集合の要素が現れる回数（多重度）を定義した概念である．例えば $\{\varphi, \varphi, \psi\}$ と $\{\varphi, \psi\}$ は通常の集合としては同一であるが，多重集合としては区別される．前者の φ の多重度は 2 であり，後者の φ の多重度は 1 である．

[7]シークエント計算を初めて考案したゲンツェンは論理式の有限リストをシークエントと定義していた．様相論理のシークエント計算については [57, 55] が詳しい．

表5が様相論理に対するシークエント計算の推論規則の集合である．ここで挙げた推論規則は大西正男と松本和夫 [32] により提案されたものを本稿の定義に合うように修正したものである．推論規則の水平線の上にあるシークエントを**上式**，下にあるシークエントを**下式**という．表5では

$$\Box \Gamma := \{\, \Box \varphi \mid \varphi \in \Gamma \,\}$$

と略記を定める．$\Lambda \in \{\, \mathbf{K}, \mathbf{KT}, \mathbf{S4}, \mathbf{S5}\,\}$ に対して，シークエント計算体系 $\mathsf{G}(\Lambda)$ を，表5の始式，構造規則，論理規則，Λ の $\Box$ に関する論理規則の四つにより定め，$\mathsf{G}(\Lambda)^+$ は $\mathsf{G}(\Lambda)$ にさらに表5のカット規則を含めた体系とする．表5の構造規則，論理規則，そして，規則 $(\Box \Rightarrow)$ における**主式** (principal formula) とは，推論規則の下式の Γ, Δ 以外の式（推論規則が作用する式）である．表5の規則 $(\Box)$ の**主式**は $\Box \Gamma$ と $\Box \varphi$ である．表5の規則 $(\Rightarrow \Box)$, $(\Rightarrow \Box_{\mathbf{S5}})$ の**主式**は推論規則の下式の $\Box \Gamma, \Box \Delta$ 以外の式である．カット規則の二つの上式中の φ を**カット式**といおう．

$\mathsf{G}(\Lambda)$ ないし $\mathsf{G}(\Lambda)^+$ における**証明図**（$\mathcal{D}, \mathcal{E}$ などで表す）とは始式から構造規則・論理規則（Λ の $\Box$ に関する論理規則を含める）によって生成される有限木構造である．シークエント $\Gamma \Rightarrow \Delta$ が $\mathsf{G}(\Lambda)$ ないし $\mathsf{G}(\Lambda)^+$ で**証明可能**であるとは，$\Gamma \Rightarrow \Delta$ を**根**（**結論**ともいう）にもつ $\mathsf{G}(\Lambda)$ ないし $\mathsf{G}(\Lambda)^+$ の証明図が存在する場合であり，これをそれぞれ $\vdash_{\mathsf{G}(\Lambda)} \Gamma \Rightarrow \Delta, \vdash_{\mathsf{G}(\Lambda)^+} \Gamma \Rightarrow \Delta$ と書く約束をする．例えば，$\mathsf{G}(\mathbf{K})$ では次の証明図により $\Rightarrow \Box(p \to q) \to (\Box p \to \Box q)$ が証明可能である．

$$\cfrac{\cfrac{\cfrac{\cfrac{\cfrac{p \Rightarrow p}{p \Rightarrow q, p}\,(\Rightarrow w) \quad \cfrac{q \Rightarrow q}{q, p \Rightarrow q}\,(w \Rightarrow)}{p \to q, p \Rightarrow q}\,(\to \Rightarrow)}{\Box(p \to q), \Box p \Rightarrow \Box q}\,(\Box)}{\Box(p \to q) \Rightarrow (\Box p \to \Box q)}\,(\Rightarrow \to)}{\Rightarrow \Box(p \to q) \to (\Box p \to \Box q)}\,(\Rightarrow \to)$$

この証明図において p, q の箇所に φ, ψ をそれぞれ一様に代入すれば $\Rightarrow \Box(\varphi \to \psi) \to (\Box \varphi \to \Box \psi)$ の証明図が得られることはすぐにわかるだろう．こういった観察を一般化して次が示せる．

補題 3.1.1 $\Lambda \in \{\, \mathbf{K}, \mathbf{KT}, \mathbf{S4}, \mathbf{S5}\,\}$ とする．$\vdash_{\mathsf{G}(\Lambda)^+} \Gamma \Rightarrow \Delta$ ならば，どの一様代入 σ に対しても $\vdash_{\mathsf{G}(\Lambda)^+} \overline{\sigma}[\Gamma] \Rightarrow \overline{\sigma}[\Delta]$，ただし $\overline{\sigma}[\Gamma] := \{\, \overline{\sigma}(\varphi) \mid \varphi \in \Gamma \,\}$．

3.1 シークエント計算体系とカット除去定理

表5 様相論理 **K**, **KT**, **S4**, **S5** に対するシークエント計算体系

始式
$$\varphi \Rightarrow \varphi \quad (Id) \qquad \bot \Rightarrow \quad (\bot)$$

構造規則（上から順に弱化規則・縮約規則）

$$\frac{\Gamma \Rightarrow \Delta}{\Gamma \Rightarrow \Delta, \varphi} \ (\Rightarrow w) \qquad \frac{\Gamma \Rightarrow \Delta}{\varphi, \Gamma \Rightarrow \Delta} \ (w \Rightarrow)$$

$$\frac{\Gamma \Rightarrow \Delta, \varphi, \varphi}{\Gamma \Rightarrow \Delta, \varphi} \ (\Rightarrow c) \qquad \frac{\varphi, \varphi, \Gamma \Rightarrow \Delta}{\varphi, \Gamma \Rightarrow \Delta} \ (c \Rightarrow)$$

論理規則

$$\frac{\varphi, \Gamma \Rightarrow \Delta, \psi}{\Gamma \Rightarrow \Delta, \varphi \to \psi} \ (\Rightarrow \to) \qquad \frac{\Gamma \Rightarrow \Delta, \varphi \quad \psi, \Gamma \Rightarrow \Delta}{\varphi \to \psi, \Gamma \Rightarrow \Delta} \ (\to \Rightarrow)$$

K の □ に関する論理規則

$$\frac{\Gamma \Rightarrow \varphi}{\Box \Gamma \Rightarrow \Box \varphi} \ (\Box)$$

KT の □ に関する論理規則

$$\frac{\Gamma \Rightarrow \varphi}{\Box \Gamma \Rightarrow \Box \varphi} \ (\Box) \qquad \frac{\varphi, \Gamma \Rightarrow \Delta}{\Box \varphi, \Gamma \Rightarrow \Delta} \ (\Box \Rightarrow)$$

S4 の □ に関する論理規則

$$\frac{\Box \Gamma \Rightarrow \varphi}{\Box \Gamma \Rightarrow \Box \varphi} \ (\Rightarrow \Box) \qquad \frac{\varphi, \Gamma \Rightarrow \Delta}{\Box \varphi, \Gamma \Rightarrow \Delta} \ (\Box \Rightarrow)$$

S5 の □ に関する論理規則

$$\frac{\Box \Gamma \Rightarrow \Box \Delta, \varphi}{\Box \Gamma \Rightarrow \Box \Delta, \Box \varphi} \ (\Rightarrow \Box_{\mathbf{S5}}) \qquad \frac{\varphi, \Gamma \Rightarrow \Delta}{\Box \varphi, \Gamma \Rightarrow \Delta} \ (\Box \Rightarrow)$$

カット規則

$$\frac{\Gamma \Rightarrow \Delta, \varphi \quad \varphi, \Pi \Rightarrow \Sigma}{\Gamma, \Pi \Rightarrow \Delta, \Sigma} \ (Cut)$$

否定記号は $\neg \varphi := \varphi \to \bot$ と定義されていたが, $\neg$ についての規則

$$\dfrac{\varphi, \Gamma \Rightarrow \Delta}{\Gamma \Rightarrow \Delta, \neg \varphi} \ (\Rightarrow \neg) \quad \dfrac{\Gamma \Rightarrow \Delta, \varphi}{\neg \varphi, \Gamma \Rightarrow \Delta} \ (\neg \Rightarrow)$$

は, 公理 ($\bot$), ($\Rightarrow\to$), ($\Rightarrow w$) と ($w \Rightarrow$) を使うことで正当化される. 以下では証明図の略記として否定記号についての規則も使う. $\Lambda \in \{\mathbf{K}, \mathbf{KT}, \mathbf{S4}, \mathbf{S5}\}$ に対して $\mathsf{H}(\Lambda)$ と $\mathsf{G}(\Lambda)^+$ は次の意味で証明能力が等しい. ただし, 計算対象が異なるヒルベルト式公理系と式計算体系の証明能力を比較するためには, シークエント $\Gamma \Rightarrow \Delta$ を一つの論理式へ翻訳する必要がある. 本節冒頭でみたように, シークエント $\Gamma \Rightarrow \Delta$ は, その読み方「Γ のすべてを仮定すれば Δ のいずれかが帰結する」を反映して論理式 $\bigwedge \Gamma \to \bigvee \Delta$ へと翻訳できた.

定理 3.1.2 $\Lambda \in \{\mathbf{K}, \mathbf{KT}, \mathbf{S4}, \mathbf{S5}\}$ とする.

(i) $\vdash_{\mathsf{H}(\Lambda)} \varphi$ ならば $\vdash_{\mathsf{G}(\Lambda)^+} \Rightarrow \varphi$.

(ii) $\vdash_{\mathsf{G}(\Lambda)^+} \Gamma \Rightarrow \Delta$ ならば $\vdash_{\mathsf{H}(\Lambda)} \bigwedge \Gamma \to \bigvee \Delta$.

それゆえ, $\vdash_{\mathsf{H}(\Lambda)} \varphi$ であるときそのときに限り $\vdash_{\mathsf{G}(\Lambda)^+} \Rightarrow \varphi$.

証明 (i) $\varphi_1, \ldots, \varphi_n\ (= \varphi)$ を $\mathsf{H}(\Lambda)$ における証明のリストとする. このとき i に関する帰納法で $\vdash_{\mathsf{G}(\Lambda)^+} \Rightarrow \varphi_i$ を示せばよい. まず $\Lambda = \mathbf{K}$ とする. $\mathsf{H}(\mathbf{K})$ の各公理が証明可能であり, $\mathsf{H}(\mathbf{K})$ の各推論規則が $\mathsf{G}(\Lambda)^+$ において証明可能性を保つことを示せば十分である. 公理 K は上記の例でチェック済みである. また, 命題トートロジーの場合は練習問題とする[8]. $\mathsf{H}(\mathbf{K})$ の一様代入則については 補題 3.1.1 による. 必然化則は Γ が空の場合の ($\square$) による. 分離則 (MP) のみ示す. $\Rightarrow \varphi, \Rightarrow \varphi \to \psi$ がそれぞれ $\mathsf{G}(\Lambda)^+$ で証明可能とする. このとき, カット規則により ψ の $\mathsf{G}(\Lambda)^+$ での証明可能性を以下のように導ける.

---

[8](ヒント) φ が命題トートロジーの場合は φ は命題論理式で $\square$ を含まないので, 命題論理の真理関数を用いた意味論に対する意味論的完全性より, 三つの公理 $p \to (q \to p)$, $(p \to (q \to r)) \to ((p \to q) \to (p \to r))$, $(\neg p \to \neg q) \to (q \to p)$ と分離則 (MP), 一様代入則からなる公理系 $\mathsf{H}(\mathbf{P})$ で証明可能となる. この事実を使う.

3.1 シークエント計算体系とカット除去定理

$$\cfrac{\cfrac{}{\Rightarrow \varphi}\quad \cfrac{\cfrac{}{\Rightarrow \varphi \to \psi}\quad \cfrac{\cfrac{\varphi \Rightarrow \varphi}{\varphi \Rightarrow \psi, \varphi}(\Rightarrow w) \quad \cfrac{\psi \Rightarrow \psi}{\psi, \varphi \Rightarrow \psi}(w \Rightarrow)}{\varphi \to \psi, \varphi \Rightarrow \psi}(\to \Rightarrow)}{\varphi \Rightarrow \psi}(Cut)}{\Rightarrow \psi}(Cut)$$

$\mathrm{T} \in \Lambda$ のときは公理 T は $(\square \Rightarrow)$ により，$4 \in \Lambda$ のときは公理 4 は $(\Rightarrow \square)$ ないし $(\Rightarrow \square_{\mathbf{S5}})$ により示される．$\Lambda = \mathbf{S5}$ のとき公理 B は以下のようにカット規則を使って証明される．

$$\cfrac{\cfrac{\cfrac{\cfrac{p \Rightarrow p}{\neg p, p \Rightarrow}(\neg \Rightarrow)}{\square \neg p, p \Rightarrow}(\square \Rightarrow)}{p \Rightarrow \neg \square \neg p}(\Rightarrow \neg) \quad \cfrac{\cfrac{\cfrac{\square \neg p \Rightarrow \square \neg p}{\Rightarrow \neg \square \neg p, \square \neg p}(\Rightarrow \neg)}{\Rightarrow \square \neg \square \neg p, \square \neg p}(\Rightarrow \square_{\mathbf{S5}})}{\neg \square \neg p \Rightarrow \square \neg \square \neg p}(\neg \Rightarrow)}{\cfrac{p \Rightarrow \square \neg \square \neg p}{\Rightarrow p \to \square \neg \square \neg p}(\Rightarrow \to)}(Cut)$$

(ii) $\mathrm{G}(\Lambda)$ の始式を翻訳した論理式は明らかに命題トートロジーの代入例であるので $\mathrm{H}(\Lambda)$ で定理となる．さらに $\mathrm{G}(\Lambda)$ の各規則の上式と下式を論理式へ翻訳したとき，$\mathrm{H}(\Lambda)$ で証明可能性を保つことをチェックすればよい．すなわち，$\mathrm{G}(\Lambda)$ の各規則の上式の翻訳が $\mathrm{H}(\Lambda)$ で定理となるときに対応する下式の翻訳が $\mathrm{H}(\Lambda)$ で定理となることを示せばよい．構造規則，$\to$ についての論理規則，カット規則の場合は命題論理の推論により正当化されるので，様相演算子の規則のみ扱う．規則 $(\square)$ の翻訳が $\mathrm{H}(\mathbf{K})$ で証明可能性を保つことは $\square$ が $\land$ と可換であること，必然化則と K より示される．規則 $(\square \Rightarrow)$ は公理 T による．規則 $(\Rightarrow \square)$ については，$\vdash_{\mathrm{H}(\mathbf{S4})} (\square \gamma_1 \land \cdots \land \square \gamma_n) \to \varphi$ と仮定して $\vdash_{\mathrm{H}(\mathbf{S4})} (\square \gamma_1 \land \cdots \land \square \gamma_n) \to \square \varphi$ を示せばよい．仮定より $\vdash_{\mathrm{H}(\mathbf{S4})} \square(\square \gamma_1 \land \cdots \land \square \gamma_n) \to \square \varphi$．$\square$ の $\land$ に対する可換性と公理 4 $\vdash_{\mathrm{H}(\mathbf{S4})} \square \gamma_i \to \square \square \gamma_i$ より目標が得られる．最後に，規則 $(\Rightarrow \square_{\mathbf{S5}})$ については $\vdash_{\mathrm{H}(\mathbf{S5})} \bigwedge \square \Gamma \to \bigvee \square \Delta \lor \varphi$ を仮定して $\vdash_{\mathrm{H}(\mathbf{S5})} \bigwedge \square \Gamma \to \bigvee \square \Delta \lor \square \varphi$ を示せばよいが，$\square$ の $\land$ に対する可換性，公理 4，および，公理 5 から導かれる $\vdash_{\mathrm{H}(\mathbf{S5})} \neg \square \delta_i \to \square \neg \square \delta_i$（命題 1.2.5 (ix)）など使って示される． $\square$

シークエント計算体系で与えられたシークエントを証明するときは，そのシークエントを下式としてもつ推論規則の候補を模索する．この結論（下式）

から前提（上式）へとたどる過程を繰り返し，すべての分岐（上式に二つのシークエントをもつ推論規則は分岐を要請する）において始式へ到達することを目指す．ここで，表5のカット規則以外の推論規則では，上式には下式に出現する論理式の部分論理式しか出現しない．よって，あるシークエントがカット規則を使わずに証明できた場合，その証明図には，そのシークエントの部分論理式しか出現しないこととなる．さらに，カット規則をもたない計算体系からは ⇒ ⊥ が証明可能にならない，という意味で矛盾が生じないことも容易く示せる（系3.1.5をみよ）．一方，カット規則では，カット式 φ は下式の部分論理式を含め，どのような式であってもよいため，カット規則を下式から上式へ読んだとき，上式となる二つのシークエントの可能なペアは無限に存在してしまう．こういった点から，カット規則をもつシークエント計算体系で証明可能なシークエントが，そこからカット規則を抜いた計算体系で証明可能となるか，が伝統的に問題とされてきた．

前定理の証明中の $\mathsf{G}(\mathsf{S5})^+$ における公理Bの証明ではカット規則を使った．実は，この公理Bを導くために使った $p \Rightarrow \Box\neg\Box\neg p$ の証明にはカット規則が必要不可欠であることが証明できる (cf. [33, p.116])[9]．一方，$\Lambda \in \{\mathsf{K}, \mathsf{KT}, \mathsf{S4}\}$ の場合には，あるシークエントがカット規則を使って証明できる場合，カット規則を使わない証明図を与えることが常に可能である．以下本節では，この証明を与えることを目標とする．

以下では論理式 φ が n 個ならんだ多重集合のことを φ^n と書く．次の補題は証明図についての帰納法で示せる．

補題 3.1.3 $\Lambda \in \{\mathsf{K}, \mathsf{KT}, \mathsf{S4}\}$ とする．$\vdash_{\mathsf{G}(\Lambda)} \Gamma \Rightarrow \Delta, \bot^n$ ならば $\vdash_{\mathsf{G}(\Lambda)} \Gamma \Rightarrow \Delta$．

定理 3.1.4 $\Lambda \in \{\mathsf{K}, \mathsf{KT}, \mathsf{S4}\}$ とする．$\vdash_{\mathsf{G}(\Lambda)^+} \Gamma \Rightarrow \Delta$ ならば $\vdash_{\mathsf{G}(\Lambda)} \Gamma \Rightarrow \Delta$．

証明 以下に挙げる証明は，鹿島 [54] による一階述語論理に対するカット除去定理の証明方法を様相論理の場合に当てはめたものである．まず，カット規

---

[9] 仮に $p \Rightarrow \Box\neg\Box\neg p$ がカット規則無しで $\mathsf{G}(\mathsf{S5})$ で証明可能であるとする．このとき $p \Rightarrow \Box\neg\Box\neg p$ に適用可能な規則は弱化規則か縮約規則しかない．いずれの場合にも矛盾が生じることになる．ここでは弱化規則の場合のみ考え，縮約規則の場合は練習問題とする．$p \Rightarrow \Box\neg\Box\neg p$ が弱化規則で得られている場合の上式は $p \Rightarrow$ ないし $\Rightarrow \Box\neg\Box\neg p$ であり，これらが $\mathsf{G}(\mathsf{S5})$ で証明可能となる．これは $\neg p$ ないし $\Box\neg\Box\neg p$ が $\mathsf{H}(\mathsf{S5})$ で証明可能となることを含意する．しかし，これは矛盾である．

3.1 シークエント計算体系とカット除去定理

則の代わりに次の**拡張カット規則** (*Ecut*):

$$\frac{\Gamma \Rightarrow \Delta, \varphi^n \quad \varphi^m, \Pi \Rightarrow \Sigma}{\Gamma, \Pi \Rightarrow \Delta, \Sigma} \; (Ecut)$$

(ただし $n, m \geqslant 0$ で Δ, Π には φ が出現していてもよい. φ を**拡張カット式**と呼ぶ) をもつ $\mathsf{G}(\Lambda)$ の拡張体系 $\mathsf{G}(\Lambda)^*$ を考える. カット規則は拡張カット規則の一例となるので, $\mathsf{G}(\Lambda)^+$ の証明図はどれも $\mathsf{G}(\Lambda)^*$ の証明図にもなっている. これから, カット除去定理を証明するには「$\vdash_{\mathsf{G}(\Lambda)^*} \Gamma \Rightarrow \Delta$ ならば $\vdash_{\mathsf{G}(\Lambda)} \Gamma \Rightarrow \Delta$」を示せば十分となる. そこで $\Gamma \Rightarrow \Delta$ の $\mathsf{G}(\Lambda)^*$ における証明図 $\mathcal{D}$ が存在するとする. このとき $\mathcal{D}$ の中に含まれている (複数のありうる) 拡張カット規則のうち, 始式に近い一番上の適用 (の一つ) に注目する. よって, この拡張カット規則の適用の上には他の拡張カット規則の適用は存在しない. このような拡張カット規則の適用が結論を変えずに拡張カット規則無しの証明図に置き換えられるならば, この手続きを $\mathcal{D}$ 中のすべての拡張カット規則の適用に始式に近い上の方から順に適用することで, $\Gamma \Rightarrow \Delta$ の拡張カット規則無しの $\mathsf{G}(\Lambda)$ における証明図を構成できる.

そこで最後の規則が拡張カット規則でそれ以外には拡張カット規則の適用が現れない次の形の証明図 $\mathcal{E}$ のことを**終カット図式**といおう:

$$\mathcal{E} \equiv \frac{\overset{\vdots\,\mathcal{L}}{\Gamma \Rightarrow \Delta, \varphi^n} \quad \overset{\vdots\,\mathcal{R}}{\varphi^m, \Pi \Rightarrow \Sigma}}{\Gamma, \Pi \Rightarrow \Delta, \Sigma} \; (Ecut).$$

ここに現れる $\mathcal{L}$ と $\mathcal{R}$ を終カット図式の**左部・右部**とよぶ. 終カット図式の**複雑さ** $\mathsf{c}(\mathcal{E})$ は拡張カット式の (様相演算子を含む) 論理結合子の数, 終カット図式の**重さ** $\mathsf{w}(\mathcal{E})$ は終カット図式中の左部と右部のシークエントの個数の和により定める ($\mathsf{w}(\mathcal{E}) \geqslant 2$ は常に満たされる). 以下では, 下記の主張を (k, l) に関する二重帰納法により示す.

> 証明図 $\mathcal{E}$ が $\mathsf{c}(\mathcal{E}) = k$ かつ $\mathsf{w}(\mathcal{E}) = l$ を満たす終カット図式なら, それと同じ結論のシークエントをもつ拡張カット規則をもたない証明図が存在する.

まず終カット図式の拡張カット規則において $n = 0$ ないし $m = 0$ の場合は弱化規則の適用により $\Gamma, \Pi \Rightarrow \Delta, \Sigma$ を拡張カット規則無しで証明できる. そこで, 以下では終カット図式の拡張カット規則において $n > 0$ かつ $m > 0$ と

仮定する．

さて終カット図式 $\mathcal{E}$ の左部 $\mathcal{L}$・右部 $\mathcal{R}$ の最後の適用規則（始式の場合も含める）をそれぞれ rule($\mathcal{L}$), rule($\mathcal{R}$) と表す．どの $\Lambda \in \{\mathbf{K}, \mathbf{KT}, \mathbf{S4}\}$ に対しても以下の四つの場合分けにより上記の主張が証明される．

(i) rule($\mathcal{L}$) ないし rule($\mathcal{R}$) が始式である．

(ii) rule($\mathcal{L}$) ないし rule($\mathcal{R}$) が構造規則である．

(iii) rule($\mathcal{L}$) ないし rule($\mathcal{R}$) が論理規則（□に関する論理規則を含む）だが，拡張カット式はその規則の主式ではない．

(iv) rule($\mathcal{L}$) と rule($\mathcal{R}$) の両方が同じ論理記号に対する論理規則（□に関する論理規則を含む）であり，拡張カット式が両方の規則の主式である．

それでは以下で $\Lambda = \mathbf{K}$ の場合の概略のみ与える（それ以外の場合も基本的方針は同じである）．

(i) rule($\mathcal{L}$) ないし rule($\mathcal{R}$) が (Id) の場合は，もう一方の証明図から縮約規則により同結論のカット規則無しの証明図を得る．rule($\mathcal{L}$) が始式 ($\bot$) であることはありえない．一方，rule($\mathcal{R}$) = ($\bot$) の場合は終カット図式の左部 $\mathcal{L}$ が $\Gamma \Rightarrow \Delta, \bot^n$ が拡張カット規則無しの G(Λ) で証明可能となるが，補題 3.1.3 より $\Gamma \Rightarrow \Delta$ が G(Λ) で証明可能となるため，弱化規則により $\Gamma, \Pi \Rightarrow \Delta, \Sigma$ の拡張カット規則無しの証明図を得る．

(ii) 縮約規則の場合のみ考える．rule($\mathcal{L}$) ないし rule($\mathcal{R}$) が縮約規則で拡張カット式が主式である場合を考える．例えば rule($\mathcal{L}$) = ($\Rightarrow c$) とすると，次のように拡張カット規則の適用を「持ち上げ」ればよい．

$$\mathcal{E} \equiv \cfrac{\cfrac{\begin{matrix}\vdots \mathcal{L}' \\ \Gamma \Rightarrow \Delta, \varphi^{n+1}\end{matrix}}{\Gamma \Rightarrow \Delta, \varphi^n}(\Rightarrow c) \quad \begin{matrix}\vdots \mathcal{R} \\ \varphi^m, \Pi \Rightarrow \Sigma\end{matrix}}{\Gamma, \Pi \Rightarrow \Delta, \Sigma}(Ecut)$$

$$\leadsto \cfrac{\begin{matrix}\vdots \mathcal{L}' \\ \Gamma \Rightarrow \Delta, \varphi^{n+1}\end{matrix} \quad \begin{matrix}\vdots \mathcal{R} \\ \varphi^m, \Pi \Rightarrow \Sigma\end{matrix}}{\Gamma, \Pi \Rightarrow \Delta, \Sigma}(Ecut)$$

このとき「持ち上がった」拡張カット規則の適用は終カット図式となり，その重さが元の $w(\mathcal{E})$ よりも小さくなっているので，帰納法の仮定

より $\Gamma, \Pi \Rightarrow \Delta, \Sigma$ には拡張カット規則無しの証明図を与えることができる．これから $\Gamma, \Pi \Rightarrow \Delta, \psi, \Sigma$ にも拡張カット規則無しの証明図を与えることができる．

次に $\text{rule}(\mathcal{L})$ ないし $\text{rule}(\mathcal{R})$ が縮約規則でその主式が拡張カット式ではない場合を考える．例えば $\text{rule}(\mathcal{L}) = (\Rightarrow c)$ とすると，次のように拡張カット規則の適用を「持ち上げ」ればよい．

$$\mathcal{E} \equiv \cfrac{\cfrac{\vdots \mathcal{L}'}{\Gamma \Rightarrow \Delta, \varphi^n, \psi, \psi}}{\cfrac{\Gamma \Rightarrow \Delta, \varphi^n, \psi}{\Gamma, \Pi \Rightarrow \Delta, \psi, \Sigma}} (\Rightarrow c) \quad \cfrac{\vdots \mathcal{R}}{\varphi^m, \Pi \Rightarrow \Sigma} \quad (Ecut)$$

$$\rightsquigarrow \quad \cfrac{\cfrac{\vdots \mathcal{L}'}{\Gamma \Rightarrow \Delta, \varphi^n, \psi, \psi} \quad \cfrac{\vdots \mathcal{R}}{\varphi^m, \Pi \Rightarrow \Sigma}}{\cfrac{\Gamma, \Pi \Rightarrow \Delta, \psi, \psi, \Sigma}{\Gamma, \Pi \Rightarrow \Delta, \psi, \Sigma} (\Rightarrow c)} (Ecut)$$

(iii) $\text{rule}(\mathcal{L})$ ないし $\text{rule}(\mathcal{R})$ は $\to$ に関する論理規則でしかありえない．(ii) の後半の場合とほぼ同様に拡張カット規則の適用を「持ち上げ」てから同じ論理規則を適用すればよい．

(iv) まず $\text{rule}(\mathcal{L})$ と $\text{rule}(\mathcal{R})$ が $\to$ に関する論理規則の場合を考える．拡張カット式が主式なので終カット図式は

$$\cfrac{\cfrac{\vdots \mathcal{L}'}{\varphi, \Gamma \Rightarrow \Delta, (\varphi \to \psi)^{n-1}, \psi}}{\Gamma \Rightarrow \Delta, (\varphi \to \psi)^n} \quad \cfrac{\cfrac{\vdots \mathcal{R}'}{(\varphi \to \psi)^{m-1}, \Pi \Rightarrow \Sigma, \varphi} \quad \cfrac{\vdots \mathcal{R}''}{\psi, (\varphi \to \psi)^{m-1}, \Pi \Rightarrow \Sigma}}{(\varphi \to \psi)^m, \Pi \Rightarrow \Sigma}$$
$$\cfrac{}{\Gamma, \Pi \Rightarrow \Delta, \Sigma} (Ecut)$$

の形をしている．ただし左部の最後の推論規則は $(\Rightarrow\to)$ で，右部の最後の推論規則は $(\to\Rightarrow)$ である．終カット図式の重さが小さくなることから，帰納法の仮定より次の三つの拡張カット規則無しの証明図を構成できる．

$$\mathcal{E}_1 \equiv \cfrac{\overset{\vdots\ \mathcal{L}'}{\varphi,\Gamma \Rightarrow \Delta, (\varphi \to \psi)^{n-1}, \psi} \quad \overset{\vdots\ \mathcal{R}}{(\varphi \to \psi)^m, \Pi \Rightarrow \Sigma}}{\varphi, \Gamma, \Pi \Rightarrow \Delta, \Sigma, \psi} \ (Ecut)$$

$$\mathcal{E}_2 \equiv \cfrac{\overset{\vdots\ \mathcal{L}}{\Gamma \Rightarrow \Delta, (\varphi \to \psi)^n} \quad \overset{\vdots\ \mathcal{R}'}{(\varphi \to \psi)^{m-1}, \Pi \Rightarrow \Sigma, \varphi}}{\Gamma, \Pi \Rightarrow \Delta, \Sigma, \varphi} \ (Ecut)$$

$$\mathcal{E}_3 \equiv \cfrac{\overset{\vdots\ \mathcal{L}}{\Gamma \Rightarrow \Delta, (\varphi \to \psi)^n} \quad \overset{\vdots\ \mathcal{R}''}{\psi, (\varphi \to \psi)^{m-1}, \Pi \Rightarrow \Sigma}}{\psi, \Gamma, \Pi \Rightarrow \Delta, \Sigma} \ (Ecut)$$

ここで終カット図式の**複雑さ**が小さくなること（**重さ**は書き換えにより元の終カット図式よりも大きくなっている恐れがある）を使って，帰納法の仮定により次のような書き換えを考えればよい．

$$\cfrac{\cfrac{\overset{\vdots\ \mathcal{E}_2}{\Gamma, \Pi \Rightarrow \Delta, \Sigma, \varphi} \quad \overset{\vdots\ \mathcal{E}_1}{\varphi, \Gamma, \Pi \Rightarrow \Delta, \Sigma, \psi}}{\Gamma, \Gamma, \Pi, \Pi \Rightarrow \Delta, \Delta, \Sigma, \Sigma, \psi}\ (Ecut) \quad \overset{\vdots\ \mathcal{E}_3}{\psi, \Gamma, \Pi \Rightarrow \Delta, \Sigma}}{\Gamma, \Gamma, \Gamma, \Pi, \Pi, \Pi \Rightarrow \Delta, \Delta, \Delta, \Sigma, \Sigma, \Sigma}\ (Ecut)$$

最後に縮約規則を有限回適用することで $\Gamma, \Pi \Rightarrow \Delta, \Sigma$ の拡張カット規則無しの証明図が得られる．

次に $\text{rule}(\mathcal{L})$ と $\text{rule}(\mathcal{R})$ が規則 $(\Box)$ の場合を考える．次のような書き換えを考えれば十分である（書き換えられた拡張カット規則の適用はその複雑さが元の終カット図式よりも小さくなる）．

$$\cfrac{\cfrac{\overset{\vdots\ \mathcal{L}'}{\Gamma \Rightarrow \varphi}}{\Box\Gamma \Rightarrow \Box\varphi}(\Box) \quad \cfrac{\overset{\vdots\ \mathcal{R}'}{\varphi^m, \Pi \Rightarrow \psi}}{(\Box\varphi)^m, \Box\Pi \Rightarrow \Box\psi}(\Box)}{\Box\Gamma, \Box\Pi \Rightarrow \Box\psi}\ (Ecut) \quad \rightsquigarrow \quad \cfrac{\cfrac{\overset{\vdots\ \mathcal{L}'}{\Gamma \Rightarrow \varphi} \quad \overset{\vdots\ \mathcal{R}'}{\varphi^m, \Pi \Rightarrow \psi}}{\Gamma, \Pi \Rightarrow \psi}\ (Ecut)}{\Box\Gamma, \Box\Pi \Rightarrow \Box\psi}(\Box) \qquad \Box$$

系 3.1.5 $\Lambda \in \{\mathbf{K}, \mathbf{KT}, \mathbf{S4}\}$ とする．$\nvdash_{\mathsf{G}(\Lambda)^+} \Rightarrow \bot$．それゆえ $\nvdash_{\mathsf{H}(\Lambda)} \bot$．

証明 後半部分は定理 3.1.2 (i) から従う．前半部分は次のように示される．仮に $\vdash_{\mathsf{G}(\Lambda)^+} \Rightarrow \bot$ と仮定する．

$$\cfrac{\overline{\Rightarrow \bot} \quad \overline{\bot \Rightarrow}}{\Rightarrow} \begin{array}{l}(\bot)\\(Cut)\end{array}$$

より，空シークエント $\Rightarrow$ が $\mathsf{G}(\Lambda)^+$ で証明可能となる．$\Lambda \in \{\mathbf{K}, \mathbf{KT}, \mathbf{S4}\}$ なので定理 3.1.4 より空シークエント $\Rightarrow$ が $\mathsf{G}(\Lambda)$ で証明可能となる．しかし，これは $\mathsf{G}(\Lambda)$ の推論規則の集合では不可能である． □

$\Lambda \in \{\mathbf{K}, \mathbf{KT}, \mathbf{S4}\}$ の場合に $\mathsf{H}(\Lambda)$ が無矛盾となることは系 1.2.8 でも示したが，系 3.1.5 の証明はクリプキ意味論に訴えずに証明論だけを使って与えられていることに注意しよう．

3.2 様相論理のいくつかの現代的発展

(I) ファン・ベンタムの特徴づけ定理

様相論理の言語の論理式は（クリプキ）モデル (W, R, V) について語る言語だとみなせるが，同じモデルに対して次のような自然な一階述語論理の言語 $\mathcal{FO}$ を考えることができる．

$$\mathrm{Form}_{\mathcal{FO}} \ni \alpha ::= p(x) \mid x = y \mid r(x, y) \mid \bot \mid \alpha \to \alpha \mid \forall x. \alpha \qquad (p \in \mathsf{Prop})$$

ここで命題変数 $p \in \mathsf{Prop}$ を $\mathcal{FO}$ では一項述語記号 $p(x)$ とみなしていることに注意されたい．モデル $M = (W, R, V)$ の W をドメインとし，$R \subseteq W \times W$ で二項関係記号 $r(x, y)$ を解釈し，$V(p) \subseteq W$ で一項述語記号 $p(x)$ を解釈することで M は $\mathcal{FO}$ に対する構造だとみなせる．$M = (W, R, V)$ が与えられたとき，g を言語 $\mathcal{FO}$ の変数の集合への割り当てとして，一階述語論理の充足関係を $M \models \alpha[g]$ と書こう．様相論理の言語のクリプキ意味論を反映して，次のような様相論理式の全集合 Form から $\mathrm{Form}_{\mathcal{FO}}$ への**標準翻訳** ST_x（x は $\mathcal{FO}$ の変数）を定義できる：

$$\begin{aligned}
ST_x(p) &:= p(x), \\
ST_x(\bot) &:= \bot, \\
ST_x(\varphi \to \psi) &:= ST_x(\varphi) \to ST_x(\psi), \\
ST_x(\Box \varphi) &:= \forall y. (r(x, y) \to ST_y(\varphi)) \qquad (y \text{ is fresh}).
\end{aligned}$$

この標準翻訳を介して様相論理式の全集合 Form を $\mathrm{Form}_{\mathcal{FO}}$ の部分集合とみな

すことができる．ファン・ベンタムは 1976 年の博士論文 [42] でこの標準翻訳 ST_x による像が**双模倣**により特徴づけられることを示した (cf. [2, Theorem 2.68])．

定理 3.2.1　x のみを自由変数として含む $\mathcal{FO}$ の論理式 $\alpha(x)$ に対し，次の二つは同値：

(i) $\alpha(x)$ はある $\varphi \in$ Form に対して $ST_x(\varphi)$ と同値．
(ii) $\alpha(x)$ は双模倣に対し不変，すなわち，双模倣的などんな (M, w) と (M', w') に対しても：$M \models \alpha(x)[x \mapsto w] \iff M' \models \alpha(x)[x \mapsto w']$，ただし $[x \mapsto w]$ は x を w へ送る変数割り当てである．

定理 3.2.1 により様相論理式の全集合 Form は，対応する一階述語論理の言語の双模倣について不変な断片とみなせる．

(II)　時間論理
フレーム（関係構造）を時点の集合と時間順序とみなしたとき，様相論理は時間的推論の形式化にも使うことができる．歴史的には，哲学者・論理学者のプライアー (A. N. Prior) が様々な時制表現を表現するために**時制論理** (tense logic) に先鞭をつけた [36, 38, 39]．その後，さらなる演算子を加え拡張された言語が，プログラムの動作検証を行うモデル検査で仕様を記述するために用いられ，計算機科学において大きな発展を遂げた．このような広い意味での時間に関する論理を**時間論理**（**時相論理** temporal logic）という．ここでは時制論理の発想を簡潔に説明する．

それぞれ「未来のどの時点でも φ」と「過去のどの時点でも φ」と読まれる $[F]$ と $[P]$ という二つの様相演算子（それぞれ G, H と書かれることもある）を命題論理に加えることで時制論理の言語を得ることができる．このとき，フレーム (T, R) を時点の集合 T と時間順序 R とみなし，tRt' を「時点 t の後に時点 t' がある」と読む．このとき

$$M, t \models [F]\varphi \iff \text{すべての時点 } t' \text{ に対し } tRt' \text{ ならば } M, t' \models \varphi,$$
$$M, t \models [P]\varphi \iff \text{すべての時点 } t' \text{ に対し } t'Rt \text{ ならば } M, t' \models \varphi,$$

と充足関係が定められる．$\langle F \rangle := \neg[F]\neg$，$\langle P \rangle := \neg[P]\neg$ により双対を定める

3.2 様相論理のいくつかの現代的発展

と，$\langle F \rangle \varphi$ は「未来のある時点で φ が成立（φ だろう）」，$\langle P \rangle \varphi$ は「過去のある時点で φ が成立（φ だった）」と読まれる．このとき，次の二つの式は対応する読みを考えるといつでも成立するように思える．

- $p \to [F]\langle P \rangle p$: 現在 p ならばどの未来の時点からみても過去のある時点で p が成立
- $p \to [P]\langle F \rangle p$: 現在 p ならばどの過去の時点からみても未来のある時点で p が成立

実際，こういった二つの論理式に加えて，命題トートロジー，$[F], [P]$ に対する公理 K，分離則 (MP)，一様代入則，$[F], [P]$ に対する必然化則をもつヒルベルト式公理系が上述のクリプキ意味論に対して健全かつ強完全となり，さらに有限フレーム性をもつことも知られている（証明はそれぞれ [2, Corollary 4.36], [2, Corollary 6.8] をみよ）．時間順序が推移的であることは公理 4 と類比の $[F]p \to [F][F]p$ のほか，$\langle F \rangle\langle F \rangle p \to \langle F \rangle p$（未来の未来に p が起こるなら p は未来に起こる）や $\langle P \rangle\langle P \rangle p \to \langle P \rangle p$ によっても定義できる．$\Diamond \varphi$「いつか φ である」を $\langle P \rangle \varphi \vee \varphi \vee \langle F \rangle \varphi$ の略記とすると，未来向きに時間順序が線形であることは $\langle P \rangle\langle F \rangle p \to \Diamond p$, 過去向きに時間順序が線形であることは $\langle F \rangle\langle P \rangle p \to \Diamond p$ により定義できる．

「未来で φ が成立するまでずっと ψ が成立」や「過去に φ になって以来ずっと ψ が成立」というような持続に関わる時間表現は $[F]$ と $[P]$ をもつ上述の時制論理の言語では書けないことが知られている．カンプ [22] はこれらを Until(φ, ψ) と Since(φ, ψ) という二項演算子として導入し，次のような意味論を与えた：

$M, t \models \text{Until}(\varphi, \psi)$
$\iff$ ある $u \in T$ が存在し (tRu かつ $M, u \models \varphi$ かつ
任意の $s \in T$ に対し ((tRs かつ sRu) $\Rightarrow M, s \models \psi$)),

(Since(φ, ψ) についても同様の発想で充足条件を与えることができる)．このとき $[F]$ と $[P]$ は定義 $\langle F \rangle \varphi := \text{Until}(\varphi, \top), \langle P \rangle \varphi := \text{Since}(\varphi, \top)$ を使って略記とみなせる．さらにカンプは，実数と同型な時間順序上ではどのような一階の条件で記述できる時間演算子も Until と Since を使って表現できるという関数的完全性の結果を博士論文 [22] で証明した．

(III) 認識論理・誕生日パズル・公開告知論理

A をエージェントの有限集合とする．エージェント $a \in A$ ごとに様相演算子 $\Box_a$ を準備して，$\Box_a$ を「a が – を知っている」と読むと認識論理 (epistemic logic) の言語が得られる [17]．このとき $\Box_a \varphi \to \Box_a \Box_a \varphi$ （「a が φ と知っているならば a は『自分が φ を知っている』ということを知っている」）は**正の内省** (positive introspection)，$\neg \Box_a \varphi \to \Box_a \neg \Box_a \varphi$ （「a が φ を知らないならば a は『自分が φ を知らない』ということを知っている」）は**負の内省** (negative introspection) と呼ばれる．$\Box_a \varphi \to \varphi$ は「a が φ を知っているならば φ が成立」，すなわち，a のもつ知識が真であること（**事実性**, factivity) を要請している．このとき，上述の多様相言語に対するフレームは $(W, (R_a)_{a \in A})$ のようにエージェントごとに到達可能性関係 R_a をもつことになる．認識論理の場合は各 R_a が同値関係（反射的・対称的・推移的）と仮定されることが多い．これは認識論理で $\Box_a$ に事実性，正・負の内省を課すことに相当する．フレームと付値関数からなるモデル上で $\Box_a \varphi$ に次のような充足条件が与えられる．

$$M, w \models \Box_a \varphi \iff \text{すべての } v \in W \text{ に対し } wR_a v \text{ ならば } M, v \models \varphi.$$

ここで認識論理による形式化とモデル化の例を論理パズルを通してみてみよう[10]．

> アルベルト (a) とベルナルド (b) はシェリルと友人になったばかりで二人ともシェリルの誕生日を知りたい．そこで，シェリルは二人に自分の誕生日の候補として次の 10 個の日付を教えた：5 月 15, 16, 19 日，6 月 17, 18 日，7 月 14, 16 日，8 月 14, 15, 17 日．そして，シェリルはアルベルトに何月かを，ベルナルドに何日かを別々にこっそり教えた．このときアルベルトとベルナルドの間で次のような会話があった．
>
> アルベルト：シェリルの誕生日がいつか知らない．でも，君が知らないことは知っている．
>
> ベルナルド：初めはシェリルの誕生日がいつか知らなかった．でも，いま

---

[10] 以下のパズルは，シンガポールのテレビ番組の司会者によって Facebook に投稿された問題で，BBC に取りあげられ一躍有名となった (cf. http://www.bbc.com/news/world-asia-32297367)．

3.2 様相論理のいくつかの現代的発展

わかった．

アルベルト：そしたら，ボクもシェリルの誕生日がいつかわかったよ．

このときシェリルの誕生日はいつか？

このパズルは次のようなクリプキフレームで捉えられる．W は日付の候補を 5 月 15 日なら $(5, 15)$ のような対とした 10 個の要素からなる集合であり，アルベルトは日がいつかわからないので $(x, y) R_a (x', y') \iff x = x'$，ベルナルドは月がいつかわからないので $(x, y) R_b (x', y') \iff y = y'$ と決める．ここでの $(x, y) R_a (x', y')$ の「気持ち」はアルベルト $(= a)$ が $(x, y), (x', y')$ のいずれが誕生日かわからない，識別できないということである．以下の図はこのフレームをエージェント a, b の反射的な到達可能性関係を省略して無向グラフとして図示したものである．

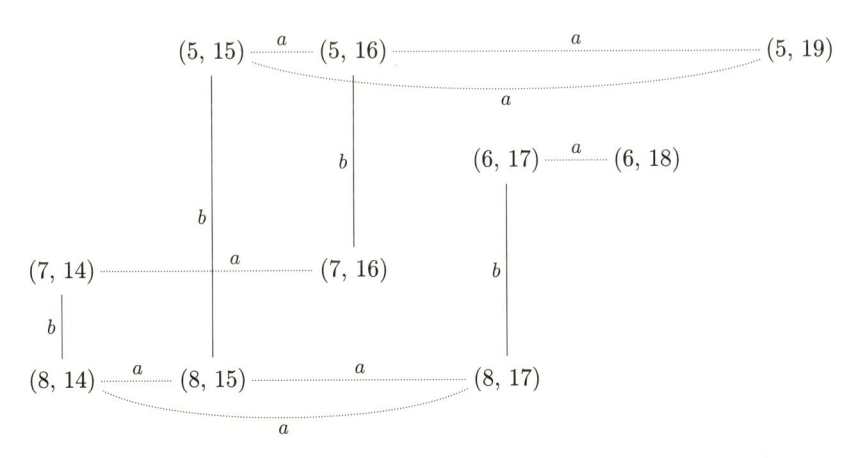

```
(5,15) ——a—— (5,16) ————a———— (5,19)
                 |        ———a———
                 b        
                 |    (6,17) ——a—— (6,18)
                 |      |
(7,14) ——a—— (7,16)     b
  |
  b
  |
(8,14) ——a—— (8,15) ——a—— (8,17)
         ————a————
```

$\mathsf{Month} := \{5, 6, 7, 8\}$, $\mathsf{Day} := \{14, 15, 16, 17, 18, 19\}$ とおく．ここで二種類の命題変数

- m_x「シェリルの誕生月が x 月である」($x \in \mathsf{Month}$)
- d_y「シェリルの誕生日は y 日である」($y \in \mathsf{Day}$)

を準備しよう．例えば m_5 は「シェリルの誕生月が 5 月である」と読め，d_{15} は「シェリルの誕生日は 15 日である」と読める．仮にシェリルの誕生日が 8

月15日の場合には，命題変数 m_5 は偽となるけれども，命題変数 d_{15} は真にしたい．また，仮にシェリルの誕生日が5月16日の場合には，命題変数 m_5 は真として，命題変数 d_{15} は偽にしたい．こういった「気持ち」を反映して，上のフレームにおいて命題変数 m_x ($x \in \mathsf{Month}$) と d_y ($y \in \mathsf{Day}$) に対して，$V(m_x) := \{(x', y') \mid x' = x\}$ かつ $V(d_y) := \{(x', y') \mid y' = y\}$ と付値関数 V を自然に決める．最後に，上述のフレームと V の対からなるクリプキモデルを M_c とおこう．

さて $M_c, (x, y) \models \varphi$ は「誕生日が (x, y) の場合に命題 φ が真」という意味になる．たとえば $M_c, (5, 15) \models \Box_a \varphi$ は「$M_c, (x, y) \models \varphi$ が $(x, y) = (5, 15), (5, 15), (5, 19)$ の三つの場合すべてで成り立つ」と定義されるが，これはシェリルの誕生日が5月15日の場合，アルベルトは誕生月の特定しかできないけれども，15, 16, 19 のどれがシェリルの誕生日であっても成り立つ命題についてはそれが成り立つことがアルベルトにはわかる，ということである．この意味で $M_c, (5, 15) \models \Box_a m_5$ は成立するが，$M_c, (5, 15) \models \Box_a d_{15}$ は不成立，すなわち，$M_c, (5, 15) \not\models \Box_a d_{15}$ である．これは，シェリルの誕生日が5月15日の場合，アルベルトはシェリルの誕生月が5月であることを知っているけれども，アルベルトはシェリルの誕生日が15日であるとは知らない，ということに対応している．

さて「アルベルトがシェリルの誕生日がいつか知っている」は

$$a\,\mathsf{knows\,BD} := \bigvee_{y \in \mathsf{Day}} \Box_a d_y,$$

「ベルナルドがシェリルの誕生日がいつか知っている」は

$$b\,\mathsf{knows\,BD} := \bigvee_{x \in \mathsf{Month}} \Box_b m_x$$

とそれぞれ形式化できる．このとき $(5, 19)$ と $(6, 18)$ で $b\,\mathsf{knows\,BD}$ は真となるがそれ以外の W の要素では偽となる．一方，W の全要素で $a\,\mathsf{knows\,BD}$ は偽となる．アルベルトとベルナルドの発言は次のように形式化される：

- 初めのアルベルトの発言：$\varphi_{a_1} := \neg(a\,\mathsf{knows\,BD}) \land \Box_a \neg(b\,\mathsf{knows\,BD})$.
- ベルナルドの発言：$\varphi_b := b\,\mathsf{knows\,BD}$.
- 二度目のアルベルトの発言：$\varphi_{a_2} := a\,\mathsf{knows\,BD}$.

さてパズル中で，アルベルトの初めの発言を受けてベルナルドの知識状態は

明らかに変化している．このような「発言を受けての知識変化」を扱うためには，例えば認識論理の言語をプラザ (J. A. Plaza) [34] により提案された公開告知演算子 $[\varphi]\psi$（「真な φ が公開告知された後で ψ」）で拡張すればよい (cf. [43])．$[\varphi]\psi$ の充足条件はモデル M で次のように定める．

$$M, w \models [\varphi]\psi \iff M, w \models \varphi \text{ ならば } M^\varphi, w \models \psi,$$

ただし $M^\varphi := (W^\varphi, (R_k^\varphi)_{k \in A}, V^\varphi)$ で $W^\varphi := \{v \in W \mid M, v \models \varphi\}$ であり，R_k^φ, V^φ は R_k, V の W^φ への制限である（R_k が同値関係なら R_k^φ もそうであることに注意）．$[\varphi]\psi$ の双対 $\langle\varphi\rangle\psi := \neg[\varphi]\neg\psi$ は「告知内容 φ は真であり，かつ，φ が公開告知された後で ψ」と読まれ

$$M, w \models \langle\varphi\rangle\psi \iff M, w \models \varphi \text{ かつ } M^\varphi, w \models \psi$$

と充足条件が与えられる．このとき，パズルを解くためには $\langle\varphi_{a_1}\rangle\langle\varphi_b\rangle\langle\varphi_{a_2}\rangle\top$ を真とする W の要素を見出せばよい．パズルのモデル M_c に対し $(M_c)^{\varphi_{a_1}}$ と $(M_c)^{\varphi_{a_1}, \varphi_b}$ はそれぞれ

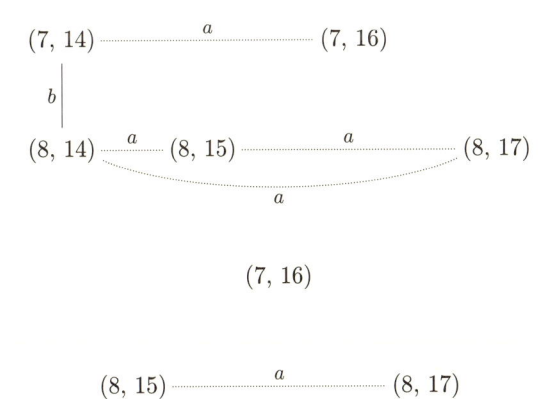

$$
\begin{array}{ccc}
(7, 14) & \xrightarrow{a} & (7, 16) \\
{\scriptstyle b} \bigg| & & \\
(8, 14) & \xrightarrow{a} (8, 15) \xrightarrow{a} & (8, 17) \\
& \underset{a}{\smile} &
\end{array}
$$

$$(7, 16)$$

$$(8, 15) \xrightarrow{\quad a \quad} (8, 17)$$

と計算でき，$(M_c)^{\varphi_{a_1}, \varphi_b, \varphi_{a_2}}$ は対 (7, 16) のみからなるモデルとなるので，シェリルの誕生日は結局 7 月 16 日となる．

(IV) 動的命題論理 PDL (Propositional Dynamic Logic)

動的命題論理は，計算のドメインから独立に命題とプログラム間の相互関係がもつ性質を記述するための言語である [15]．プログラム π ごとに様相記号 $[\pi]$ をもち，$[\pi]\varphi$ は「プログラム π を実行した後に必ず φ が成立する」と

読まれる．複雑なプログラムを構成する演算として次をもつ．

- 合成 (composition) $\pi;\pi'$. 意味は「π を実行せよ，その後 π' を実行せよ．」
- 選択 (choice) $\pi \cup \pi'$. 意味は「π か π' を（非決定的に）選択し，選択したプログラムを実行せよ．」
- 繰り返し (iteration, Kleene star) π^*. 意味は「π を非決定的に選ばれた回数繰り返し実行せよ．」
- 命題のテスト $\varphi?$. 意味は「φ をテストし真なら次へ進め．」

このような演算を使いよく知られたプログラムが次のように書ける：

$$\begin{aligned}\text{if } \varphi \text{ then } \pi \text{ else } \pi' &:= (\varphi?;\pi) \cup ((\neg\varphi)?;\pi') \\ \text{while } \varphi \text{ do } \pi &:= (\varphi?;\pi)^*;(\neg\varphi)?\end{aligned}$$

動的命題論理のクリプキ意味論ではプログラム π ごとに W 上の遷移関係 R_π を準備して

$$M,w \models [\pi]\varphi \iff \text{すべての } v \in W \text{ に対し } wR_\pi v \text{ ならば } M,v \models \varphi$$

と与えられる．ここで複雑なプログラムに対する遷移関係は次のように定める．$R_{\pi;\pi'}$ は関係合成 $R_\pi \circ R_{\pi'}$，$R_{\pi \cup \pi'}$ は関係和 $R_\pi \cup R_{\pi'}$，R_{π^*} は関係 R_π の反射推移閉包 $(R_\pi)^*$ $(= \bigcup_{n\in\omega} R_\pi^n)$ と定義する．最後に命題のテスト $\varphi?$ に対しては $R_{\varphi?} := \{(v,v) \mid M,v \models \varphi\}$ と定める．

3.3 様相論理の関係意味論の歴史

様相論理やその可能世界意味論の歴史については [13, 8, 61, 60] が詳しい．以下の記述もこれらの文献に依拠している．

(I) C.I. ルイスの厳密含意の公理的研究

ラッセルとホワイトヘッドによって 1910 年から 1913 年にかけて出版された『プリンキピア・マテマティカ』中の実質含意（material implication, 真理関数的に定義される命題論理の通常の含意に相当）→ については $\neg\varphi \to (\varphi \to \psi)$ や $\varphi \to (\psi \to \varphi)$ が体系内定理となる．このことから，C.I. ルイス

は → が日常的な含意「ならば」の概念を捉えそこねているとみなし，厳密含意 (strict implication) の研究を始めた．C.I. ルイスは 1914 年には，$\varphi \rightarrowtail \psi$ と表記した厳密含意を不可能性を原始概念として「$\varphi \wedge \neg \psi$ は不可能」と定義していた [27] (cf. [51])．その後，C.I. ルイスとラングフォード [28, pp.500-2] は 1932 年に $\wedge, \neg, \diamond$ を原始記号とする構文論で $\varphi \rightarrowtail \psi$ を $\neg \diamond (\varphi \wedge \neg \psi)$ と定め S1 から S5 という五つの体系を定めている．$(\varphi \rightarrowtail \psi) \wedge (\psi \rightarrow \varphi)$ を厳密同値 $\varphi = \psi$ として略記したとき，例えば体系 S1 は次のように定められる (cf. [13, p.7])．S1 の公理は，p, q, r を命題変数として

$(p \wedge q) \rightarrowtail (q \wedge p)$ $(p \wedge q) \rightarrowtail p$
$p \rightarrowtail (p \wedge p)$ $((p \wedge q) \wedge r) \rightarrowtail (p \wedge (q \wedge r))$
$((p \rightarrowtail q) \wedge (q \rightarrowtail r)) \rightarrowtail (p \rightarrowtail r)$ $(p \wedge (p \rightarrowtail q)) \rightarrowtail q$

からなり，S1 は推論規則として，一様代入則の他に次の規則をもつ:

- 厳密同値の置換：$\varphi = \psi$ と θ から，θ の φ のいくつかの出現を ψ で置き換えた式を導く；
- φ, ψ から $\varphi \wedge \psi$ を導く；
- $\varphi \rightarrowtail \psi$ と φ から ψ を導く．

さらに S4 は S1 に $\diamond \diamond p \rightarrowtail \diamond p$ を加えた体系として，S5 は S1 に $\diamond p \rightarrowtail \neg \diamond \neg \diamond p$ を加えた体系として定義される．S4, S5 への追加公理は，$\neg, \diamond$ (ないし不可能性) から構成される多重様相で非同値となるものの数を減らすという動機から 1930 年にベッカー (O. Becker) [1] により提案された公理であり，ルイス起源の S1 から S3 に加えてルイス・ラングフォードの五つの体系のリスト [28, pp.500-2] に含められている (cf. [51])．さらに，ベッカーは $p \rightarrowtail \neg \diamond \neg \diamond p$ を "Brouwersche axiom" と呼んでいる．これは $\neg \diamond$ ($\square \neg$ と同値) を直観主義論理の否定とみなし，$\rightarrowtail$ を直観主義論理の含意をみなしたとき，直観主義論理で $p \rightarrow \neg \neg p$ が証明可能となることに由来している (cf. [13, p.7])．

(II) ゲーデルによる公理系 S4 の整備

前節の，ベッカーが触れた様相論理と直観主義論理の間の関連に関して，ゲーデルはベッカーの論文 [1] に対する 1931 年の書評の最後の一文で次のように述べている．

しかしながら，この問題を形式的な設定で扱うためにここでとられた道筋が成功に至るかどうかは疑わしく思われる．[11]

この評価に反して，2年後の1933年にゲーデル自身がこの研究に携わることになる．ゲーデル[12]は現在の□を"B"（ドイツ語"beweisbar"）と書いており，「$B\varphi$」を「φが証明可能である」と読んでいる．ただし，ゲーデル自身が注意しているように，「証明可能」は「ある与えられた形式体系での証明可能」と読まれるべきでない．トルルストラ (A.S. Troelstra)[40] が示唆するように「何らかの正しい手段によって証明可能」("provable by any correct means") と読まれるべきである．ゲーデル[12]はBが従う公理系として，命題論理の公理と推論規則に加えて，三つの公理

$$Bp \to p, \quad Bp \to (B(p \to q) \to Bq), \quad Bp \to BBp$$

（それぞれ T, K, 4 に対応）と「φから$B\varphi$を導いてもよい」という規則（必然化則）からなる体系 $\mathfrak{S}$ を提案した．ゲーデルは直観主義論理の論理式からBで拡張した命題論理の式への翻訳を二つ提案し，そのいずれを使っても，直観主義論理で証明可能な式は $\mathfrak{S}$ で証明可能である，と述べ，さらに，その逆向きの含意についても成立する，と予想している．これは，現在ゲーデル-マッキンゼイ-タルスキ翻訳と呼ばれる直観主義論理から様相論理 **S4** への翻訳の原型である．その上で，この公理系 $\mathfrak{S}$ がベッカーがその公理 $\Diamond\Diamond p \strictif \Diamond p$ を提案した C.I. ルイスによる **S4** と同等になるとコメントしている．

(III)　マッキンゼイ・タルスキ・ヨンソンによる代数的研究

クラトフスキ (K. Kuratowski) [25] は1922年に任意の集合S上の演算 $(\cdot)^a$: $X \mapsto X^a \subseteq S$ で，

$$\emptyset^a = \emptyset, \quad (X \cup Y)^a = X^a \cup Y^a, \quad X \subseteq X^a, \quad X^a = X^{aa}$$

を満たすものを**閉包演算** (closure operation) と呼び，この演算を使って，Xが閉集合であるのは$X^a = X$である場合（またXが**開集合**であるのは$S \setminus X$が閉集合である場合）と定めることで位相空間の概念を定義できることを明らかにした．

これを受けて，マッキンゼイ (J.J.C. McKinsey) とタルスキ (A. Tarski) [29] は1944年に一般にブール代数上で上の四つの等式（$X \subseteq X^a$ は $X \cup X^a =$

3.3 様相論理の関係意味論の歴史

X^a とすれば等式で書ける）を満たす代数を**閉包代数** (closure algebra) と呼び，その代数のクラスがもつ性質を調べた．こういった代数的研究に基づいて，彼ら [30] は 1948 年にゲーデルの直観主義論理から様相論理 **S4** への二つの翻訳に関するゲーデルの予想「翻訳された論理式が **S4** で証明できる場合に元の論理式が直観主義論理で証明できること」を肯定的に解決した．

1952 年にヨンソン (B. Jónsson) とタルスキ [19, 20, 21] は，マッキンゼイとタルスキ [29] が行った閉包代数に対する研究を，ブール代数上で n 引数演算子をもつ，**演算子付きブール代数** (Boolean Algebra with Operators, BAO) の研究へとさらに一般化している．以下では話を簡単にするためにブール代数上で考える演算子を一引数の場合に話を限る．彼らによれば，ブール代数 $\mathfrak{A}$ 上の一引数関数 f が**演算子**であるのはブール代数上の加法を保つ場合，すなわち，$f(x+y) = f(x) + f(y)$ となる場合である．さらに，一引数の演算子 f が**正規** (normal) であるとは $f(0) = 0$ となる場合である（0 はブール代数の最小元）．集合 S とその上の二項関係 $R \subseteq S \times S$ からなる関係構造 (S, R) から構成される **complex 代数**とは，そのドメインが $\wp(S)$ であり，$\wp(S)$ 上に次のように一引数関数 f_R を定める（クリプキ意味論での $\Diamond\varphi$ の充足関係と比較せよ）:

$$x \in f_R(X) \iff \text{ある } y \in S \text{ に対し } (xRy \text{ かつ } y \in X).$$

すると f_R は正規な演算子となることが簡単に確認できる．このとき，ヨンソンとタルスキは「正規演算子をもつどんな BAO も，関係構造の complex 代数の部分代数に同型である」という結果を証明している．さらに $(\wp(S), f_R)$ がどのような不等式を満たす場合に R がどのような性質を満たすのかについての定理 [20, Theorem 3.5] も述べている．例えば，どのような X についても $f_R(f_R(X)) \subseteq f_R(X)$ が成立する場合，その場合に限り R が推移的となる．また，どのような X についても $X \subseteq f_R(X)$ が成立する場合，その場合に限り R が反射的となる．これから直ちに「閉包演算をもつどんな BAO も，前順序の complex 代数の部分代数に同型である」こと [20, Theorem 3.14] が導かれる．

上述の f_R の定義とヨンソンとタルスキの結果から数学的に様相論理の二項関係に基づく意味論を導くのは難しくないように思える．さらに，タルスキが一階述語論理のモデル理論研究で果たした役割を考え合わせると，タルスキにとってはなおさらそうであろう．しかし，ヨンソンとタルスキの論文中では

様相論理が何も説明されていない (cf. [13]). クリプキの業績を概観した後に，この点について戻ろう．

(IV)　可能世界意味論の誕生前夜

歴史的にみれば，ヨンソン・タルスキ以外にも，C.I. ルイスが形式化した様相論理に対して，クリプキ意味論に近い発想をもっていた論理学者・哲学者も複数存在する [13]．ここではその中から，メレディスとプライアーの試みとヒンティッカの意味論について紹介する．

メレディス (C. Meredith) は 1956 年に L, M をそれぞれ必然性・可能性を表す記号としたとき

$$(p \to q)a = (pa) \to (qa)$$
$$(Lp)a = \forall b(Uab \to pb)$$
$$(Mp)a = (\neg L \neg p)a = \exists b(Uab \land pb)$$

等を定義としてもつ「**プロパティ計算**」を提案した [31][11]．ここで φa はゴールトブラット [13, p.25] によれば「a がプロパティ φ をもつ」と読むのが自然である（標準翻訳 $ST_x(\varphi)$ とほぼ同じ発想である）．その上で，異なる様相論理がこの計算で U について追加条件を課すことで捉えられることを述べている．この計算は，プライアーが 1954 年に提案した時制論理に対する同様の計算（l 計算）と類似の発想をもつものであった [13, p.27]．のちにプライアー [37] はメレディスの「プロパティ計算」の解説とみなせる論文中で，U の解釈について次のように述べている．

> 我々が『可能』な事態ないし世界を我々が実際居る世界から到達できるものだと定義するとせよ．[...] 私がここで敷衍したいのは，『世界ジャンプ』について異なる仮定をおくことで，異なる様相体系，異なるヴァージョンの必然性と可能性の論理，を得ることができる，という発想（ギーチ [Geach] の示唆の核心）である．[37, p.36]

しかし，メレディスとプライアーの試みが捉えているのは，あくまで構文論・証明論レベルでの様相論理と一階述語論理の関係にとどまっている．

---
　[11] メレディスは 1956 年 8 月にニュージーランドのカンタベリー大学哲学科で同内容について発表し，その講演をプライアーが記録した．そのガリ版が存在していたが，1996 年に出版された [31]．

3.3 様相論理の関係意味論の歴史

ヒンティッカ [16, pp.121-3] は 1961 年に様相論理の次のような意味論を提案している．命題論理の範囲では，**モデル集合** (model set) Γ とは，命題変数 p について p と $\neg p$ を同時に含まず，ある種の構文論操作に閉じた論理式の集合である（現代的には命題結合子について「飽和」(saturated) な集合に相当している）．このとき，**モデル系** (model system) とはペア (Ω, R) であり，Ω はモデル集合の集合，R はモデル集合間の**代替関係** (alternative relation) で，次の条件を満たすものである：

- $\Diamond\varphi \in \Gamma \in \Omega$ なら，$\varphi \in \Sigma$ となる少なくとも一つの Γ の代替 $\Sigma \in \Omega$ が存在する，
- $\Box\varphi \in \Gamma \in \Omega$ で $\Sigma \in \Omega$ が Γ の代替ならば $\varphi \in \Sigma$,
- $\Box\varphi \in \Gamma \in \Omega$ ならば $\varphi \in \Gamma$.

このとき，論理式の集合が**充足可能** (satisfiable) であるのは，その集合を含むモデル集合をもつモデル系が存在する場合である，と定められる．ヒンティッカは，与えられた論理式について様相論理 **KT** で証明できることと $\{\neg\varphi\}$ が充足可能でないことの同値が成立する，と述べているが，詳細な証明は与えられていない．また，**S4**, **KB**, **S5** の場合についても，代替関係 R に推移性，対称性，推移性と対称性を課すことで同様に同値が得られると述べている[12]．ヒンティッカの意味論では，二項関係の概念は導入されているものの，Ω は任意の集合ではなく，ある条件を満たす論理式の集合の集合でなければならなかった．

(V) クリプキによる様相論理の可能世界意味論

クリプキは，1956 年の高校生のときに様相論理 **S5** の研究を始めた（その年の 11 月 13 日に 16 歳になった）．プライアーの 1956 年の論文 [35] から **S5** の公理を学び，ベート (E.W. Beth) から 1957 年初期に意味論的タブローについての論文を送ってもらい（クリプキにベートを紹介したのはカリー (H.B. Curry) である [13, p.35]），その技巧を使い **S5** の一階述語論理拡張の完全性を証明した．この論文の時点では到達可能性関係をもつ意味論は提案されていないが，1958 年 8 月までには様相論理と直観主義論理の関係意味論（クリプ

---

[12] モデル集合系による **KD**, **KT**, **KB**, **S4**, **S5** の完全性証明はやや古いが邦語文献では [58] が詳しい．

キ意味論）についての結果を得ていたようである [23] (cf. [13, p.35]).

1958年後半にハーバード大学に学部生として入学するが，当時のハーバード大学の哲学科では様相論理の研究は歓迎されず，研究トピックを変えて数学を専攻することを勧められた．これらが原因となってクリプキの様相論理関連の著作の出版は1959年の告知 [23] から数年遅れることとなった．様相命題論理 **KT**, **S4**, **S5** のクリプキ意味論は1963年に出版された論文 [24] で詳細が述べられている．この論文は，現代流布しているのと同様な様相論理 **KT** の公理系の記述から始まり，クリプキ意味論を明示的に導入している（ただし到達可能性の反射性は常に仮定されている）．

> 正規モデル構造 (n.m.s) とは順序対 (G, K, R) である．ただし K は非空集合，$G \in K$，そして R は K 上で定義される反射的関係である．[24, p.68]

また，クリプキは彼の意味論の非形式的な説明を次のように与えている．

> 直観的には関係 R を次のように解釈する：任意の二つの世界 H_1, $H_2 \in K$ が与えられたとき，"$H_1 R H_2$" を H_2 が「H_1 に相対的に可能である」，「H_1 で可能である」あるいは「H_1 に関係付けられている」と読む．[...] この「可能世界」の [...] 見方に合致して，式 A が世界 H_1 で必然的と評価するのは，H_1 に相対的に可能などの世界においても真となる場合である．[24, p.70]

そして **KT**, **S4**, **S5** がそれぞれ到達可能性が反射的，反射的かつ推移的，同値関係となるクリプキモデルのクラスに対して完全となることが意味論的タブローの方法により証明されている．

さて，ヨンソン・タルスキの研究 [19, 20, 21] とクリプキの業績との関連について述べよう．まずクリプキ自身が1963年の論文 [24] 中で次のように述べている．

> 現在の理論の，もっとも驚くべき先取りの研究は，この論文がほとんど完成したときに見出されたのだが，ヨンソンとタルスキ [17] の代数的類似 (algebraic analogue) の研究である．[24, p.69, footnote 2]

（ここで文献 "[17]" は本稿の文献 [20] に対応）．のちにコープランドがクリプキと行った私信 [7, p.13] (cf. [8, p.105]) によれば，クリプキがタルスキの眼

前で自分の様相論理の意味論についての発表をしたとき，タルスキの反応は次のようなものだった．

> 1962年にフィンランドの会議で自分の論文を発表した時，この論文[ヨンソン・タルスキの論文]の重要性を強調しました．タルスキがちょうどその場にいたんですが，彼は，自分には私[クリプキ]がしていたこととの繋がりは何も見いだせない，と言ったんです！

(VI) 日本の様相論理研究の黎明期と訳語「様相論理」

1938年（昭和13年）に創刊された雑誌『位相数学』の第一号において寺阪英孝は位相空間と C.I. ルイスによる様相論理に関して次のような記述を残している．

> X, Y 等が点集合の時，和集合を $X + Y$, [...] X の閉包を X^a [...] で表せば，次式が成立することは当然である．[...] 若し X^a のことを "X is possible" の意味に解釈すれば，Lewis の論理学になるかのごとく思はれる．蓋し $\diamond\diamond X = \diamond X, X \to \diamond X, \diamond(X \lor Y) = \diamond X \lor \diamond Y$ だからである (Lewis-Langford: Symbolic Logic 1931). 然しこれは筆者の思違かも知れない．[53, p.12]

様相論理のシークエント計算の箇所で紹介した松本和夫 [56, p.7] は「これは現在私の知る限りでは，当時最も先駆的な考え方であったと思われる」と評価し，この記述が契機となって C.I. ルイスの論理学に興味をもち始め，その後，自分自身もルイスの論理「方面」の研究に関わるようになったことを回顧している．この意味で松本和夫にとって『位相数学』第一号は思い出深い「一冊の雑誌」となった[13]．

松本和夫は1970年（昭和45年）に [56] 中で「これ ["modal logic"] を『様相論理学』と訳したのはおそらく伊藤誠教授（North-Carolina 大学）であろう」と述べている．田中・鈴木 [59] によれば，伊藤誠は黒田成勝に次いで日本で二番目の数学基礎論の論文を *Tohoku Mathematical Journal* に執筆した学者で，ヒルベルト・アッカーマンによる『記号論理学の基礎』の第三版の翻

---

[13] 文献 [56] は北陸先端科学技術大学院大学 名誉教授の小野寛晰先生から頂いた．また，出典が不明であった文献 [56] の調査に協力してくださった石川県立図書館のスタッフの方にもこの場を借りて感謝したい．

訳 [45] の出版もしている．確かに伊藤誠は 1949 年（昭和 24 年）に "modal logic" の訳語として「様相論理学」を使っており [46, p.17]，マッキンゼイとタルスキによる様相論理の代数的研究にも触れている．さらに彼は同年に表題「様相論理学の研究」の論文 [47] を執筆し，その中で当時の様相論理研究の動向を振り返り，ヴァイスベルク (M. Wajsberg) [44] が **S5** の決定可能性を解決した，と述べている．伊藤自身は，束論に基づいた **S5** の別公理化を与え，**S5** と単項述語論理[14]との同等性を示し，ヴァイスベルクやマッキンゼイ・タルスキとは異なる **S5** の決定可能性の解法を得た，という（これらは後の [48, 49, 50] で詳述されている）．

さて，松本和夫の推測は，前年（1948 年）に上で触れた黒田成勝が岩波書店の雑誌『科学』に執筆した論文「Aristotle の論理と Brouwer の論理について」との比較にある．黒田成勝 [52] はこの論文の最後で

> また筆者は最近高木先生からの御注意によって，WEYL: The ghost of modality なる論文があることを知った．これは 1940 年代頃に哲学関係の雑誌に掲載されたもののようで，この論文の中で，アメリカの哲学者 C.I. Lewis によって導入せられ，ドイツの哲学者 Oskar Becker によって現象学的に論ぜられた Lewis の modality が取り扱われている．[...] Lewis の法は possibility, necessity 等の法を記号論理学的に取り扱つたものである．[...] 法の論理はギリシャ以来の古典であるが，記号論理学においては未開拓である．それは現今では哲学者と数学者とに共通の問題である．[52, p.10]

と述べており，"modality" を「法」と訳しているのが見て取れる．

---

[14] 述語記号の引数の数が常に 1 であり，関数記号を含まない一階述語論理のこと．

第1部 参考文献

[1] O. Becker. Zur Logik der Modalitäten. *Jahrbuch für philosophische und phänomenologische Forschung*, 11:497–547, 1930.

[2] P. Blackburn, M. de Rijke, and Y. Venema. *Modal Logic*. Cambridge Tracts in Theoretical Computer Science. Cambridge University Press, 2001.

[3] W. Carnielli and C. Pizzi. *Modalities and Multimodalities*. Springer, 2008.

[4] A. Chagrov and M. Zakharyaschev. *Modal Logic*. Number 35 in Oxford Logic Guides. Oxford Science Publications, 1997.

[5] B. F. Chellas. *Modal Logic*. Cambridge University Press, 1980.

[6] A. Church. An unsolvable problem of elementary number theory. *American Journal of Mathematics*, 58:345–363, 1936.

[7] B. J. Copeland. Prior's life and legacy. In Copeland [9], pages 1–51.

[8] B. J. Copeland. The genesis of possible world semantics. *Journal of Philosophical Logic*, 31:99–147, 2002.

[9] B. J. Copeland, editor. *Logic and Reality: Essays on the Legacy of Arthur Prior*. Clarendon Press, 1996.

[10] J. Garson. Modal logic. In Edward N. Zalta, editor, *The Stanford Encyclopedia of Philosophy*. Summer 2014 edition, 2014.

[11] K. Gödel. O. Becker, Zur Logik der Modalitäten. *Monatshefte für Mathematik und Physik*, 38:5-6, 1931. English translaiton in Solomon Feferman et al. editors, *Kurt Gödel, Collected Works*, Volume 1, p.217. Oxford University Press, 1986.

[12] K. Gödel. Eine interpretation des intuitionistischen Aussagenkalküls. *Ergebnisse Eines Mathematischen Kolloquiums*, 4:39-40, 1933. English translaiton by A. S. Troelstra in Solomon Feferman et al. editors, *Kurt Gödel, Collected Works*, Volume 1, pp.300–303. Oxford University Press, 1986.

[13] R. Goldblatt. Mathematical modal logic: a view of its evolution. In Dov M. Gabbay and John Woods, editors, *Logic and the Modalities in the Twentieth Century*, volume Volume 7 of *Handbook of the History of Logic*, pages 1–98. Elsevier, 2006.

[14] J. D. Hamkins and B. Löwe. The modal logic of forcing. *Transactions of the American Mathematical Society*, 360(4):1793-1817, 2008.

[15] David Harel, Dexter Kozen, and Jerzy Tiuryn. *Dynamic Logic*. MIT press, 2000.

[16] J. Hintikka. Modality and quantification. *Theoria*, 27:119-128, 1961.

[17] J. Hintikka. *Knowledge and Belief: An Introduction to the Logic of the Two Notions*. Cornell University Press, 1962.

[18] G. H. Hughes and M. J. Cresswell. *A New Introduction to Modal Logic*. Routledge, 1996.

[19] B. Jónsson and A. Tarski. Boolean algebra with operators. *Bulletin of the American Mathematical Society*, 54:79-80, 1948.

[20] B. Jónsson and A. Tarski. Boolean algebras with operators, Part I. *American Journal of Mathematics*, 73:891-939, 1952.

[21] B. Jónsson and A. Tarski. Boolean algebras with operators, Part II. *American Journal of Mathematics*, 74:127-162, 1952.

[22] H. Kamp. *Tense Logic and the Theory of Linear Order*. PhD thesis, UCLA, 1968.

[23] S. A. Kripke. Semantic analysis of modal logic (abstract). *Journal of Symbolic Logic*, 24:323-324, 1959.

[24] S. A. Kripke. Semantical analysis of modal logic I. normal propositional calculi. *Zeitschrift fur mathematische Logik und Grundlagen der Mathematik*, 9:67-96, 1963.

[25] K. Kuratowski. Sur l'opération $\overline{A}$ de l'analysis situs. *Fundamenta Mathematicae*, 3:182-199, 1922.

[26] E. J. Lemmon. *An Introduction to Modal Logic*. American Philosophical Quarterly Monograph Series. Basil Blackwell, 1977. In collaboration with Dana Scott.

[27] C. I. Lewis. The matrix algebra for implications. *The Journal of Philosophy, Psychology and Scientific Methods*, 11(22):589-600, 1914.

[28] C. I. Lewis and C. H. Langford. *Symbolic Logic*. The Century Co., 1932.

[29] J. J. C. McKinsey and A. Tarski. The algebra of topology. *Annals of Mathematics*, 45:141-191, 1944.

[30] J. J. C. McKinsey and A. Tarski. Some theorems about the sentential calculi of Lewis and Heyting. *Journal of Symbolic Logic*, 13(1):1-15, 1948.

[31] C. Meredith and A. Prior. Interpretations of different modal logics in the

'property calculus'. In Copeland [9], pages 133-4.

[32] M. Ohnishi and K. Matsumoto. Gentzen method in modal calculi. *Osaka Journal of Mathematics*, 9(2):113-130, 1957.

[33] M. Ohnishi and K. Matsumoto. Gentzen method in modal calculi II. *Osaka Journal of Mathematics*, 11(2):115-120, 1959.

[34] J. A. Plaza. Logics of public communications. In M. L. Emrich, M. S. Pfeifer, M Hadzikadic, and Z. W. Ras, editors, *Proceedings of the 4th International Symposium on Methodologies for Intelligent Systems*, pages 201-216, 1989.

[35] A. N. Prior. Modality and quantification in S5. *Journal of Symbolic Logic*, 21(1):60-62, 1956.

[36] A. N. Prior. *Time and Modality*. Clarendon Press, 1957.

[37] A. N. Prior. Possible worlds. *The Philosophical Quarterly*, 12:36-43, 1962.

[38] A. N. Prior. *Past, Present and Future*. Clarendon Press, 1967.

[39] A. N. Prior. *Papers on Time and Tense*. Clarendon Press, 1968.

[40] A. S. Troelstra. Introductory note to 1933f. In Solomon Feferman et al., editor, *Kurt Gödel, Collected Works*, volume 1, pages 296-299. Oxford University Press, 1986.

[41] A. M. Turing. On computable numbers with an application to the Entscheidungsproblem. *Proceedings of the London Mathematical Society*, 42:230-265, 1936.

[42] J. van Benthem. *Modal Correspondence Theory*. PhD thesis, Department of Mathematics, Unversity of Amsterdam, 1976.

[43] H. van Ditmarsch, W. van der Hoek, and B. Kooi. *Dynamic Epistemic Logic*. Springer, 2008.

[44] M. Wajsberg. Ein erweiterter Klassenkalkül. *Monatshefte für Mathematik und Physik*, 40(1):113-126, 1933.

[45] ヒルベルト・アッケルマン. 記号論理学の基礎. 大阪教育図書, 1954. 伊藤誠訳.

[46] 伊藤誠. 科学論理学の展望. 基礎科学, 3(3):12-17, 1949.

[47] 伊藤誠. 様相論理学の研究. 基礎科学, 3(7):20-26, 1949.

[48] 伊藤誠. 様相命題論理と単項述語（集合）論理の束論的考察 I. 科学基礎論研究, 1(3):40-43, 1955.

[49] 伊藤誠. 様相命題論理と単項述語（集合）論理の束論的考察 II. 科学基礎論研究, 1(4):162-167, 1955.

[50] 伊藤誠. 様相命題論理と単項述語（集合）論理の束論的考察 III. 科学基礎論研究. 2(2):258-256, 1956.
[51] 吉満昭宏. C.I. ルイスと様相論理の起源. 科学哲学, 37-1:1-14, 2004.
[52] 黒田成勝. Aristotle の論理と Brouwer の論理に就いて. 科学. 18(1):2-10, 岩波書店, 1948.
[53] 寺阪英孝. Boole 代数の位相的表現. 位相数学, 1(1):11-19, 1938.
[54] 鹿島亮. 数理論理学. 朝倉書店, 2009.
[55] 小野寛晰. 情報科学における論理. 日本評論社, 1994.
[56] 松本和夫. 一冊の雑誌. 蟻塔, 6:6-7, 1970.
[57] 松本和夫. 数理論理学. 共立出版株式会社, 1970.
[58] 神野慧一郎・内井惣七. 論理学—モデル理論と歴史的背景—. ミネルヴァ書房, 1976.
[59] 田中尚夫・鈴木登志雄. ゲーデルと日本—明治以降のロジック研究史. 田中一之編, ゲーデルと 20 世紀の論理学, volume 1. 東京大学出版会, 2006.
[60] 飯田隆. 言語哲学大全 III. 勁草書房, 1995.
[61] 野本和幸. 現代の論理的意味論. 岩波書店, 1988.

第2部
証明可能性論理

倉橋 太志

古代ギリシアにおいて数学的証明の概念がうまれて以来，数学における証明とは命題の絶対的・必然的な正しさを与えるものであり，そのことは現代でも変わらないといえるだろう．つまり数学における「証明可能性」は，命題の正しさの必然性を与えるという点で，一種の様相概念であると考えることができる．では $\Box\varphi$ を「φ は証明可能である」と解釈する場合に対応するような様相論理の体系はどのようなものだろうか．この問題を考えるためには，まずは $\Box\Box\varphi$ のような式を解釈した「「φ が証明可能であること」が証明可能である」という主張に明確な意味を与えなければならない．つまり「ある命題の証明可能性を主張する命題」のようなものを扱わねばならない．これは不完全性定理の証明においてゲーデルによって構成された，"理論 T の証明可能性を表現する論理式" である証明可能性述語 $\mathrm{Pr}_T(x)$ を用いることにより可能となる．

証明可能性論理のテーマは，証明可能性述語 $\mathrm{Pr}_T(x)$ の様相演算子としての振る舞いを調べ，そしてそのことを通じて形式的体系の証明可能性や不完全性定理に関する理解を深めることである．実際，証明可能性論理の研究を進めることで不完全性定理に関連する多くの新たな発見が得られ，そしてその中でいろいろな手法が編み出された．特にその中でも最も重要であるといえるのが，様相論理 GL が証明可能性述語の性質を十分に捉えきることができているという，1976 年のソロヴェイによる算術的完全性定理およびその証明法である．

この部の目標は証明可能性論理とソロヴェイの算術的完全性定理を中心に，証明可能性という概念の様相としての振る舞いについてその数学的な部分を理解することである．第 4 章では証明可能性論理の議論において必要となる形式的算術の基本事項について述べ，不完全性定理およびその周辺の基本的な項目について紹介する．続いて様相論理 GL の不動点定理について紹介する．第 5 章の中心的話題はソロヴェイによる算術的完全性定理である．GL の算術的完全性定理の証明を詳しく行い，さらに自然数の標準モデルにおける証明可能性述語の振る舞いに対応する論理 S の算術的完全性定理の証明を与える．続いてヴィッサーによる Σ_1 健全でない理論に対する算術的完全性定理を証明し，一様算術的完全性定理およびそのシャヴルコフによる拡張について紹介する．第 6 章ではソロヴェイの定理以降の 1980 年代に議論された発展的研究について，証明可能性論理の分類，様相述語論理への拡張，多様相論理への拡張という三つの話題を紹介する．

証明可能性論理について書かれた書籍としては，G. Boolos "The unprovability of consistency. An essay in modal logic" [12] およびその改訂版の G.

Boolos "The logic of provability" [13], そして C. Smoryński による "Self-reference and modal logic" [34] がある. またサーベイ論文は G. Japaridze (Dzhaparidze) and D. de Jongh "The logic of provability" [23] および S. Artemov and L. Beklemishev "Provability logic" [6] があり, これらは証明可能性論理の分野を牽引してきた研究者によるものであるため, 非常に詳しく述べられている[1].

---

[1] 本稿の原稿を注意深く読み, 有益なコメントをして下さった千葉大学の新井敏康先生に深く感謝いたします. 本稿の執筆は JSPS 科研費 26887045 の助成を受けたものです.

# 第4章

不完全性定理と証明可能性論理

4.1 形式的算術の基本事項

算術の言語 $\mathcal{L}_A$ は, 1 変数関数記号 S, 2 変数関数記号 $+$, $\times$ と定数記号 0 そして 2 変数関係記号 $\leq, =$ からなる 1 階述語論理の言語である. 以降特に断らない限り単に論理式や項といえば $\mathcal{L}_A$ 論理式や $\mathcal{L}_A$ 項のこととする. 記号 S は後者関数に対応する記号であり, 各自然数 n に対してその数項 $\bar{n}$ を $\underbrace{S(S(\cdots S(0)\cdots))}_{n\text{ 個}}$ と定める.

論理式 φ と変数 x を含まない項 t に対して, $\exists x \leq t\, \varphi$ と $\forall x \leq t\, \varphi$ はそれぞれ論理式 $\exists x(x \leq t \wedge \varphi)$ と $\forall x(x \leq t \to \varphi)$ の略記とする. 含まれる量化記号がすべてこのような形をしている論理式を Δ_0 論理式という. 例えば, x が素数であることを意味する論理式

$$\bar{2} \leq x \wedge \forall y \leq x(\exists z \leq x(x = y \times z) \to y = \bar{1} \vee y = x)$$

は Δ_0 論理式である.

$\forall x \leq t\, \varphi$ が正しいかどうかを調べるには, t 以下のすべての x（有限個）について φ が正しいかどうかを調べればよい. $\exists x \leq t\, \varphi$ についても同様である. したがって Δ_0 文は, その正しさを有限回の手続きで確かめられるような文である.

形式的算術の理論の研究において, 含まれる量化記号の複雑さで論理式を分類することは非常に重要である.

定義 4.1.1（算術的階層） φ を論理式とする.

1. φ が Δ_0 論理式であるとき，φ を Σ_0 もしくは Π_0 論理式という．

2. φ がある自然数 k とある Π_n 論理式 ψ について $\exists v_0 \cdots \exists v_{k-1} \psi$ という形の論理式と論理的に同値であるとき，φ を Σ_{n+1} 論理式という．

3. φ がある自然数 k とある Σ_n 論理式 ψ について $\forall v_0 \cdots \forall v_{k-1} \psi$ という形の論理式と論理的に同値であるとき，φ を Π_{n+1} 論理式という．

Σ_{n+1} および Π_{n+1} 論理式の定義において量化記号のブロックは空でもよく，したがって各 Σ_n もしくは Π_n 論理式は Σ_{n+1} および Π_{n+1} 論理式である．各論理式はある冠頭標準形の論理式と論理的に同値なので，ある自然数 n について Σ_n 論理式である．

領域 $\omega = \{0, 1, 2, \ldots\}$ をもち，$\mathcal{L}_A$ の記号に通常の解釈を与える $\mathcal{L}_A$ 構造を算術の**標準モデル**といい $\mathbb{N}$ で表す．$\mathbb{N}$ で真である文全体からなる理論を TA と表し（つまり TA $= \{\varphi : \mathbb{N} \models \varphi\}$），これを**真の算術**という．また理論 T が $\mathbb{N}$ をモデルにもつとき，T は**健全**であるという．自然数論における研究対象が算術の標準モデル $\mathbb{N}$ であることを思えば，我々が扱いたいのは基本的には健全な理論である．しかし形式的算術の理論を扱う際には健全でない理論をも視野に入れたほうがむしろその本質が見えてくる場合がある．そのため，健全性を弱めた次の概念を考える．

定義 4.1.2 Γ を論理式のクラスとする．理論 T が **Γ 健全**であるとは，T において証明可能な Γ に属する文（Γ 文）がすべて $\mathbb{N}$ で真であることをいう．

今後特に重要となるのは Σ_1 健全な理論であり，Σ_1 健全な理論は明らかに無矛盾である．また，Σ_n 健全な理論はさらに Π_{n+1} 健全であることが知られている[2]．

次に，我々の考える形式的算術の理論の土台となるロビンソン算術 Q およびペアノ算術 (Peano Arithmetic) PA を定める．

定義 4.1.3（ロビンソン算術 Q） 理論 Q は次の公理からなる：
- $\forall x(\neg 0 = S(x))$;

---

[2] 菊池 [39] p.173 を参照．

- $\forall x \forall y (S(x) = S(y) \to x = y)$;
- $\forall x (\neg x = 0 \to \exists y (x = S(y)))$;
- $\forall x (x + 0 = x)$;
- $\forall x \forall y (x + S(y) = S(x + y))$;
- $\forall x (x \times 0 = 0)$;
- $\forall x \forall y (x \times S(y) = (x \times y) + x)$;
- $\forall x \forall y (x \leq y \leftrightarrow \exists z (z + x = y))$.

定義 4.1.4（ペアノ算術 PA）　理論 PA は Q の公理に次の $\mathcal{L}_A$ 論理式に関する数学的帰納法の公理を加えた理論である：

- 各論理式 $\varphi(x, \vec{y})$ について
  $\forall \vec{y}(\varphi(0, \vec{y}) \land \forall x(\varphi(x, \vec{y}) \to \varphi(S(x), \vec{y})) \to \forall x \varphi(x, \vec{y}))$.

PA は算術に関する基本的な公理と無限個の数学的帰納法公理をもつ健全な理論である．実は Q の公理 $\forall x(\neg x = 0 \to \exists y(x = S(y)))$ は PA においては冗長である，すなわち，他の公理と帰納法公理を用いてこの文を導出することができる．

まず Q の性質として特に重要なのが次の Σ_1 完全性である[3]．

定理 4.1.5（Σ_1 完全性定理）　Q の拡大理論 T は Σ_1 完全である，つまり T は $\mathbb{N}$ において真である Σ_1 文をすべて証明できる．

PA において Σ_1 論理式と Π_1 論理式のどちらとも同値な論理式を Δ_1 論理式という．$\varphi(x)$ を Δ_1 論理式とすれば，Σ_1 完全性定理と PA の健全性より，$\mathbb{N} \models \varphi(\bar{n})$ ならば $\mathrm{PA} \vdash \varphi(\bar{n})$ であり，$\mathbb{N} \not\models \varphi(\bar{n})$ ならば $\mathrm{PA} \vdash \neg \varphi(\bar{n})$ が成り立つ．例えば $\psi(x)$ を x が偶数であることを意味する論理式 $\exists y \leq x(x = y + y)$ とすればこれは Δ_1 論理式なので，n が偶数のとき $\mathrm{PA} \vdash \psi(\bar{n})$ であり，n が奇数のとき $\mathrm{PA} \vdash \neg \psi(\bar{n})$ となる．つまり偶数全体の集合を PA において論理式 $\psi(x)$ を通じて扱うことができる．一般に PA は次で定める表現可能性の概念を通じて，再帰的集合や再帰的関数を扱うことができる．以降，$\bar{n}$ を自然数の有限組とし，$\vec{n}$ を自然数の数項の有限組とする．

---
[3]証明は菊池 [39]，田中 [40]，田中他 [41]，Hájek and Pudlák [21] を参照．

4.1 形式的算術の基本事項

定義 4.1.6（表現可能性） T を理論，R を ω 上の k 項関係，f を ω 上の k 変数関数とする．

1. R が T において**表現可能**であるとは，次の条件を満たす論理式 $\varphi(\vec{x})$ が存在することをいう：すべての $\vec{n} \in \omega^k$ について，

    (a) $\vec{n} \in R$ ならば $T \vdash \varphi(\vec{\overline{n}})$ であり，
    (b) $\vec{n} \notin R$ ならば $T \vdash \neg\varphi(\vec{\overline{n}})$ である．

2. R が T において**弱表現可能**であるとは，すべての $\vec{n} \in \omega^k$ について
$$\vec{n} \in R \;\Leftrightarrow\; T \vdash \varphi(\vec{\overline{n}})$$
の成り立つ論理式 $\varphi(\vec{x})$ が存在することをいう．

3. f が T において**表現可能**であるとは，すべての $\vec{n} \in \omega^k$, $m \in \omega$ について
$$f(\vec{n}) = m \;\Leftrightarrow\; T \vdash \forall y(\varphi(\vec{\overline{n}}, y) \leftrightarrow y = \overline{m})$$
の成り立つ論理式 $\varphi(\vec{x}, y)$ が存在することをいう．

4. f が T において**可証再帰的**[4]であるとは，f を T において表現する Σ_1 論理式 $\varphi(\vec{x}, y)$ で
$$T \vdash \forall \vec{x} \exists y \varphi(\vec{x}, y) \wedge \forall \vec{x} \forall y \forall z (\varphi(\vec{x}, y) \wedge \varphi(\vec{x}, z) \rightarrow y = z)$$
の成り立つものが存在することをいう．

定理 4.1.7（表現可能性定理[5]） T を PA の無矛盾な再帰的可算拡大理論，f を ω 上の全域関数，R を ω 上の関係とする．

1. R が再帰的であることと R が T において表現可能であることは同値である．
2. R が再帰的可算であることと R が T において弱表現可能であることは同値である．

---

[4] この用語は菊池 [39] のものを採用した．
[5] 基本的には Σ_1 完全性定理の帰結である（証明は菊池 [39]，田中 [40]，田中他 [41]，田中編 [42] を参照）．ただし Σ_1 健全でない理論における再帰的可算集合の弱表現可能性については自明な帰結ではなく，Ehrenfeucht and Feferman [17] によって証明された．

3. f が再帰的であることと f が T において表現可能であることは同値である.
4. R が原始再帰的ならば, R は T において Δ_1 論理式で表現可能である.
5. f が原始再帰的ならば, f は T において可証再帰的である.

特に項目 1～3 について, 関係や関数を表現する論理式を Σ_1 論理式でとることができる.

n 変数関数 f が T において Σ_1 論理式 $\varphi(\vec{x}, y)$ によって可証再帰的であるとき, 新たな n 変数関数記号 f を用意し, 新たな言語 $\mathcal{L}'_A = \mathcal{L}_A \cup \{f\}$ を考える. 理論 T に新たな公理 $\forall \vec{x} \varphi(\vec{x}, f(\vec{x}))$ と $\mathcal{L}'_A$ 論理式に関する数学的帰納法公理を加えた理論 T' は T の保存的拡大であり, さらに $\mathcal{L}'_A$ 論理式に対する Σ_n および Π_n 論理式 (ただし $n \geq 1$) の概念は $\mathcal{L}_A$ 論理式のものと本質的な違いがないことが知られている[6]. したがってこれ以降, 算術の言語 $\mathcal{L}_A$ はすべての原始再帰的関数に対応する関数記号 f を含み, PA はそれらに対応する公理 $\forall \vec{x} \varphi(\vec{x}, f(\vec{x}))$ およびそれらの記号を含む論理式の数学的帰納法公理を含むと仮定して議論する.

ゲーデルによる不完全性定理の証明のアイディアの一つに超数学の算術化がある. 論理式や証明などの超数学的対象に対してゲーデル数と呼ばれる自然数を割り当て, それらに関する性質をゲーデル数を通じて形式的算術において議論するというものである. ここではそのようなゲーデル数を固定し, 論理式 φ のゲーデル数を $\mathrm{gn}(\varphi)$ と表す. また $\mathrm{gn}(\varphi)$ の数項 $\overline{\mathrm{gn}(\varphi)}$ を「φ」と表す[7].

T を再帰的可算理論とすれば, 集合 $\mathrm{Th}(T) = \{\mathrm{gn}(\varphi) : T \vdash \varphi\}$ は再帰的可算であるため, 表現可能性定理より $\mathrm{Th}(T)$ は PA において Σ_1 論理式で弱表現可能である. そのような論理式で, 特に良い性質をもつものを構成しよう.

任意の再帰的可算理論は原始再帰的な公理化をもつ (クレイグのトリック)[8] ため, T は原始再帰的であるとしてよい. 超数学の算術化の手法を用いて, "y はゲーデル数 x をもつ論理式の T における証明のゲーデル数である" という意味内容をもつ論理式 $\mathrm{Prf}_T(x, y)$ を書き下す. このとき $\mathrm{Prf}_T(x, y)$ は原始再帰的関係 $\{(\mathrm{gn}(\varphi), p) : p$ は T における φ の証明のゲーデル数$\}$ を PA において表現する Δ_1 論理式となる. ここで論理式 $\mathrm{Pr}_T(x)$ を Σ_1 論理式

---

[6] Kaye [24] pp.47-52 を参照.
[7] φ のゲーデル数を「φ」で表し, その数項を「$\overline{\varphi}$」と表す方法もある.
[8] 証明は菊池 [39] を参照.

$\exists y \mathsf{Prf}_T(x,y)$ と定めれば，$\mathsf{Pr}_T(x)$ は再帰的可算集合 $\mathsf{Th}(T)$ を PA において弱表現する．このとき任意の論理式 φ について，$T \vdash \varphi$ と $\mathbb{N} \models \mathsf{Pr}_T(\ulcorner\varphi\urcorner)$ が同値となる．このようにして定めた $\mathsf{Pr}_T(x)$ を T の**証明可能性述語**という．T の証明可能性述語 $\mathsf{Pr}_T(x)$ に対して次の性質が成り立つ（詳しくは Feferman[18] で展開されているが，田中他 [42] に詳しい解説が載っている）．

定理 4.1.8（形式化された演繹定理）　任意の文 φ と ψ について，PA $\vdash$ $\mathsf{Pr}_T(\ulcorner\varphi \to \psi\urcorner) \leftrightarrow \mathsf{Pr}_{T+\varphi}(\ulcorner\psi\urcorner)$ が成り立つ．

定理 4.1.9（ヒルベルト・ベルナイス・レーブの導出可能性条件）　任意の論理式 φ と ψ について，次が成り立つ：

D1　$T \vdash \varphi$ ならば PA $\vdash \mathsf{Pr}_T(\ulcorner\varphi\urcorner)$;

D2　PA $\vdash \mathsf{Pr}_T(\ulcorner\varphi \to \psi\urcorner) \to (\mathsf{Pr}_T(\ulcorner\varphi\urcorner) \to \mathsf{Pr}_T(\ulcorner\psi\urcorner))$;

D3　PA $\vdash \mathsf{Pr}_T(\ulcorner\varphi\urcorner) \to \mathsf{Pr}_T(\ulcorner\mathsf{Pr}_T(\ulcorner\varphi\urcorner)\urcorner)$.

特に **D3** は次の性質の特別な場合である．

定理 4.1.10（形式化された Σ_1 完全性）　任意の Σ_1 文 φ について PA $\vdash \varphi \to \mathsf{Pr}_T(\ulcorner\varphi\urcorner)$ が成り立つ．

$\bot$ を，反証できる単純な Σ_1 文（例えば $0 = \bar{1}$ や $\exists x(x \neq x)$ など）とし，Con_T を Π_1 文 $\neg\mathsf{Pr}_T(\ulcorner\bot\urcorner)$ と定める．このとき Con_T は T の無矛盾性を表す文である．論理式のクラス Γ に対して，$\mathsf{Rfn}_T(\Gamma)$ を集合 $\{\mathsf{Pr}_T(\ulcorner\varphi\urcorner) \to \varphi : \varphi$ は Γ 文 $\}$ と定め，これを **Γ 反映原理**という．Γ 反映原理は Γ 健全性を表している．ここで $\bot$ は Σ_1 文なので，$\mathsf{Rfn}_T(\Sigma_1) \vdash \mathsf{Pr}_T(\ulcorner\bot\urcorner) \to \bot$ つまり $T + \mathsf{Rfn}_T(\Sigma_1) \vdash \mathsf{Con}_T$ である．また $\mathsf{Rfn}_T(\Pi_1)$ は T 上で Con_T と同等であることが知られている[9]．

---

[9]Smoryński [33] を参照．

4.2 不完全性定理とレーブの定理

以下では T を PA の再帰的可算な拡大理論とする．ゲーデルの不完全性定理とは，現代的な形で述べれば次の主張である：T が Σ_1 健全ならば T は不完全である（第一不完全性定理）[10]；T が無矛盾ならば Con_T は T において証明可能でない（第二不完全性定理）．この節の目標は，これらの不完全性定理の証明と，証明可能性論理の研究において基本的かつ重要な結果であるレーブの定理の証明を与えることである．

不完全性定理の証明は嘘つきの逆理を引用して語られることが多い．これは「この文は偽である」という文の真偽が決定できない，という逆理であるが，ゲーデルは不完全性定理の証明において，嘘つきの逆理における「真偽」を「証明可能性」に置き換えたと思える文を構成した．そのような文は次の補題から得られる．

補題 4.2.1（不動点補題（Gödel [19] および Carnap [15]））　含まれる自由変数が x だけである任意の論理式 $\varphi(x)$ に対して，ある文 ψ が存在して，$\mathsf{PA} \vdash \psi \leftrightarrow \varphi(\ulcorner \psi \urcorner)$ が成り立つ．特に，Γ が Σ_n もしくは Π_n $(n \geq 1)$ で $\varphi(x)$ が Γ 論理式のとき，ψ は Γ 文としてとれる．

証明　f を次の原始再帰的関数とする．

$$f(m, n) = \begin{cases} \mathsf{gn}(\psi(\bar{n})) & \text{ある論理式 } \psi(v_0) \text{ について } m = \mathsf{gn}(\psi(v_0)) \text{ のとき}; \\ 0 & \text{それ以外のとき}. \end{cases}$$

$\delta(x)$ を Γ が何であるかに応じて論理式 $\exists z(f(x,x) = z \wedge \varphi(z))$ もしくは $\forall z(f(x,x) = z \to \varphi(z))$ とし，e を $\delta(v_0)$ のゲーデル数とする．このとき $f(e, e) = \mathsf{gn}(\delta(\bar{e}))$ であるから，$\mathsf{PA} \vdash \forall v_0 (f(\bar{e}, \bar{e}) = v_0 \leftrightarrow v_0 = \ulcorner \delta(\bar{e}) \urcorner)$ となる．つまり $\mathsf{PA} \vdash \delta(\bar{e}) \leftrightarrow \varphi(\ulcorner \delta(\bar{e}) \urcorner)$ を得る． □

Π_1 論理式 $\neg \mathsf{Pr}_T(x)$ に対して不動点補題を適用すれば，$\mathsf{PA} \vdash \pi \leftrightarrow \neg \mathsf{Pr}_T(\ulcorner \pi \urcorner)$ を満たす Π_1 文 π がとれるが，この π は自分自身の証明不可能性を主張する文であると考えられる．この同値性を T において満たす文，つま

---

[10]序章では T の ω 無矛盾性を仮定してこの定理が述べられていた．最近では ω 無矛盾性より弱い Σ_1 健全性を仮定して第一不完全性定理を述べることも多い．

り $T \vdash \pi \leftrightarrow \neg\mathsf{Pr}_T(\ulcorner\pi\urcorner)$ を満たす Π_1 文 π を T の**ゲーデル文**という．π を T のゲーデル文とし，φ として $\pi \wedge \bar{n} = \bar{n}$ をとれば，導出可能性条件 **D1** と **D2** により $T \vdash \mathsf{Pr}_T(\ulcorner\pi\urcorner) \leftrightarrow \mathsf{Pr}_T(\ulcorner\varphi\urcorner)$ つまり $T \vdash \varphi \leftrightarrow \neg\mathsf{Pr}_T(\ulcorner\varphi\urcorner)$ となるため，φ もまた T のゲーデル文である．したがって T のゲーデル文は無限個存在する．

Σ_1 健全な理論 T のゲーデル文がすべて T において証明も反証もできない，という主張がゲーデルの第一不完全性定理である．

定理 4.2.2（第一不完全性定理 (Gödel [19])） π を T のゲーデル文とするとき，次が成り立つ：

1. T が無矛盾ならば，$T \nvdash \pi$ である．
2. T が Σ_1 健全ならば，$T \nvdash \neg\pi$ である[11]．

証明 1. $T \vdash \pi$ であると仮定すると，導出可能性条件 **D1** より $\mathsf{PA} \vdash \mathsf{Pr}_T(\ulcorner\pi\urcorner)$，つまり $T \vdash \mathsf{Pr}_T(\ulcorner\pi\urcorner)$ となる．π のとり方より $T \vdash \neg\pi$ となり T の無矛盾性に反する．したがって $T \nvdash \pi$ である．

2. $T \vdash \neg\pi$ であると仮定する．π のとり方より $T \vdash \mathsf{Pr}_T(\ulcorner\pi\urcorner)$ である．T は Σ_1 健全なので $\mathbb{N} \models \mathsf{Pr}_T(\ulcorner\pi\urcorner)$ したがって $T \vdash \pi$ となり T の無矛盾性に反する．つまり $T \nvdash \neg\pi$ である． □

したがって，T は Σ_1 健全ならば不完全である．このことから，PA の Σ_1 健全な完全拡大理論である TA は再帰的可算でないことがわかる[12]．

ゲーデルの第一不完全性定理は PA において証明することができ（第一不完全性定理の形式化），そのことを経て第二不完全性定理を証明することができる．そのために，まずは証明不可能性の形式化に関する補題を二つ与える．

補題 4.2.3 任意の文 φ に対して $\mathsf{PA} \vdash \neg\mathsf{Pr}_T(\ulcorner\varphi\urcorner) \to \mathsf{Con}_T$ が成り立つ．

---

[11]ここで Σ_1 健全性の仮定は落とすことができない．Σ_1 健全でない理論においては，$\neg\pi$ の証明不可能性が $\mathsf{Pr}_T(x)$ のとり方に依存することがフェファーマン [18] によって示されている．一方，ロッサー [28] は T の無矛盾性のみから $T \nvdash \rho$ かつ $T \nvdash \neg\rho$ が結論づけられるような文 ρ（T のロッサー文）を与えた．

[12]それどころか，TA は算術的でない（タルスキの定理）．

証明 $T \vdash \bot \to \varphi$ なので，**D1** と **D2** より $\mathsf{PA} \vdash \mathsf{Pr}_T(\ulcorner\bot\urcorner) \to \mathsf{Pr}_T(\ulcorner\varphi\urcorner)$ であり，対偶をとると $\mathsf{PA} \vdash \neg\mathsf{Pr}_T(\ulcorner\varphi\urcorner) \to \mathsf{Con}_T$ となる． □

補題 4.2.4 U を PA の拡大理論とする．任意の文 φ に対して，以下は同値である：

1. $U \vdash \mathsf{Con}_T \to \neg\mathsf{Pr}_T(\ulcorner\varphi\urcorner)$.
2. $U \vdash \mathsf{Pr}_T(\ulcorner\varphi\urcorner) \to \mathsf{Pr}_T(\ulcorner\neg\varphi\urcorner)$.

証明 ($1 \Rightarrow 2$): $U \vdash \mathsf{Con}_T \to \neg\mathsf{Pr}_T(\ulcorner\varphi\urcorner)$ であると仮定する．補題 4.2.3 より $\mathsf{PA} \vdash \neg\mathsf{Pr}_T(\ulcorner\neg\varphi\urcorner) \to \mathsf{Con}_T$ であるから，$U \vdash \neg\mathsf{Pr}_T(\ulcorner\neg\varphi\urcorner) \to \neg\mathsf{Pr}_T(\ulcorner\varphi\urcorner)$ となる．対偶をとれば $U \vdash \mathsf{Pr}_T(\ulcorner\varphi\urcorner) \to \mathsf{Pr}_T(\ulcorner\neg\varphi\urcorner)$ である．

($2 \Rightarrow 1$): $U \vdash \mathsf{Pr}_T(\ulcorner\varphi\urcorner) \to \mathsf{Pr}_T(\ulcorner\neg\varphi\urcorner)$ であると仮定する．いま $T \vdash (\varphi \land \neg\varphi) \to \bot$ なので，導出可能性条件より $\mathsf{PA} \vdash \mathsf{Pr}_T(\ulcorner\varphi\urcorner) \land \mathsf{Pr}_T(\ulcorner\neg\varphi\urcorner) \to \mathsf{Pr}_T(\ulcorner\bot\urcorner)$ である．したがって仮定と合わせると $U \vdash \mathsf{Pr}_T(\ulcorner\varphi\urcorner) \to \mathsf{Pr}_T(\ulcorner\bot\urcorner)$ となる．対偶をとると $U \vdash \mathsf{Con}_T \to \neg\mathsf{Pr}_T(\ulcorner\varphi\urcorner)$ である． □

定理 4.2.5 π を T のゲーデル文とするとき，次が成り立つ[13]：

1. $T \vdash \mathsf{Con}_T \to \neg\mathsf{Pr}_T(\ulcorner\pi\urcorner)$.
2. $T + \mathsf{Rfn}_T(\Sigma_1) \vdash \neg\mathsf{Pr}_T(\ulcorner\neg\pi\urcorner)$.

証明 1. まず $\neg\pi$ は Σ_1 文なので，形式化された Σ_1 完全性より $\mathsf{PA} \vdash \neg\pi \to \mathsf{Pr}_T(\ulcorner\neg\pi\urcorner)$ である．また π の定義より $T \vdash \mathsf{Pr}_T(\ulcorner\pi\urcorner) \to \neg\pi$ であるから，$T \vdash \mathsf{Pr}_T(\ulcorner\pi\urcorner) \to \mathsf{Pr}_T(\ulcorner\neg\pi\urcorner)$ を得る．補題 4.2.4 より $T \vdash \mathsf{Con}_T \to \neg\mathsf{Pr}_T(\ulcorner\pi\urcorner)$ となる．

2. $\neg\pi$ は Σ_1 なので $\mathsf{Rfn}_T(\Sigma_1) \vdash \mathsf{Pr}_T(\ulcorner\neg\pi\urcorner) \to \neg\pi$ である．また π の定義より $T \vdash \neg\pi \to \mathsf{Pr}_T(\ulcorner\pi\urcorner)$ なので $T + \mathsf{Rfn}_T(\Sigma_1) \vdash \mathsf{Pr}_T(\ulcorner\neg\pi\urcorner) \to \mathsf{Pr}_T(\ulcorner\pi\urcorner)$ となる．補題 4.2.4 より $T+\mathsf{Rfn}_T(\Sigma_1) \vdash \mathsf{Con}_T \to \neg\mathsf{Pr}_T(\ulcorner\neg\pi\urcorner)$ を得る．$T+\mathsf{Rfn}_T(\Sigma_1) \vdash \mathsf{Con}_T$ は前節ですでにみたので，$T+\mathsf{Rfn}_T(\Sigma_1) \vdash \neg\mathsf{Pr}_T(\ulcorner\neg\pi\urcorner)$ がいえた． □

命題 4.2.6 π を T のゲーデル文とするとき，$T \vdash \pi \leftrightarrow \mathsf{Con}_T$ が成り立つ．

---

[13] 後に示す系 4.2.11 の 2 より T が Σ_1 健全ならば $T \nvdash \mathsf{Con}_T \to \neg\mathsf{Pr}_T(\ulcorner\neg\pi\urcorner)$ である．

証明 補題 4.2.3 と定理 4.2.5 の 1 より $T \vdash \neg \mathsf{Pr}_T(\ulcorner \pi \urcorner) \leftrightarrow \mathsf{Con}_T$ となるが, π の定義より $T \vdash \pi \leftrightarrow \mathsf{Con}_T$ である. □

命題 4.2.6 より, T のゲーデル文はすべて T において Con_T と同値であり, したがって次を得る.

系 4.2.7 T の任意のゲーデル文 π と π' について, $T \vdash \pi \leftrightarrow \pi'$ が成り立つ.

命題 4.2.6 と導出可能性条件により, Con_T もまた T のゲーデル文の一つであることがわかる. また命題 4.2.6 と第一不完全性定理により, 次のゲーデルの第二不完全性定理が得られる.

定理 4.2.8(第二不完全性定理 (Gödel [19])) 次が成り立つ:

1. T が無矛盾ならば $T \nvdash \mathsf{Con}_T$.
2. T が Σ_1 健全ならば $T \nvdash \neg \mathsf{Con}_T$.

$T = \mathsf{PA} + \neg\mathsf{Con}_{\mathsf{PA}}$ とすれば第二不完全性定理より T は無矛盾であるが, $T \vdash \neg\mathsf{Con}_{\mathsf{PA}}$ なので T は Σ_1 健全ではない. さらに次が成り立つ.

命題 4.2.9 $T = \mathsf{PA} + \neg\mathsf{Con}_{\mathsf{PA}}$ とすれば, $T \vdash \neg\mathsf{Con}_T$ が成り立つ.

証明 $T \vdash \neg\mathsf{Con}_{\mathsf{PA}}$ なので, 補題 4.2.3 の φ として $\mathsf{Con}_{\mathsf{PA}}$ をとれば $T \vdash \mathsf{Pr}_{\mathsf{PA}}(\ulcorner \mathsf{Con}_{\mathsf{PA}} \urcorner)$ となる. $\mathsf{PA} \vdash \mathsf{Con}_{\mathsf{PA}} \leftrightarrow (\neg\mathsf{Con}_{\mathsf{PA}} \to \bot)$ なので導出可能性条件より $T \vdash \mathsf{Pr}_{\mathsf{PA}}(\ulcorner \neg\mathsf{Con}_{\mathsf{PA}} \to \bot \urcorner)$ がわかり, 形式化された演繹定理より $T \vdash \mathsf{Pr}_{\mathsf{PA}+\neg\mathsf{Con}_{\mathsf{PA}}}(\ulcorner \bot \urcorner)$, つまり $T \vdash \neg\mathsf{Con}_T$ が成り立つ. □

自分自身の T における証明不可能性を主張している文, つまり T のゲーデル文は T が Σ_1 健全ならば T からは証明も反証もできないことがわかった. そこで 1952 年, ヘンキンは, 自分自身の T における証明可能性を主張する文が T において証明可能であるか, という問題を提起した [30]. つまり $T \vdash \varphi \leftrightarrow \mathsf{Pr}_T(\ulcorner \varphi \urcorner)$ を満たす Σ_1 文 φ は T において証明可能なのだろうか. この問題に答える形で, レーブは 1955 年に次の定理を証明した [26]. この定理によって, ヘンキンの Σ_1 文はすべて T において証明可能であることがわかる.

定理 4.2.10（レーブの定理） 任意の文 φ について，以下は同値である：

1. $T \vdash \varphi$.
2. $T \vdash \mathsf{Pr}_T(\ulcorner\varphi\urcorner) \to \varphi$.

証明 $(1 \Rightarrow 2)$ は明らかなので $(2 \Rightarrow 1)$ を示す．$T \vdash \mathsf{Pr}_T(\ulcorner\varphi\urcorner) \to \varphi$ とすると，$T + \neg\varphi \vdash \neg\mathsf{Pr}_T(\ulcorner\varphi\urcorner)$ であるから，導出可能性条件により $T + \neg\varphi \vdash \neg\mathsf{Pr}_T(\ulcorner\neg\varphi \to \bot\urcorner)$ がいえる．形式化された演繹定理より $T + \neg\varphi \vdash \neg\mathsf{Pr}_{T+\neg\varphi}(\ulcorner\bot\urcorner)$ となる．つまり $T + \neg\varphi \vdash \mathsf{Con}_{T+\neg\varphi}$ であるから第二不完全性定理より理論 $T + \neg\varphi$ は矛盾する．したがって $T \vdash \varphi$ がいえた． □

特に $T \vdash \varphi \leftrightarrow \mathsf{Pr}_T(\ulcorner\varphi\urcorner)$ となるヘンキンの文 φ について，$T \vdash \mathsf{Pr}_T(\ulcorner\varphi\urcorner) \to \varphi$ なので，レーブの定理より $T \vdash \varphi$ となる．

レーブの定理により次が得られる．

系 4.2.11 T を Σ_1 健全とし，π を T のゲーデル文とすると，以下が成り立つ：

1. $T \nvdash \mathsf{Con}_T \to \neg\mathsf{Pr}_T(\ulcorner\neg\mathsf{Con}_T\urcorner)$.
2. $T \nvdash \mathsf{Con}_T \to \neg\mathsf{Pr}_T(\ulcorner\neg\pi\urcorner)$.

証明 1. 対偶を示す．$T \vdash \mathsf{Con}_T \to \neg\mathsf{Pr}_T(\ulcorner\neg\mathsf{Con}_T\urcorner)$ と仮定すると，対偶をとれば $T \vdash \mathsf{Pr}_T(\ulcorner\neg\mathsf{Con}_T\urcorner) \to \neg\mathsf{Con}_T$ であり，レーブの定理より $T \vdash \neg\mathsf{Con}_T$ がいえる．よって定理 4.2.8 より T は Σ_1 健全でない．

2. 命題 4.2.6 より $T \vdash \neg\mathsf{Con}_T \leftrightarrow \neg\pi$ であるから，導出可能性条件を用いれば $T \vdash \mathsf{Pr}_T(\ulcorner\neg\mathsf{Con}_T\urcorner) \leftrightarrow \mathsf{Pr}_T(\ulcorner\neg\pi\urcorner)$ がいえる．1 とこの式から $T \nvdash \mathsf{Con}_T \to \neg\mathsf{Pr}_T(\ulcorner\neg\pi\urcorner)$ がいえた． □

先ほどのレーブの定理の証明には第二不完全性定理を用いたが，レーブの行ったもともとの証明は，不動点補題を用いた次の証明であった[14]．

---

[14] ゲーデルの不完全性定理の証明が嘘つきの逆理に対応するならば，この証明は"この文が真なら，宝くじに当選する"という文を考えることで，実際に宝くじに当選することを結論づけられるという，カリーの逆理に対応するものである．

レーブの定理の別証明　$T \vdash \mathsf{Pr}_T(\ulcorner \varphi \urcorner) \to \varphi$ であると仮定する．不動点補題より，

$$\mathsf{PA} \vdash \sigma \leftrightarrow (\mathsf{Pr}_T(\ulcorner \sigma \urcorner) \to \varphi)$$

を満たす文 σ がとれる．σ のとり方より $T \vdash \sigma \to (\mathsf{Pr}_T(\ulcorner \sigma \urcorner) \to \varphi)$ であり，導出可能性条件より $\mathsf{PA} \vdash \mathsf{Pr}_T(\ulcorner \sigma \urcorner) \to \mathsf{Pr}_T(\ulcorner \mathsf{Pr}_T(\ulcorner \sigma \urcorner) \to \varphi \urcorner)$，$\mathsf{PA} \vdash \mathsf{Pr}_T(\ulcorner \sigma \urcorner) \to (\mathsf{Pr}_T(\ulcorner \mathsf{Pr}_T(\ulcorner \sigma \urcorner) \urcorner) \to \mathsf{Pr}_T(\ulcorner \varphi \urcorner))$，そして $\mathsf{PA} \vdash \mathsf{Pr}_T(\ulcorner \sigma \urcorner) \to \mathsf{Pr}_T(\ulcorner \varphi \urcorner)$ となる．したがって仮定より $T \vdash \mathsf{Pr}_T(\ulcorner \sigma \urcorner) \to \varphi$ がいえる．つまり σ のとり方より $T \vdash \sigma$ となる．導出可能性条件より $T \vdash \mathsf{Pr}_T(\ulcorner \sigma \urcorner)$ なので $T \vdash \varphi$ がいえた． □

レーブの定理から次のように第二不完全性定理を導くことができる．この意味で，レーブの定理は第二不完全性定理と同等であると言われることがある．

レーブの定理を用いた第二不完全性定理の証明　対偶を示す．$T \vdash \mathsf{Con}_T$ と仮定すると，$T \vdash \mathsf{Pr}_T(\ulcorner \bot \urcorner) \to \bot$ なのでレーブの定理より $T \vdash \bot$ となる．よって T は矛盾する． □

最後に，レーブの定理は形式化することができる．

定理 4.2.12（形式化されたレーブの定理）　$\mathsf{PA} \vdash \mathsf{Pr}_T(\ulcorner \mathsf{Pr}_T(\ulcorner \varphi \urcorner) \to \varphi \urcorner) \to \mathsf{Pr}_T(\ulcorner \varphi \urcorner)$ が成り立つ．

証明　レーブの定理の別証明の文 σ をとり，証明中の $\mathsf{PA} \vdash \mathsf{Pr}_T(\ulcorner \sigma \urcorner) \to \mathsf{Pr}_T(\ulcorner \varphi \urcorner)$ から議論を続ける．ここから $\mathsf{PA} \vdash (\mathsf{Pr}_T(\ulcorner \varphi \urcorner) \to \varphi) \to (\mathsf{Pr}_T(\ulcorner \sigma \urcorner) \to \varphi)$ が得られるが，σ のとり方より $T \vdash (\mathsf{Pr}_T(\ulcorner \varphi \urcorner) \to \varphi) \to \sigma$ がいえる．導出可能性条件より $\mathsf{PA} \vdash \mathsf{Pr}_T(\ulcorner \mathsf{Pr}_T(\ulcorner \varphi \urcorner) \to \varphi \urcorner) \to \mathsf{Pr}_T(\ulcorner \sigma \urcorner)$ がわかるため，$\mathsf{PA} \vdash \mathsf{Pr}_T(\ulcorner \mathsf{Pr}_T(\ulcorner \varphi \urcorner) \to \varphi \urcorner) \to \mathsf{Pr}_T(\ulcorner \varphi \urcorner)$ がいえた． □

4.3 ゲーデル‐レーブの論理 GL の算術的解釈と不動点定理

証明可能性を一種の様相概念とする場合に相当する様相論理の体系について考えるための準備が整った．いま□を健全な理論Tにおける証明可能性として解釈すれば，式□□φは証明可能性述語$\mathrm{Pr}_T(x)$を用いることで，"$T \vdash \mathrm{Pr}_T(\ulcorner\varphi\urcorner)$"と解釈できるだろう．このとき様相命題論理S4の公理□($\varphi \to \psi$) $\to$ (□$\varphi \to$ □ψ)，□$\varphi \to$ □□φ，□$\varphi \to \varphi$はこの解釈によって妥当な式である．実際ゲーデルは直観主義命題論理と様相命題論理S4の関係を調べる中で，S4の□を証明可能性と考えることについて触れている [20]．一方ゲーデルは$\vdash_{\mathsf{S4}}$ □(□$\bot \to \bot$)であるが，第二不完全性定理により$T \nvdash \mathrm{Pr}_T(\ulcorner\bot\urcorner) \to \bot$であるため，S4がこの解釈に関して最適な論理であるとはいえないとも結論づけた．

それではそもそも理論Tは証明可能性述語$\mathrm{Pr}_T(x)$に関してどのような事実を証明できるのだろうか．つまり，□を実際の証明可能性として解釈するゲーデルによる方法とは異なり，□をすべて証明可能性述語$\mathrm{Pr}_T(x)$として解釈することで，様相論理を通じて証明可能性述語の振る舞いを調べることはできないだろうか．まず導出可能性条件 **D2** により，□($\varphi \to \psi$) $\to$ (□$\varphi \to$ □ψ)に対応する文はTにおいて証明可能である．また形式化されたレーブの定理より□(□$\varphi \to \varphi$) $\to$ □φも証明可能である．一方レーブの定理より□$\varphi \to \varphi$は必ずしも証明可能であるとはいえない．こうした状況を受けて，S4とは異なる，証明可能性の様相命題論理 GL（ゲーデル‐レーブの論理）が得られる[15]．

様相命題論理 GL は様相論理の言語の恒真式と図式□($\varphi \to \psi$) $\to$ (□$\varphi \to$ □ψ)および□(□$\varphi \to \varphi$) $\to$ □φを公理とし，推論規則はモーダス・ポネンスとネセシテーションとして与えられた[16]．特にネセシテーションは導出可能性条件 **D1** に対応する．任意の様相論理式φについて$\vdash_{\mathsf{GL}}$ □$\varphi \to$ □□φとなる（第1部 命題 2.3.8）．また，GL は有限推移木フレームのクラスに関してクリプキ完全であった．

---

[15] GL はさまざまな文献においていろいろな名前が付けられてきた．例えばSolovay [35] では G，Smoryński [34] では PRL (PRovability Logic) などである．最近はほとんどGL が用いられる．

[16] ただしここでいう GL とは第1部における H(GL) に相当するものであり，推論規則に一様代入則をもつ代わりに公理図式によって公理を与えている．

4.3 ゲーデル–レーブの論理 GL の算術的解釈と不動点定理

GL の別の定式化の方法を紹介しておこう．すなわち，GL は K4 に次のレーブ規則，ヘンキン規則およびヘンキン公理をそれぞれ加えることによっても得られることを示す．

定義 4.3.1 レーブ規則 $\dfrac{\Box \varphi \to \varphi}{\varphi}$

K4 にレーブ規則を推論規則として加えた論理を K4LR という．

ヘンキン規則 $\dfrac{\Box \varphi \leftrightarrow \varphi}{\varphi}$

K4 にヘンキン規則を推論規則として加えた論理を K4HR という．

ヘンキン公理図式 $\Box(\Box \varphi \leftrightarrow \varphi) \to \Box \varphi$

K4 にヘンキン図式を新たな公理として加えた論理を K4H という．

実際，これらの論理は GL と同じ強さをもつ．

定理 4.3.2 GL = K4LR = K4HR = K4H である．

証明 (GL $\subseteq$ K4LR): GL における φ の証明の長さに関する帰納法で $\vdash_{GL} \varphi$ ならば $\vdash_{K4LR} \varphi$ 示す．この際 $\vdash_{K4LR} \Box(\Box \varphi \to \varphi) \to \Box \varphi$ をいえば十分である．
ψ を $\Box(\Box \varphi \to \varphi) \to \Box \varphi$ とすると，$\vdash_K \Box \psi \to (\Box\Box(\Box \varphi \to \varphi) \to \Box\Box \varphi)$ である．また $\vdash_{K4} \Box(\Box \varphi \to \varphi) \to \Box\Box(\Box \varphi \to \varphi)$ と $\vdash_K \Box(\Box \varphi \to \varphi) \to (\Box\Box \varphi \to \Box \varphi)$ を合わせると，$\vdash_{K4} (\Box \psi \land \Box(\Box \varphi \to \varphi)) \to \Box \varphi$ を得る．つまり $\vdash_{K4LR} \Box \psi \to \psi$ なのでレーブ規則より $\vdash_{K4LR} \psi$ がいえた．

(K4LR $\subseteq$ K4HR): K4HR においてレーブ規則が成り立つことをいえば十分である．
$\vdash_{K4HR} \Box \varphi \to \varphi$ と仮定する．$\vdash_{K4HR} \Box(\Box \varphi \to \varphi)$ なので $\vdash_{K4HR} \Box\Box \varphi \to \Box \varphi$ を得る．さらに公理 $\Box \varphi \to \Box\Box \varphi$ より $\vdash_{K4HR} \Box\Box \varphi \leftrightarrow \Box \varphi$ である．したがってヘンキン規則より $\vdash_{K4HR} \Box \varphi$ となるので，仮定 $\vdash_{K4HR} \Box \varphi \to \varphi$ より $\vdash_{K4HR} \varphi$ がいえた．

(K4HR $\subseteq$ K4H): K4H においてヘンキン規則が成り立つことをみればよい．$\vdash_{K4H} \Box \varphi \leftrightarrow \varphi$ と仮定すると $\vdash_{K4H} \Box(\Box \varphi \leftrightarrow \varphi)$ なので，公理 $\Box(\Box \varphi \leftrightarrow \varphi) \to \Box \varphi$ より $\vdash_{K4H} \Box \varphi$ である．仮定 $\vdash_{K4H} \Box \varphi \leftrightarrow \varphi$ より，$\vdash_{K4H} \varphi$ となる．

(K4H $\subseteq$ GL): GL は K4 の拡大なので，GL においてヘンキン公理が証明できることを示せばよいが，これは明らか． □

GL は証明可能性述語 $\mathsf{Pr}_T(x)$ の振る舞いを調べるために導入された論理であるが，様相論理と形式的算術を結びつけるためには様相論理式の算術的解釈という概念を導入する必要がある．各命題変数をある算術の文に写すような写像 f を**変換**という．各変換 f を，様相論理式を算術の文に写すような写像 f_T に次のようにして一意に拡張することができる：

1. 命題変数 p について $f_T(p) \equiv f(p)$;
2. $f_T(\bot) \equiv \bot$;
3. $f_T(\varphi \to \psi) \equiv f_T(\varphi) \to f_T(\psi)$;
4. $f_T(\Box\varphi) \equiv \mathsf{Pr}_T(\ulcorner f_T(\varphi) \urcorner)$.

このとき f_T を **T 解釈**と呼ぶ．

各 T 解釈 f_T について，各様相論理式 φ の f_T に基づく真偽を $T \vdash f_T(\varphi)$ かどうかで決めるとする．このようにして与えられる様相論理式の真偽の解釈を一般に**算術的解釈**といい，算術的解釈によって様相論理に一つの意味論が与えられるのである．算術的解釈の方法は例えば $\mathbb{N} \models f_T(\varphi)$ かどうかを考える場合や，T とは異なる理論 U での $f_T(\varphi)$ の証明可能性を考える場合など，様々なバリエーションがあり得る．そうした問題は後の証明可能性論理の分類の問題につながるが，ここではまずは T における $f_T(\varphi)$ の証明可能性について議論する．

まず初めに GL が算術的解釈について健全であることをみる．

命題 4.3.3（算術的健全性）　φ を様相論理式とする．$\vdash_{\mathsf{GL}} \varphi$ ならば，任意の変換 f について $T \vdash f_T(\varphi)$ である．

証明　GL における φ の証明の長さに関する帰納法で示す．

- φ が GL の公理の場合：φ が恒真式の場合は，f_T が論理結合子を保存するため $f_T(\varphi)$ も恒真式である．したがって $T \vdash f_T(\varphi)$ である．φ が公理 $\Box(\psi \to \xi) \to (\Box\psi \to \Box\xi)$ の場合は導出可能性条件 **D2** より，φ が $\Box(\Box\psi \to \psi) \to \Box\psi$ の場合は形式化されたレーブの定理より．

- φ が $\psi \to \varphi$ と ψ からモーダス・ポネンスで導かれたとき，帰納法の仮定より $T \vdash f_T(\psi) \to f_T(\varphi)$ かつ $T \vdash f_T(\psi)$ なので，$T \vdash f_T(\varphi)$ である．

- φ が ψ からネセシテーションで導かれたとき,φ は $\square\psi$ である.帰納法の仮定より $T \vdash f_T(\psi)$ なので導出可能性条件より $T \vdash \mathrm{Pr}_T(\ulcorner f_T(\varphi)\urcorner)$ つまり $T \vdash f_T(\square\psi)$ なので $T \vdash f_T(\varphi)$ である. □

様相命題論理 GL は不完全性定理に関連する多くの性質を保有している.例えばゲーデルの不完全性定理の証明における重要なアイディアの一つである不動点補題について,不完全性定理に関わるその本質的な部分を GL において導出することができる.

前節において,Con_T が T のゲーデル文の一つであることを述べたが,このことは GL において証明できる.すなわち

命題 4.3.4 $\vdash_{\mathsf{GL}} \neg\square\bot \leftrightarrow \neg\square\neg\square\bot$.

証明 両辺の否定をとった $\vdash_{\mathsf{GL}} \square\bot \leftrightarrow \square\neg\square\bot$ を示す.$\vdash_{\mathsf{GL}} \square\bot \to \square\neg\square\bot$ は $\vdash_{\mathsf{K}} \bot \to \neg\square\bot$ より明らか.

$\vdash_{\mathsf{K}} \neg\square\bot \to \neg\square\bot$ より $\vdash_{\mathsf{K}} \neg\square\bot \to (\square\bot \to \bot)$ なので $\vdash_{\mathsf{K}} \square\neg\square\bot \to \square(\square\bot \to \bot)$ となり,$\vdash_{\mathsf{GL}} \square\neg\square\bot \to \square\bot$ がいえる. □

様相論理式 φ に含まれる命題変数 p をすべて様相論理式 ψ で置き換えて得られる様相論理式を $\varphi_p(\psi)$ で表すとすると,命題 4.3.4 は

$$\vdash_{\mathsf{GL}} \neg\square\bot \leftrightarrow (\neg\square p)_p(\neg\square\bot)$$

と書くことができ,つまり $\neg\square\bot$ が $\neg\square p$ の不動点であることを述べている.

一方,$\neg p$ は不動点をもち得ない.なぜなら,$\vdash_{\mathsf{GL}} \varphi \leftrightarrow (\neg p)_p(\varphi)$ は $\vdash_{\mathsf{GL}} \varphi \leftrightarrow \neg\varphi$ を意味するからである.したがってすべての様相論理式が不動点をもつわけではない.

振り返ってみれば,例えばゲーデル文は $T \vdash \pi \leftrightarrow \neg\mathrm{Pr}_T(\ulcorner\pi\urcorner)$ を満たす π として定められた.$\mathrm{Pr}_T(\ulcorner\pi\urcorner)$ の中において π はあくまでゲーデル数として現れているだけである.この状況から,次の定義が得られる.

定義 4.3.5 命題変数 p が様相論理式 φ において**箱入り**であるとは,φ に含まれる p がすべて $\square$ の中に入っていることをいう.

例えば命題変数 p は $\Box(\Box p \to p)$ において箱入りであるが，$\Box p \to p$ において右の p が $\Box$ の中に入っていないため箱入りでない．GL における不動点定理は，p が φ において箱入りであるようなすべての φ に対して，φ の p に関する不動点がとれることを主張する．様相論理式 φ に現れる命題変数全体の集合を $\mathrm{At}(\varphi)$ と書くとする．

定理 4.3.6（de Jongh, Sambin [29]） φ を様相論理式，p を命題変数とする．p が φ において箱入りであるならば，$\mathrm{At}(\psi) \subseteq (\mathrm{At}(\varphi) \setminus \{p\})$ である様相論理式 ψ が存在して，

$$\vdash_{\mathsf{GL}} \psi \leftrightarrow \varphi_p(\psi)$$

が成り立つ．

ゲーデル文に関する例について考えると，T のゲーデル文はすべて T において互いに同値であった．そして GL においても不動点の一意性を示すことができる．$\varphi \wedge \Box \varphi$ を $\boxdot \varphi$ と表すことにする．

定理 4.3.7（Bernardi [11], Sambin, de Jongh） φ を様相論理式，p, q を命題変数とする．p が φ において箱入りでありかつ $q \notin \mathrm{At}(\varphi)$ ならば，

$$\vdash_{\mathsf{GL}} \bigl(\boxdot(p \leftrightarrow \varphi) \wedge \boxdot(q \leftrightarrow \varphi_p(q))\bigr) \to (p \leftrightarrow q)$$

が成り立つ．

そして，これらの主張を含んだ次の定理が GL における不動点定理の最も強い形である．

定理 4.3.8（不動点定理） φ を様相論理式，p を命題変数とする．p が φ において箱入りならば，$\mathrm{At}(\psi) \subseteq (\mathrm{At}(\varphi) \setminus \{p\})$ である様相論理式 ψ が存在して，

$$\vdash_{\mathsf{GL}} \boxdot(p \leftrightarrow \varphi) \leftrightarrow \boxdot(p \leftrightarrow \psi)$$

が成り立つ．さらに，与えられた様相論理式 φ に対してその不動点は実効的にとることができる．

4.3 ゲーデル – レーブの論理 GL の算術的解釈と不動点定理

例えば不動点定理により得られる $\Box p \to q$ の不動点は $\Box q \to q$ であり，$\Box(r \to \Box(p \land q))$ の不動点は $\Box(r \to \Box q)$ である．

定理 4.3.8 から定理 4.3.6 と定理 4.3.7 が次のように容易に導かれる．

定理 4.3.6 の導出 $\vdash_{\mathsf{GL}} \Box(p \leftrightarrow \varphi) \leftrightarrow \Box(p \leftrightarrow \psi)$ とする．$p \notin \mathsf{At}(\psi)$ なので，p に ψ を代入すれば $\vdash_{\mathsf{GL}} \Box(\psi \leftrightarrow \varphi_p(\psi)) \leftrightarrow \Box(\psi \leftrightarrow \psi)$ を得る．$\vdash_{\mathsf{GL}} \Box(\psi \leftrightarrow \psi)$ なので $\vdash_{\mathsf{GL}} \Box(\psi \leftrightarrow \varphi_p(\psi))$，つまり $\vdash_{\mathsf{GL}} \psi \leftrightarrow \varphi_p(\psi)$ を得る．

定理 4.3.7 の導出 $\vdash_{\mathsf{GL}} \Box(p \leftrightarrow \varphi) \leftrightarrow \Box(p \leftrightarrow \psi)$ とする．$p \notin \mathsf{At}(\psi)$ なので，p に q を代入すれば $\vdash_{\mathsf{GL}} \Box(q \leftrightarrow \varphi_p(q)) \to \Box(q \leftrightarrow \psi)$ となる．したがって $\vdash_{\mathsf{GL}} \big(\Box(p \leftrightarrow \varphi) \land \Box(q \leftrightarrow \varphi_p(q))\big) \to (p \leftrightarrow \psi) \land (q \leftrightarrow \psi)$ が得られるため $\vdash_{\mathsf{GL}} \big(\Box(p \leftrightarrow \varphi) \land \Box(q \leftrightarrow \varphi_p(q))\big) \to (p \leftrightarrow q)$ となる．

第5章

ソロヴェイの算術的完全性定理

5.1 算術的完全性定理

本章でも T を PA の再帰的可算拡大理論とする.前章において,様相論理式を算術の文に写す写像 f_T を定め,GL の算術的健全性を示した.つまり,$\vdash_{\mathsf{GL}} \varphi$ ならば任意の変換 f について $T \vdash f_T(\varphi)$ である.ここで,任意の変換 f について $T \vdash f_T(\varphi)$ となるような様相論理式 φ に注目する.

定義 5.1.1 理論 T について,様相論理式の集合 $\{\varphi \ : \ $任意の変換 f について $T \vdash f_T(\varphi)\}$ を T の **証明可能性論理** という.

T の証明可能性論理とは,T において立証可能な,T の証明可能性述語 $\mathsf{Pr}_T(x)$ に関する性質の集合である.GL の算術的健全性により,GL は T の証明可能性論理に含まれる.また T の証明可能性論理は GL の推論規則で閉じている,つまり GL を含む正規様相論理である.では GL が T の証明可能性論理と一致するのか,つまり GL が証明可能性述語 $\mathsf{Pr}_T(x)$ の性質を捉えきることができているのか,という問題が自然と提起される.つまり,GL は T の証明可能性論理と一致するのだろうか.

次のように,古典命題論理 PC の算術的完全性は容易に示すことができる[17].ただし命題論理の論理式には □ が含まれないので,T 解釈 f_T の T は役割をもたないことには注意が必要である.

---

[17]直観主義命題論理についても同様の算術的完全性定理が成り立つことが de Jongh によって証明されている(de Jongh [16] および Smoryński [32] を参照).

5.1 算術的完全性定理

命題 5.1.2 T は無矛盾とする. φ を命題論理の論理式とすると, 以下は同値である:

1. $\vdash_{\mathsf{PC}} \varphi$.
2. 任意の変換 f について, $T \vdash f_T(\varphi)$.

証明 PC の完全性定理より $\vdash_{\mathsf{PC}} \varphi$ であることと φ が恒真式であることは同値である. φ が恒真式ならば $f_T(\varphi)$ もそうなので, $(1 \Rightarrow 2)$ は明らか.

$(2 \Rightarrow 1)$: 対偶を示す. φ を恒真式でないとすると, φ を偽とする真理値の割り当て v が存在する. いま $f(p)$ を $v(p) = $ 真のとき $\neg \bot$, $v(p) = $ 偽のとき $\bot$ と定めれば $T \vdash \neg f_T(\varphi)$ となるため, T の無矛盾性より $T \nvdash f_T(\varphi)$ である. □

命題 5.1.2 の証明 $(2 \Rightarrow 1)$ において, φ を偽とする真理値割り当てを用いて $T \nvdash f_T(\varphi)$ となる変換 f を容易に定めることができた. 一方 $\nvdash_{\mathsf{GL}} \varphi$ とすれば有限推移木フレームをもつクリプキモデルで, その根において φ が真でないようなものがとれるが, そのクリプキモデルを用いて, 変換 f で, $f_T(\Box\psi) \equiv \mathsf{Pr}_T(\ulcorner f_T(\psi) \urcorner)$ としたときに $T \nvdash f_T(\varphi)$ となるようなものをどのように定めるのかは明らかではない.

1976 年, ソロヴェイは有限推移木クリプキモデルを算術に埋め込むことで変換 f を定め, GL の算術的完全性定理を証明した [35].

定理 5.1.3(GL の算術的完全性定理 (Solovay [35])) T を Σ_1 健全とする. 任意の様相論理式 φ について, 以下は同値である:

1. $\vdash_{\mathsf{GL}} \varphi$.
2. 任意の変換 f について $T \vdash f_T(\varphi)$.

したがって GL は Σ_1 健全な理論 T の証明可能性論理と一致する. つまり GL は, 証明可能性述語に関して T が証明できる性質をすべて捉えきることができている. Σ_1 健全でない理論の証明可能性論理については 5.3 節において議論する.

理論 $\mathsf{PA} + \mathsf{Con}_{\mathsf{PA}}$, $\mathsf{PA} + \mathsf{Con}_{\mathsf{PA}+\mathsf{Con}_{\mathsf{PA}}}$, $\mathsf{PA} + \mathsf{Rfn}_{\mathsf{PA}}(\Sigma_n)$, さらには ZFC などはどれも Σ_1 健全な PA の再帰的可算拡大理論なので, その証明可能性論理は

必ず GL であり，したがって理論固有の性質が証明可能性論理に含まれるというわけではない．つまりソロヴェイの定理により，ある意味で証明可能性論理の記述力の弱さがわかったともいえる．

ここで，算術的完全性定理の応用について述べておく．例えば，PA $\nvdash (\varphi \wedge \mathrm{Pr_{PA}}(\ulcorner \varphi \vee \psi \urcorner)) \to (\mathrm{Pr_{PA}}(\ulcorner \varphi \urcorner) \vee \mathrm{Pr_{PA}}(\ulcorner \psi \urcorner))$ を満たす文 φ と ψ の存在を示したいとする．この場合，有限推移木フレームをもつクリプキモデル $M = (W, R, V)$ で，根 r において $r \nvDash (p \wedge \Box(p \vee q)) \to (\Box p \vee \Box q)$ となるものをみつければよい（読者に委ねる）．なぜなら，そのような M があれば，クリプキ健全性より $\nvdash_{\mathsf{GL}} (p \wedge \Box(p \vee q)) \to (\Box p \vee \Box q)$ であり，算術的完全性定理より PA $\nvdash f_{\mathsf{PA}}((p \wedge \Box(p \vee q)) \to (\Box p \vee \Box q))$ となる変換 f がとれ，$f_{\mathsf{PA}}(p)$ と $f_{\mathsf{PA}}(q)$ が求める文である．

ソロヴェイの算術的完全性定理の証明に用いられた手法（**ソロヴェイの構成法**）はソロヴェイの定理の証明以降の証明可能性論理の研究には欠かせないものとなり，その手法を用いて多くの結果が得られることとなった．そういった意味で，ソロヴェイの算術的完全性定理はこの分野における一つの礎であるといえる．

次節においてソロヴェイの構成法を詳しく述べ，算術的完全性定理の証明を与えるが，その構成法を説明する前に次の例え話について考えてみるとイメージがつきやすくなるだろう[18]．

地球のどこかに定住国を求める難民 x がいる．地球の国の数はもちろん有限個であり，各国にはその国から渡航できる国が決まっているとする．さて，x は母国からスタートして次のような条件で各国を移住していくならば，どのような状況に陥るであろうか．

1. すでに訪れた国へは二度と戻れない（非反射性）．

2. A 国から渡航可能な国から渡航可能な国へは，A 国からでも渡航可能である（推移性）．

3. 現在いる国から渡航可能な国へは，「その国に定住しないこと」を証明した場合に必ず移動する．

---

[18]ここで紹介する例え話は Artemov and Beklemishev [6] にあるものを改変したものである．

5.1 算術的完全性定理

こうした状況から次のことがわかる.

1. 非反射性と地球の国の有限性により，x の定住国は地球のどこかにちょうど一国ある.

2. 定住国が母国でない A 国ならば，「A 国に定住しないこと」を証明したはずである.

3. 定住国が A 国で，B 国が A 国から渡航可能ならば「B 国に定住しないこと」は証明できない.

4. x が A 国にいずれ渡るが定住国が A 国でないなら，推移性により A 国から渡航可能などこかの国が定住国である.

定住国となる場合に幸せになれる国となれない国が決まっているとし，x は自分が幸せになれることを何とか証明したいとする．母国でない A 国が定住国である場合を考える．

(a) A 国から渡航可能な国がすべて幸せになれる国だとする．A 国は母国ではないので，2より「A 国に定住しないこと」を証明したはずであり，4を考えれば「A 国から渡航可能などこかの国が定住国である」ことが証明できる．そのような国はすべて幸せになれる国なので，「幸せになれること」が証明できる．

(b) 一方，A 国から渡航可能な国に定住国となる場合には幸せになれない国 B があったとする．x が「幸せになれること」を証明できたとすると，「B 国に定住しないこと」が証明できる．これは3に反するので，この場合「幸せになれること」は決して証明できない．

そして最後に，x が国を移動した際に自分の証明した通りにその国に定住しないようにするとすれば，一度国を移動すれば必ず次の移動をしなくてはならない．しかし国の数は有限であるため，結局 x は一度も移動することができない．したがってこの場合 x の定住国は結局は母国である．

ソロヴェイの構成法とは，この例での'地球'が'クリプキモデル'に対応し，各国に関する'渡航可能性'がクリプキフレームの'到達可能性'に対応

するような状況を考えることで有限推移木フレームをもつクリプキモデルをある意味で算術の中に埋め込む方法である．国 A が x の幸せになれる国であることを $A \models H$ と表すと，A 国から渡航可能な国すべてが x の幸せになれる国であることは，渡航可能性に基づいて □ の解釈を通常通り与えれば $A \models \Box H$ と表してもよいだろう．x の定住国が A 国であることを β_A と表すなら，上の (a) で示したことは，"β_A かつ $A \models \Box H$ ならば $\mathrm{Pr}(H)$" であり，(b) で示したことは，"β_A かつ $A \models \neg\Box H$ ならば $\neg\mathrm{Pr}(H)$" である．渡航可能性に基づく □ から，うまく証明可能性 $\mathrm{Pr}(H)$ が対応づけられている．

5.2　ソロヴェイの定理の証明

本節では有限推移木クリプキモデルを算術に埋め込むソロヴェイの構成法について述べ，GL の算術的完全性定理の証明を行う．さらに，$\mathbb{N}$ における T の証明可能性について議論した場合に対応する論理 S の算術的完全性についても証明を与える．

さて，$M = (W, R, V)$ を有限推移木フレームをもつクリプキモデルとする．このとき，ある $n \in \omega$ について $W = \{0, 1, \ldots, n\}$ であり，0 は M の根であると仮定してよい．

不動点補題を用いて，原始再帰的関数 $h(x)$ と Σ_2 論理式 $\beta(x)$ で次を満たすものを構成できる[19]：

$$h(0) = 0$$

$$h(k+1) = \begin{cases} m & m \in W \text{ かつ } h(k)Rm \text{ かつ} \\ & k \text{ が } T \text{ における } \neg\beta(\bar{m}) \text{ の証明のゲーデル数のとき；} \\ h(k) & \text{それ以外のとき．} \end{cases}$$

$$\beta(x) \equiv \exists z \forall y > z (h(y) = x).$$

つまり，$\beta(x)$ は "x は h の極限値である" を意味する論理式であり，M の**ソロヴェイ論理式**と呼ばれる．

関数 $h(x)$ は値 $h(0) = 0$ からスタートし，$h(1), h(2), h(3), \ldots$ と各値を順

---

[19] もちろん正確にこれらを構成するためにはより厳密な議論が必要である．詳しくは Boolos [13] を参照．

番に決めていく．このとき自然数を $0, 1, 2, \ldots$ と調べて，$h(0)Rm$ となる $m \in W$ について文 $\neg\beta(\bar{m})$ の証明のゲーデル数が現れるまで h の値は変わらず，そのような証明のゲーデル数 n が現れれば $h(k+1) = m$ とする．つまり $h(0)$ から到達可能な m について，「h の値が m に留まり続けないこと」の証明が得られた場合に h の値を変化させるのである．この状況はまさに先ほどの"現在いる国から渡航可能な国へは，「その国に定住しないこと」を証明した場合に移動する"という条件に対応している．そして $h(k+2)$ 以降の値を同じように m から到達可能な値と証明のコードを調べ，決めていくのである．そうすれば先ほどの例のように次の補題が成り立つ．補題のそれぞれの項目が先ほどの例のどのような内容に対応するのかを考えてみて欲しい．

補題 5.2.1 $i, j \leq n$ とする．

1. $i \neq j$ ならば $\mathsf{PA} \vdash \beta(\bar{i}) \to \neg\beta(\bar{j})$．
2. $\mathsf{PA} \vdash \beta(\bar{0}) \vee \beta(\bar{1}) \vee \cdots \vee \beta(\bar{n})$．
3. iRj ならば $\mathsf{PA} \vdash \beta(\bar{i}) \to \neg\mathsf{Pr}_T(\ulcorner\neg\beta(\bar{j})\urcorner)$．
4. $i \geq 1$ ならば $\mathsf{PA} \vdash \beta(\bar{i}) \to \mathsf{Pr}_T(\ulcorner\neg\beta(\bar{i})\urcorner)$．
5. $i \geq 1$ ならば $\mathsf{PA} \vdash \beta(\bar{i}) \to \mathsf{Pr}_T(\ulcorner\bigvee_{iRj}\beta(\bar{j})\urcorner)$．

証明 1. h は原始再帰的なので，表現可能性定理より PA において可証再帰的，つまり $\mathsf{PA} \vdash \forall x \forall y \forall z (h(x) = y \wedge h(x) = z \to y = z)$ となるため，$\mathsf{PA} \vdash \beta(\bar{i}) \wedge \beta(\bar{j}) \to \bar{i} = \bar{j}$ がいえる．

2. $i \in W$ の高さに関する帰納法で，任意の $i \leq n$ について $\mathsf{PA} \vdash (\exists x h(x) = \bar{i}) \to \beta(\bar{i}) \vee \bigvee_{iRj}\beta(\bar{j})$ を示す．$i \in W$ を任意にとり iRj となるすべての j について

$$\mathsf{PA} \vdash (\exists x h(x) = \bar{j}) \to \beta(\bar{j}) \vee \bigvee_{jRk}\beta(\bar{k})$$

を仮定する．h の定義より $\mathsf{PA} \vdash (\exists x h(x) = \bar{i}) \to \beta(\bar{i}) \vee \bigvee_{iRj} \exists x h(x) = \bar{j}$ であり，R は推移的なので

$$\mathsf{PA} \vdash (\exists x h(x) = \bar{i}) \to \beta(\bar{i}) \vee \bigvee_{iRj}\beta(\bar{j})$$

となることがいえた.

　　したがって，これは W のすべての元に対して成り立つので，特に $i = 0$ についてもいえる．$\mathsf{PA} \vdash h(0) = 0$, つまり $\mathsf{PA} \vdash \exists x h(x) = 0$ なので，$\mathsf{PA} \vdash \beta(\bar{0}) \vee \beta(\bar{1}) \vee \cdots \vee \beta(\bar{n})$ がいえた．

3. $i, j \in W$ について iRj とする．

　　PA において議論する：i が h の極限であり，かつ $T \vdash \neg\beta(\bar{j})$ であると仮定する．すべての $k > m$ について $h(k) = i$ となる数 m をとる．このとき $\{p > m : iRl$ となるある l について p は T における $\neg\beta(\bar{l})$ の証明のゲーデル数 $\}$ は空ではないので，その最小値を q とする．$q + 1 > m$ なので $h(q+1) = i$ である．

　　一方，q は iRl となるある l について $\neg\beta(\bar{l})$ の T における証明のゲーデル数なので，h の定義より $h(q+1) = l$ である．$i \neq l$ なので矛盾である．

4. $i \geq 1$ とする．h の定義より，$\mathsf{PA} \vdash \exists x h(x) = \bar{i} \to \mathsf{Pr}_T(\ulcorner \neg\beta(\bar{i}) \urcorner)$ である．$\mathsf{PA} \vdash \beta(\bar{i}) \to \exists x h(x) = \bar{i}$ なので，$\mathsf{PA} \vdash \beta(\bar{i}) \to \mathsf{Pr}_T(\ulcorner \neg\beta(\bar{i}) \urcorner)$ である．

5. $i \geq 1$ とすると 4 より，$\mathsf{PA} \vdash \beta(\bar{i}) \to \mathsf{Pr}_T(\ulcorner \neg\beta(\bar{i}) \urcorner)$ である．また $\mathsf{PA} \vdash \beta(\bar{i}) \to \exists x h(x) = \bar{i}$ である．形式化された Σ_1 完全性より，$\mathsf{PA} \vdash \exists x h(x) = \bar{i} \to \mathsf{Pr}_T(\ulcorner \exists x h(x) = \bar{i} \urcorner)$ である．これらを合わせれば，

$$\mathsf{PA} \vdash \beta(\bar{i}) \to \mathsf{Pr}_T(\ulcorner \exists x h(x) = \bar{i} \wedge \neg\beta(\bar{i}) \urcorner)$$

を得る．2 の証明から，$\mathsf{PA} \vdash \exists x h(x) = \bar{i} \wedge \neg\beta(\bar{i}) \to \bigvee_{iRj} \beta(\bar{j})$ である．したがって導出可能性条件より $\mathsf{PA} \vdash \mathsf{Pr}_T(\ulcorner \exists x h(x) = \bar{i} \wedge \neg\beta(\bar{i}) \urcorner) \to \mathsf{Pr}_T(\ulcorner \bigvee_{iRj} \beta(\bar{j}) \urcorner)$ を得る．以上より $\mathsf{PA} \vdash \beta(\bar{i}) \to \mathsf{Pr}_T(\ulcorner \bigvee_{iRj} \beta(\bar{j}) \urcorner)$ である． □

さて，補題 5.2.1 を用いて有限推移木クリプキモデル M を算術に埋め込もう．f を次で定められる変換とする：

$$f(p) \equiv \bigvee_{\substack{i \in W \\ M, i \models p}} \beta(\bar{i}).$$

5.2 ソロヴェイの定理の証明

補題 5.2.2 φ を様相論理式とし, $i \in W$ を $i \geq 1$ であるとする.

1. $M, i \models \varphi$ ならば, $\mathsf{PA} \vdash \beta(\bar{i}) \to f_T(\varphi)$.
2. $M, i \not\models \varphi$ ならば, $\mathsf{PA} \vdash \beta(\bar{i}) \to \neg f_T(\varphi)$.

証明 項目 1 と 2 を φ の構造に関する帰納法で同時に示す.

- 命題変数 p について $\varphi \equiv p$ のとき：

  1. $M, i \models p$ ならば, $\beta(\bar{i})$ は $f(p)$ を構成する一つなので, $\mathsf{PA} \vdash \beta(\bar{i}) \to f(p)$ である.

  2. $M, i \not\models p$ ならば, $\beta(\bar{i})$ は $f(p)$ に含まれていない. $f(p)$ に含まれる各 $\beta(\bar{j})$ について, $j \neq i$ なので補題 5.2.1 の 1 より $\mathsf{PA} \vdash \beta(\bar{i}) \to \neg \beta(\bar{j})$ である. したがって $\mathsf{PA} \vdash \beta(\bar{i}) \to \neg f(p)$ である.

- $\varphi \equiv \bot$ のとき：$M, i \not\models \bot$ かつ $\mathsf{PA} \vdash \neg f_T(\bot)$ である.
- $\to$ に対する場合は帰納法の仮定より明らか.
- $\varphi \equiv \Box \psi$ で, 様相論理式 ψ について項目 1 と 2 が成り立つとする：

  1. $M, i \models \Box \psi$ ならば iRj となる任意の $j \leq n$ について $M, j \models \psi$ である. 帰納法の仮定よりそのような j について $\mathsf{PA} \vdash \beta(\bar{j}) \to f_T(\psi)$ であるから, $\mathsf{PA} \vdash \bigvee_{iRj} \beta(\bar{j}) \to f_T(\psi)$ が成り立つ. 導出可能性条件より $\mathsf{PA} \vdash \mathrm{Pr}_T(\ulcorner \bigvee_{iRj} \beta(\bar{j}) \urcorner) \to \mathrm{Pr}_T(\ulcorner f_T(\psi) \urcorner)$ である. 補題 5.2.1 の 5 より, $\mathsf{PA} \vdash \beta(\bar{i}) \to \mathrm{Pr}_T(\ulcorner \bigvee_{iRj} \beta(\bar{j}) \urcorner)$ であるから, $\mathsf{PA} \vdash \beta(\bar{i}) \to \mathrm{Pr}_T(\ulcorner f_T(\psi) \urcorner)$ となる. したがって $\mathsf{PA} \vdash \beta(\bar{i}) \to f_T(\varphi)$ を得る.

  2. $M, i \not\models \Box \psi$ ならば iRj となるある j について $M, j \not\models \psi$ である. 帰納法の仮定より $\mathsf{PA} \vdash \beta(\bar{j}) \to \neg f_T(\psi)$ である. 導出可能性条件より $\mathsf{PA} \vdash \neg \mathrm{Pr}_T(\ulcorner \neg \beta(\bar{j}) \urcorner) \to \neg \mathrm{Pr}_T(\ulcorner f_T(\psi) \urcorner)$ である. iRj だから補題 5.2.1 の 3 より $\mathsf{PA} \vdash \beta(\bar{i}) \to \neg \mathrm{Pr}_T(\ulcorner \neg \beta(\bar{j}) \urcorner)$ なので, $\mathsf{PA} \vdash \beta(\bar{i}) \to \neg \mathrm{Pr}_T(\ulcorner f_T(\psi) \urcorner)$ である. 以上より $\mathsf{PA} \vdash \beta(\bar{i}) \to \neg f_T(\varphi)$ となる. □

また, T が Σ_1 健全な理論である場合に, ソロヴェイ論理式 $\beta(x)$ の各インスタンスについて次のことがわかる.

補題 5.2.3 T を Σ_1 健全, $i \leq n$ とする.

1. $i \geq 1$ ならば $\mathbb{N} \models \neg\beta(\bar{i})$.
2. $\mathbb{N} \models \beta(0)$.
3. $T \nvdash \neg\beta(\bar{i})$.

証明 1. $i \geq 1$ について $\mathbb{N} \models \beta(\bar{i})$ と仮定する．補題 5.2.1 の 4 より PA $\vdash$ $\beta(\bar{i}) \to \Pr_T(\ulcorner\neg\beta(\bar{i})\urcorner)$ であるから，PA の健全性より $\mathbb{N} \models \beta(\bar{i}) \to \Pr_T(\ulcorner\neg\beta(\bar{i})\urcorner)$ である．仮定と合わせると $\mathbb{N} \models \Pr_T(\ulcorner\neg\beta(\bar{i})\urcorner)$ なので $T \vdash \neg\beta(\bar{i})$ となる．T は Σ_1 健全，つまり Π_2 健全であり，$\neg\beta(x)$ は Π_2 論理式なので $\mathbb{N} \models \neg\beta(\bar{i})$ であるがこれは矛盾である．以上より $i \geq 1$ ならば $\mathbb{N} \models \neg\beta(\bar{i})$ である．

2. 補題 5.2.1 の 2 より PA $\vdash \beta(\bar{0}) \lor \beta(\bar{1}) \lor \cdots \lor \beta(\bar{n})$ であるからこの文は $\mathbb{N}$ において真である．1 より $\mathbb{N} \models \neg\beta(\bar{1}) \land \cdots \land \neg\beta(\bar{n})$ なので $\mathbb{N} \models \beta(0)$ がいえた．

3. $i \geq 1$ について，$0Ri$ なので補題 5.2.1 の 3 より PA $\vdash \beta(\bar{0}) \to \neg\Pr_T(\ulcorner\neg\beta(\bar{i})\urcorner)$ である．PA の健全性より $\mathbb{N} \models \beta(\bar{0}) \to \neg\Pr_T(\ulcorner\neg\beta(\bar{i})\urcorner)$ であり，2 より $\mathbb{N} \models \beta(\bar{0})$ なので $\mathbb{N} \models \neg\Pr_T(\ulcorner\neg\beta(\bar{i})\urcorner)$ となる．したがって $T \nvdash \neg\beta(\bar{i})$ がわかる． $\square$

以上でソロヴェイの構成法は終了である．補題 5.2.2 と補題 5.2.3，および GL のクリプキ完全性定理を組み合わせることによって GL の算術的完全性定理の証明が完了する．

定理 5.1.3 の証明 T を Σ_1 健全とする．定理の対偶を示す．$\nvdash_{\mathsf{GL}} \varphi$ であると仮定する．GL のクリプキ完全性定理より，有限推移木フレームをもつクリプキモデル $M' = (W', R', V')$ で，その根において φ が真でないものが存在する．いまある $n \in \omega$ について $W' = \{1, \ldots, n\}$ であり，1 が M' の根であると仮定してよい．さてここで $M = (W, R, V)$ を，次のように M' を拡張したモデルとする：

- $W = W' \cup \{0\}$;
- $R = R' \cup \{(0, i) : i \in W'\}$;
- $i > 0$ について $i \in V(p) \Leftrightarrow i \in V'(p)$,
  $0 \in V(p) \Leftrightarrow 1 \in V'(p)$.

つまり M は M' のフレームに新たな根 0 を加えて単純に拡張することで得られるモデルであり，後にもこの拡張は何度か出てくるので，M を M' の単純拡張モデルと呼ぶことにする．

いま $\beta(x)$ を M のソロヴェイ論理式とし，f を上のように $\beta(x)$ と M から定められる変換とする．このとき $M, 1 \not\models \varphi$ なので補題 5.2.2 より $\mathsf{PA} \vdash \beta(\bar{1}) \to \neg f_T(\varphi)$ を得る．

いま $T \vdash f_T(\varphi)$ であると仮定すると，$T \vdash \neg \beta(\bar{1})$ となるため補題 5.2.3 の 3 より T の Σ_1 健全性に反する．したがって $T \not\vdash f_T(\varphi)$ である． □

これまでは証明可能性述語 $\mathsf{Pr}_T(x)$ に関して T において証明可能な性質に関する論理 GL について議論してきた．他方，ゲーデルによる □ の解釈は，$\Box\Box\varphi$ を "$T \vdash \mathsf{Pr}_T(\ulcorner\varphi\urcorner)$" と読むものであった [20]．ここで $T \vdash \mathsf{Pr}_T(\ulcorner\varphi\urcorner)$ は $\mathbb{N} \models \mathsf{Pr}_T(\ulcorner\mathsf{Pr}_T(\ulcorner\varphi\urcorner)\urcorner)$ と同値であることを思えば，ゲーデルは $\mathsf{Pr}_T(x)$ に関して $\mathbb{N}$ において真である性質について議論していると考えることができる．では集合 $\{\varphi : $ 任意の変換 f について $\mathbb{N} \models f_T(\varphi)\}$ はどのようなものなのだろうか．ソロヴェイはこの集合に対応する論理 S を定義し，その算術的完全性をも証明した．

いま T が健全であるとすると，すべての変換 f について $\mathbb{N} \models f_T(\Box\varphi \to \varphi)$ が成り立つ．一方，4.3 節の冒頭で述べた通り $\mathbb{N} \not\models f_T(\Box(\Box\bot \to \bot))$ であるから，考えるべき論理体系は GL のようにネセシテーションで閉じているわけではない．以上のことを受けて，様相命題論理 S を次のように定める[20]．

定義 5.2.4 L を様相論理，Γ を様相論理式の集合とする．L の定理と Γ の元を公理としてもち，モーダス・ポネンスのみを推論規則としてもつ様相命題論理を $\mathsf{L} \sqcup \Gamma$ と書く[21]．

定義 5.2.5 $\mathsf{S} = \mathsf{GL} \sqcup \{\Box\varphi \to \varphi : \varphi$ は様相論理式 $\}$．

つまり S は公理として GL の定理および図式 $\Box\varphi \to \varphi$ をもち，その唯一の

---

[20]この論理はソロヴェイ [35] によって G' という名前で導入された．また，PRL$^\omega$ (Smoryński [34]) や GLS (Boolos [13]) とも呼ばれる．
[21]$\mathsf{L} \sqcup \Gamma$ という記法は一般的ではなく，証明可能性論理の文脈では $\mathsf{L}\Gamma$ と表されることが多い．しかし本書では $\mathsf{L}\Gamma$ という記法を別の意味で用いるため，新たな記法を導入した．

推論規則はモーダス・ポネンスである．S における φ の証明の長さに関する帰納法によって，$\vdash_S \varphi$ ならば任意の変換 f について $\mathbb{N} \models f_T(\varphi)$ となることが示せる（ただし T の健全性が必要）．このことと GL の算術的完全性定理を用いれば次が得られる．

命題 5.2.6 任意の様相論理式 φ について，$\vdash_{GL} \varphi$ と $\vdash_S \Box\varphi$ は同値である．

証明 $\vdash_{GL} \varphi$ ならば $\vdash_{GL} \Box\varphi$ なので $\vdash_S \Box\varphi$ である．一方 $\vdash_S \Box\varphi$ とすれば，任意の変換 f について $\mathbb{N} \models \mathrm{Pr}_T(\ulcorner f_T(\varphi) \urcorner)$ である．つまり $T \vdash f_T(\varphi)$ なので，GL の算術的完全性定理より $\vdash_{GL} \varphi$ がいえた． □

一方，GL において S を特徴づけることができる．そしてそのアイディアを通じて，S の算術的完全性定理を証明することができる．各様相論理式 φ に対して，$\mathrm{Sub}(\varphi)$ を φ の部分論理式全体の集合とする（第 1 部 定義 2.1.3 参照）．

定義 5.2.7 様相論理式 φ に対して，様相論理式の集合 $S(\varphi)$ を

$$S(\varphi) = \{\Box\psi \to \psi \; : \; \Box\psi \in \mathrm{Sub}(\varphi)\}$$

と定める．

もちろん $S(\varphi)$ は有限集合であり，$\bigwedge S(\varphi)$ を $S(\varphi)$ の要素すべてを $\wedge$ で結んだ様相論理式とする．

定理 5.2.8（Solovay [35]） 任意の様相論理式 φ に対して，以下は同値：

1. $\vdash_{GL} \bigwedge S(\varphi) \to \varphi$.
2. $\vdash_S \varphi$.
3. 任意の変換 f について，$\mathbb{N} \models f_T(\varphi)$ である．

証明 $(1 \Rightarrow 2)$: $\mathsf{GL} \subseteq \mathsf{S}$ と $\vdash_S \bigwedge S(\varphi)$ より．
$(2 \Rightarrow 3)$: S の算術的健全性であり，成立する．
$(3 \Rightarrow 1)$: 対偶を示す．$\nvdash_{GL} \bigwedge S(\varphi) \to \varphi$ と仮定する．$\mathbb{N} \not\models f_T(\varphi)$ となるような変換 f を構成することが目標である．

5.2 ソロヴェイの定理の証明

GL のクリプキ完全性定理より，有限推移木フレームをもつクリプキモデル $M' = (W', R', V')$ でその根において $\bigwedge S(\varphi) \to \varphi$ が真でないようなものがとれる．ここで，ある $n \in \omega$ について $W' = \{1, \ldots, n\}$ であり，1 は M' の根であるとしてよい．$M = (W, R, V)$ を，定理 5.1.3 の証明の場合と同様にフレーム (W, R) に新たな根 0 を加えた M' の単純拡張モデルとする．このとき $M, 1 \models \bigwedge S(\varphi)$ かつ $M, 1 \not\models \varphi$ である．

$\beta(x)$ を M のソロヴェイ論理式，f を $\beta(x)$ と M から定められる変換とする．ここで次が成り立つ．

主張 任意の様相論理式 $\psi \in \mathrm{Sub}(\varphi)$ について，次が成り立つ：

1. $M, 1 \models \psi$ ならば，$\mathsf{PA} \vdash \beta(0) \to f_T(\psi)$.
2. $M, 1 \not\models \psi$ ならば，$\mathsf{PA} \vdash \beta(0) \to \neg f_T(\psi)$.

主張の証明 ψ の構成に関する帰納法で項目 1, 2 を同時に示す．

- 命題変数 p について $\psi \equiv p$ のとき：

    1. $M, 1 \models p$ であるとすれば，V の定め方より $M, 0 \models p$ なので $\beta(0)$ は $f(p)$ に含まれる．したがって $\mathsf{PA} \vdash \beta(0) \to f(p)$ である．
    2. $M, 1 \not\models p$ ならば $M, 0 \not\models p$ なので $\beta(0)$ は $f(p)$ の一部ではない．$f(p)$ の各要素 $\beta(\bar{j})$ について，補題 5.2.1 の 1 より $\mathsf{PA} \vdash \beta(0) \to \neg \beta(\bar{j})$ である．したがって $\mathsf{PA} \vdash \beta(0) \to \neg f(p)$ である．

- $\psi \equiv \bot$ のとき：$M, 1 \not\models \bot$ かつ $\mathsf{PA} \vdash \neg f_T(\bot)$ である．
- $\psi \equiv \xi \to \eta$ の場合は帰納法の仮定より明らか．
- $\psi \equiv \Box \xi$ のとき：ξ について項目 1 と 2 が成り立つと仮定する．

    1. まず $M, 1 \models \Box \xi$ とすると，任意の $i > 1$ について $M, i \models \xi$ である．補題 5.2.2 より任意の $i > 1$ について $\mathsf{PA} \vdash \beta(\bar{i}) \to f_T(\xi)$ となる．$M, 1 \models \bigwedge S(\varphi)$ かつ $\Box \xi \in \mathrm{Sub}(\varphi)$ なので $M, 1 \models \Box \xi \to \xi$ であり，$M, 1 \models \xi$ である．再び補題 5.2.2 より $\mathsf{PA} \vdash \beta(\bar{1}) \to f_T(\xi)$．帰納法の仮定より $\mathsf{PA} \vdash \beta(0) \to f_T(\xi)$ となる．したがって $\mathsf{PA} \vdash \bigvee_{i \in W} \beta(\bar{i}) \to f_T(\xi)$ が得られた．補題 5.2.1 の 2 より $\mathsf{PA} \vdash \beta(0) \vee \beta(\bar{1}) \vee \cdots \vee \beta(\bar{n})$ なので，$\mathsf{PA} \vdash f(\xi)$ を得る．したがって $\mathsf{PA} \vdash \mathrm{Pr}_T(\ulcorner f_T(\xi) \urcorner)$ つまり $\mathsf{PA} \vdash \beta(0) \to f_T(\Box \xi)$ である．

2. いま $M,1 \not\models \Box\xi$ ならば，ある $i > 1$ について $M,i \not\models \xi$ である．補題 5.2.2 より $\mathsf{PA} \vdash \beta(\bar{i}) \to \neg f_T(\xi)$ である．よって $\mathsf{PA} \vdash \neg\mathsf{Pr}_T(\ulcorner\neg\beta(\bar{i})\urcorner) \to \neg\mathsf{Pr}_T(\ulcorner f_T(\xi)\urcorner)$ である．$0Ri$ なので補題 5.2.1 の 3 より $\mathsf{PA} \vdash \beta(0) \to \neg\mathsf{Pr}_T(\ulcorner\neg\beta(\bar{i})\urcorner)$ となる．したがって $\mathsf{PA} \vdash \beta(0) \to \neg\mathsf{Pr}_T(\ulcorner f_T(\xi)\urcorner)$ つまり $\mathsf{PA} \vdash \beta(0) \to \neg f_T(\Box\xi)$ がいえた． □（主張）

$M,1 \not\models \varphi$ なので主張より $\mathsf{PA} \vdash \beta(0) \to \neg f_T(\varphi)$ である．PA の健全性より $\mathbb{N} \models \beta(0) \to \neg f_T(\varphi)$ であり，補題 5.2.3 の 2 より $\mathbb{N} \models \beta(0)$ なので $\mathbb{N} \models \neg f_T(\varphi)$ である． □

5.3 ソロヴェイの定理の拡張

本節ではソロヴェイの定理の 2 種類の拡張について述べる．まずはヴィッサーによる，Σ_1 健全でない理論への拡張であり，その証明を行う．また，GL の一様算術的完全性およびシャヴルコフによる拡張についても紹介する．

算術的完全性定理の証明において，理論 T の Σ_1 健全性の仮定は $\mathbb{N} \models \neg\beta(\bar{1})$ を示すことのみに用いられた．ではこの Σ_1 健全性の仮定をどこまで弱めることができるのだろうか．また，証明可能性論理が GL でなくなるような理論はあるのだろうか．これらの問題には，次のように理論 T の高さという概念を定めることで答えることができる．

定義 5.3.1

1. $n \geq 1$ に対して，論理式 $\mathsf{Pr}_T^n(x)$ を $\underbrace{\mathsf{Pr}_T(\ulcorner\mathsf{Pr}_T(\ulcorner\cdots\mathsf{Pr}_T}_{n\text{個}}(x)\cdots\urcorner)\urcorner)$ と定める．
2. $T \vdash \mathsf{Pr}_T^n(\ulcorner\bot\urcorner)$ となる $n \in \omega$ があるとき，そのような最小の n を T の**高さ**という．
3. そのような n がない場合は T の高さは無限であるとする．

T が Σ_1 健全ならばすべての $n \in \omega$ に対して $T \not\vdash \mathsf{Pr}_T^n(\ulcorner\bot\urcorner)$ であるから，T の高さは無限である．一方，高さは無限であるが Σ_1 健全でないような理論も存在する．

ヴィッサーは上述の問題に対して，T の証明可能性論理が GL であることと

T の高さが無限であることの同値性を証明した [37]．さらに，高さが無限でないような理論の証明可能性論理が，その高さによって決まることも示した．

証明を行う前に，まずは次の補題を示しておく．

命題 5.3.2 任意の様相命題論理 L と様相論理式の集合 Γ，様相論理式 φ について，以下は同値である：

1. $\vdash_{\mathsf{L} \sqcup \Gamma} \varphi$．
2. $\Gamma \vdash_{\mathsf{L}} \varphi$．

証明 $\Gamma \vdash_{\mathsf{L}} \varphi$ とは，ある有限部分集合 $\Delta \subseteq \Gamma$ について $\vdash_{\mathsf{L}} \bigwedge \Delta \to \varphi$ となることであった．

$(1 \Rightarrow 2)$: $\mathsf{L} \sqcup \Gamma$ における φ の証明の長さに関する帰納法で示す．

1. φ が L の定理のとき：$\vdash_{\mathsf{L}} \varphi$ である．
2. $\varphi \in \Gamma$ のとき：$\vdash_{\mathsf{L}} \varphi \to \varphi$ かつ $\{\varphi\}$ は Γ の有限部分集合なので成り立つ．
3. φ が $\psi \to \varphi$ と ψ からモーダス・ポネンスで導かれたとき：帰納法の仮定より Γ のある有限部分集合 Δ_0 と Δ_1 がとれて，$\vdash_{\mathsf{L}} \bigwedge \Delta_0 \to (\psi \to \varphi)$ かつ $\vdash_{\mathsf{L}} \bigwedge \Delta_1 \to \psi$ となる．$\Lambda = \Delta_0 \cup \Delta_1$ とすればこれも Γ の有限部分集合であり，$\vdash_{\mathsf{L}} \bigwedge \Lambda \to \varphi$ が成り立つ．

$(2 \Rightarrow 1)$: Γ の任意の有限部分集合 Δ について $\vdash_{\mathsf{L} \sqcup \Gamma} \bigwedge \Delta$ なので． □

$\Box^n \varphi$ を $\underbrace{\Box \Box \cdots \Box}_{n \text{ 個}} \varphi$ の略記とする．

定理 5.3.3（Visser [37]）

1. T の高さが $n \in \omega$ である $\Leftrightarrow$ T の証明可能性論理は $\mathsf{GL} \sqcup \{\Box^n \bot\}$ である．
2. T の高さが無限である $\Leftrightarrow$ T の証明可能性論理は GL である．

証明 1. $(\Rightarrow)$: T の高さが n であるとする．T の証明可能性論理が $\mathsf{GL} \sqcup \{\Box^n \bot\}$ であることを示す．算術的健全性は明らかなので，算術的完全性を示す．

$\nvdash_{\mathsf{GL} \sqcup \{\Box^n \bot\}} \varphi$ とすると命題 5.3.2 より $\nvdash_{\mathsf{GL}} \Box^n \bot \to \varphi$ である．ソロ

ヴェイの定理の証明と同様に，クリプキ完全性定理より根1において$\Box^n\bot \to \varphi$を偽とする有限推移木クリプキモデル$M' = (\{1,\ldots,k\}, R', V')$がとれ，フレームに新たな根0を加えること得られる$M'$の単純拡張有限推移木クリプキモデル$M = (\{0, 1, \ldots, k\}, R, V)$を考える．ソロヴェイの構成法を$M$に適用して，ソロヴェイ論理式$\beta(x)$と変換$f$がとれる．

このとき$M, 1 \models \Box^n\bot$なので$0Ri$となる各iについて$M, i \models \Box^n\bot$が成り立つ．したがって補題5.2.2より$\mathsf{PA} \vdash \beta(\bar{i}) \to f_T(\Box^n\bot)$である．つまり$\mathsf{PA} \vdash \bigvee_{0Ri} \beta(\bar{i}) \to f_T(\Box^n\bot)$であり，対偶をとれば$\mathsf{PA} \vdash \neg f_T(\Box^n\bot) \to \neg \bigvee_{0Ri} \beta(\bar{i})$である．補題5.2.1の2より$\mathsf{PA} \vdash \beta(\bar{0}) \vee \beta(\bar{1}) \vee \cdots \vee \beta(\bar{k})$なので，$\mathsf{PA} \vdash \neg f_T(\Box^n\bot) \to \beta(\bar{0})$となる．つまり$\mathsf{PA} \vdash \neg \mathsf{Pr}_T^n(\ulcorner\bot\urcorner) \to \beta(\bar{0})$が得られた．

一方，$M, 1 \not\models \varphi$なので補題5.2.2より$\mathsf{PA} \vdash \beta(\bar{1}) \to \neg f_T(\varphi)$となり，$\mathsf{PA} \vdash f_T(\varphi) \to \neg \beta(\bar{1})$が得られる．導出可能性条件より$\mathsf{PA} \vdash \neg \mathsf{Pr}_T(\ulcorner \neg \beta(\bar{1}) \urcorner) \to \neg \mathsf{Pr}_T(\ulcorner f_T(\varphi) \urcorner)$が得られる．ここで$0R1$なので補題5.2.1の3より$\mathsf{PA} \vdash \beta(\bar{0}) \to \neg \mathsf{Pr}_T(\ulcorner \neg \beta(\bar{1}) \urcorner)$が得られるため，$\mathsf{PA} \vdash \beta(\bar{0}) \to \neg \mathsf{Pr}_T(\ulcorner f_T(\varphi) \urcorner)$が示せた．

上で示したことを合わせれば$\mathsf{PA} \vdash \neg \mathsf{Pr}_T^n(\ulcorner\bot\urcorner) \to \neg \mathsf{Pr}_T(\ulcorner f_T(\varphi) \urcorner)$となり，$\mathsf{PA}$の健全性より$\mathbb{N} \models \neg \mathsf{Pr}_T^n(\ulcorner\bot\urcorner) \to \neg \mathsf{Pr}_T(\ulcorner f_T(\varphi) \urcorner)$がいえた．

いまTの高さはnなので$T \not\vdash \mathsf{Pr}_T^{n-1}(\ulcorner\bot\urcorner)$であり，したがって$\mathbb{N} \models \neg \mathsf{Pr}_T^n(\ulcorner\bot\urcorner)$である．つまり$\mathbb{N} \models \neg \mathsf{Pr}_T(\ulcorner f_T(\varphi) \urcorner)$となるため，$T \not\vdash f_T(\varphi)$がわかった．

($\Leftarrow$): Tの証明可能性論理が$\mathsf{GL} \sqcup \{\Box^n\bot\}$であるとする．

$T \vdash \mathsf{Pr}_T^k(\ulcorner\bot\urcorner)$であることは，任意の変換$f$について$T \vdash f_T(\Box^k\bot)$であることと等しいため，仮定より$\vdash_{\mathsf{GL} \sqcup \{\Box^n\bot\}} \Box^k\bot$と同値である．命題5.3.2よりこれは$\vdash_{\mathsf{GL}} \Box^n\bot \to \Box^k\bot$と同値である．これが成り立つのは$n \leq k$のとき，またそのときに限る．つまり$T \vdash \mathsf{Pr}_T^k(\ulcorner\bot\urcorner)$であることは$n \leq k$であることと必要十分である．したがって$T \vdash \mathsf{Pr}_T^k(\ulcorner\bot\urcorner)$となる最小の$k$は$n$なので，$T$の高さは$n$である．

2. ($\Rightarrow$): Tの高さが無限であるとする．

いま$\not\vdash_{\mathsf{GL}} \varphi$という仮定から有限推移木クリプキモデル$M = (\{0, 1, \ldots, k-1\}, R, V)$で0はその根であり$M, 1 \not\models \varphi$となるものがとれ，ソ

ロヴェイの構成法を M に適用してソロヴェイ論理式 $\beta(x)$ と変換 f がとれる．ここで M は有限なので，ある $n \in \omega$ があって，$0Ri$ となるすべての i に対して $M, i \models \Box^n \bot$ が成り立つ．$M, 1 \not\models \varphi$ なので 1 と同様に $\mathrm{PA} \vdash \neg \mathrm{Pr}_T^n(\ulcorner \bot \urcorner) \to \neg \mathrm{Pr}_T(\ulcorner f_T(\varphi) \urcorner)$ つまり $\mathbb{N} \models \neg \mathrm{Pr}_T^n(\ulcorner \bot \urcorner) \to \neg \mathrm{Pr}_T(\ulcorner f_T(\varphi) \urcorner)$ がいえる．T の高さは無限なので $\mathbb{N} \models \neg \mathrm{Pr}_T^n(\ulcorner \bot \urcorner)$ であり，$\mathbb{N} \models \neg \mathrm{Pr}_T(\ulcorner f_T(\varphi) \urcorner)$ すなわち $T \not\vdash f_T(\varphi)$ がいえた．

算術的健全性は明らかなので，T の証明可能性論理は GL である．

($\Leftarrow$): 対偶を示す．T の高さが n であるとすると，1 より T の証明可能性論理は $\mathrm{GL} \sqcup \{\Box^n \bot\}$ である．したがって T の証明可能性論理は GL でない． □

続いて，一様算術的完全性定理とシャヴルコフの定理について紹介する．ソロヴェイの算術的完全性定理の証明の基本的なアイディアは，有限推移木クリプキモデルを算術の中に埋め込むことであった．ここでモデルの有限性は本質ではなく，無限上昇列をもたない推移木フレームをもつ原始再帰的なモデルを埋め込むことができる．この考えに基づき，GL の一様算術的完全性定理が得られる[22]．

定理 5.3.4（一様算術的完全性定理） T の高さが無限ならば，ある変換 f が存在して，任意の様相論理式 φ に対して次が成り立つ：

$$\vdash_{\mathrm{GL}} \varphi \Leftrightarrow T \vdash f_T(\varphi).$$

証明 すべての有限推移木モデルを原始再帰的に並べ，新たな一つの元 0 を用意し，すべてのモデルの根の下に 0 を置くことで得られるモデル M は無限上昇列をもたない推移木フレームをもち，特に原始再帰的なのでソロヴェイの構成法が適用でき，M に基づく変換 f が得られる．$\not\vdash_{\mathrm{GL}} \varphi$ とすると φ の反例モデルの根 i において $M, i \not\models \varphi$ であり，ソロヴェイの定理の証明と同様に $T \not\vdash f_T(\varphi)$ を得る． □

---

[22] 一様算術的完全性定理はアルテモフ，アヴロン，ブーロス，モンターニャ，ヴィッサーによって独立に示された．証明は Boolos [13] を参照．

もしある変換 f が存在して，任意の様相論理式 φ に対して
$$\vdash_{\mathsf{S}} \varphi \Leftrightarrow \mathbb{N} \models f_T(\varphi)$$
を満たすとするならば，$\not\vdash_{\mathsf{S}} p$ かつ $\not\vdash_{\mathsf{S}} \neg p$ なので $\mathbb{N} \models \neg f_T(p)$ かつ $\mathbb{N} \models f_T(p)$ となりおかしい．したがって S と $\mathbb{N}$ に対しては一様算術的完全性定理は成立しない[23]．

一様算術的完全性定理の系として次を得る．

系 5.3.5 T の高さが無限ならば，任意の様相論理式の集合 Γ について，以下は同値である：

1. Γ は GL 無矛盾である（つまり $\not\vdash_{\mathsf{GL}\sqcup\Gamma} \bot$）．
2. ある変換 f が存在して，$T + \{f_T(\varphi) : \varphi \in \Gamma\}$ は無矛盾である．

証明 ($1 \Rightarrow 2$): $\not\vdash_{\mathsf{GL}\sqcup\Gamma} \bot$ とする．f を，一様算術的完全性定理によって得られる変換とする．このとき，任意の有限部分集合 $\Delta \subseteq \Gamma$ に対して $\not\vdash_{\mathsf{GL}} \neg \bigwedge \Delta$ であるため，$T \not\vdash \neg f_T(\bigwedge \Delta)$ である．つまり $T + \{f_T(\varphi) : \varphi \in \Delta\}$ は無矛盾である．したがって述語論理のコンパクト性定理より $T + \{f_T(\varphi) : \varphi \in \Gamma\}$ は無矛盾である．

($2 \Rightarrow 1$): 対偶を示す．$\vdash_{\mathsf{GL}\sqcup\Gamma} \bot$ とすると，補題 5.3.2 よりある有限部分集合 $\Delta \subseteq \Gamma$ が存在して $\vdash_{\mathsf{GL}} \neg \bigwedge \Delta$ となる．GL の算術的健全性より，任意の変換 f に対して $T \vdash \neg f_T(\bigwedge \Delta)$ となる．したがって，$T + \{f_T(\varphi) : \varphi \in \Gamma\}$ が無矛盾となる変換 f は存在しない． □

また，GL はある種の選言特性をもつ．

系 5.3.6 任意の様相論理式 φ, ψ について，$\vdash_{\mathsf{GL}} \Box\varphi \vee \Box\psi$ ならば $\vdash_{\mathsf{GL}} \varphi$ もしくは $\vdash_{\mathsf{GL}} \psi$ である．

証明 $\vdash_{\mathsf{GL}} \Box\varphi \vee \Box\psi$ とする．f を一様算術的完全性定理により得られる変換とすると，算術的健全性より $\mathsf{PA} \vdash \mathsf{Pr}_{\mathsf{PA}}(\ulcorner f_{\mathsf{PA}}(\varphi) \urcorner) \vee \mathsf{Pr}_{\mathsf{PA}}(\ulcorner f_{\mathsf{PA}}(\varphi) \urcorner)$ である．PA は健全なので $\mathbb{N} \models \mathsf{Pr}_{\mathsf{PA}}(\ulcorner f_{\mathsf{PA}}(\varphi) \urcorner) \vee \mathsf{Pr}_{\mathsf{PA}}(\ulcorner f_{\mathsf{PA}}(\varphi) \urcorner)$，つまり $\mathsf{PA} \vdash f_{\mathsf{PA}}(\varphi)$

---

[23] ただし，$\vdash_{\mathsf{S}} \varphi \Leftrightarrow U \vdash f_{\mathsf{PA}}(\varphi)$ となる変換 f がとれるような理論 U は存在する (Artemov [5])．

もしくは PA ⊢ $f_{PA}(\psi)$ である．一様算術的完全性定理より ⊢$_{GL}$ φ もしくは ⊢$_{GL}$ ψ である． □

この結果は算術を介さずにクリプキ意味論のみを用いて証明することもできる（証明は読者に委ねる）．

それでは，ある固定した変換 f について $T \vdash f_T(\varphi)$ となる φ 全体の集合，すなわち $\{\varphi : T \vdash f_T(\varphi)\}$ はどのような集合だろうか．まず GL を含むことは明らかで，GL の推論規則についても閉じている．一様算術的完全性定理より，$\{\varphi : T \vdash f_T(\varphi)\} =$ GL となる変換 f が存在することも分かる．シャヴルコフは，以下で定める強選言特性という性質を通じて，$\{\varphi : T \vdash f_T(\varphi)\}$ と表せる集合の特徴づけを与えた [31]．

シャヴルコフの定理を述べるために，いくつかの準備を行う．様相論理式の集合 Γ に対して，GL の公理と Γ の元を公理としてもち，推論規則としてモーダス・ポネンスとネセシテーションをもつ論理を GLΓ と書くとする．明らかに GL $\sqcup \Gamma \subseteq$ GLΓ であり，また GL$\Gamma =$ GL $\sqcup \{\Box\varphi : \varphi \in \Gamma\}$ とも表せる．

定義 5.3.7 様相論理式の集合 Γ が，任意の様相論理式 φ, ψ に対して，⊢$_{GL\Gamma}$ $\Box\varphi \lor \Box\psi$ ならば ⊢$_{GL\Gamma}$ φ または ⊢$_{GL\Gamma}$ ψ，を満たすとき，Γ は**強選言特性**をもつという．

例えば，系 5.3.6 より空集合 $\emptyset$ は強選言特性をもつ．

定理 5.3.8（Shavrukov） T が Σ_1 健全ならば，任意の様相論理式の再帰的可算集合 Γ に対して，以下は同値である：

1. Γ は $\nvdash_{GL\Gamma} \bot$ となる集合であり，強選言特性をもつ．
2. ある変換 f が存在して，任意の様相論理式 φ について

$$\vdash_{GL\Gamma} \varphi \Leftrightarrow T \vdash f_T(\varphi)$$

が成り立つ．

$\Gamma = \emptyset$ とした場合には，系として一様算術的完全性定理が得られる．

第6章

証明可能性論理の発展

6.1 証明可能性論理の分類

Sに対する算術的完全性定理は，S = $\{\varphi$: 任意の変換 f について，TA $\vdash f_{\mathsf{PA}}(\varphi)\}$ と書くこともできる．GL $\neq$ S なので，PA 解釈を考えるときには，PA における証明可能性と，TA における証明可能性では対応する論理が異なることがわかる．アルテモフ [1] とヴィッサー [38] はこのことに着目し，理論 U における理論 T の証明可能性論理という概念を提案した．

定義 6.1.1 T を PA を含む再帰的可算理論[24]，U を任意の理論とする．理論 U における理論 T の証明可能性論理 $\mathsf{PL}_T(U)$ を

$$\mathsf{PL}_T(U) = \{\varphi : 任意の変換 f について，U \vdash f_T(\varphi)\}$$

と定める．

様相命題論理 L が，ある無矛盾な PA の拡大理論 T, U（ただし T は再帰的可算）について L = $\mathsf{PL}_T(U)$ となるとき，L は**証明可能性論理**であるという．ソロヴェイの算術的完全性定理より GL = $\mathsf{PL}_{\mathsf{PA}}(\mathsf{PA})$，S = $\mathsf{PL}_{\mathsf{PA}}(\mathsf{TA})$ であるから，これらは証明可能性論理である．またヴィッサーの定理より GL $\sqcup \{\Box^n \bot\}$ も証明可能性論理である．80 年代におけるこの分野の大きな研究テーマは，すべての証明可能性論理を列挙し，そして分類することであった．

5.3 節でみたように，$\mathsf{PL}_T(T)$ という形の証明可能性論理は GL および

---

[24] 再帰的可算という条件は Σ_1 論理式 $\mathsf{Pr}_T(x)$ を用いるために必要である．

GL ⊔ {□^{n}⊥} という形の論理で尽くされる．ここで□^{n}⊥は命題変数を含まない様相論理式であり，どんな変換 f に対しても $f_T(□^n⊥)$ は $\text{Pr}_T^n(\ulcorner⊥\urcorner)$ と結果が一意に定まる．

定義 6.1.2
1. 命題変数を含まない様相論理式を**閉様相論理式**という．
2. 閉様相論理式 φ に対して $f_T(\varphi)$ は f のとり方に依らず T に対して一意に決まり，その結果の算術の文を φ^T と表す．
3. 閉様相論理式の集合 Γ について $\Gamma^T = \{\varphi^T : \varphi \in \Gamma\}$ と定める．

アルテモフは GL 無矛盾な閉様相論理式の集合 Γ について，GL ⊔ Γ が証明可能性論理であることを示した．

定理 6.1.3（Artemov[1]）　T の高さは無限とし，Γ を GL 無矛盾な閉様相論理式の集合とする．このとき GL ⊔ Γ = $\text{PL}_T(T + \Gamma^T)$ である．

証明　Γ を GL 無矛盾とすれば，系 5.3.5 よりある変換 f が存在して $T + \{f_T(\varphi) : \varphi \in \Gamma\}$ は無矛盾である．つまり $T + \Gamma^T$ は無矛盾である．

φ を様相論理式とする．$\vdash_{\text{GL}⊔\Gamma} \varphi$ のとき，命題 5.3.2 より $\Gamma \vdash_{\text{GL}} \varphi$，つまりある有限 $\Delta \subseteq \Gamma$ について $\vdash_{\text{GL}} \bigwedge \Delta \to \varphi$ である．GL の算術的健全性より，任意の変換 f について $T \vdash f_T(\bigwedge \Delta) \to f_T(\varphi)$ なので，$T + \Delta^T \vdash f_T(\varphi)$ である．つまり $T + \Gamma^T \vdash f_T(\varphi)$，したがって $\varphi \in \text{PL}_T(T + \Gamma^T)$ となる．

一方 $\varphi \in \text{PL}_T(T + \Gamma^T)$ と仮定すると，任意の変換 f について，$T + \Gamma^T \vdash f_T(\varphi)$ である．特に一様算術的完全性定理で存在の保証される f についても $T + \Gamma^T \vdash f_T(\varphi)$．ある Γ の元 $\psi_0, \ldots, \psi_{k-1}$ が存在して $T \vdash \bigwedge_{i<k} \psi_i^T \to f_T(\varphi)$ であり，各 ψ_i は閉様相論理式なので $T \vdash f_T\left(\bigwedge_{i<k} \psi_i\right) \to f_T(\varphi)$ となる．T の高さは無限なので，一様算術的完全性定理より $\vdash_{\text{GL}} \bigwedge_{i<k} \psi_i \to \varphi$ となる．つまり命題 5.3.2 より $\vdash_{\text{GL}⊔\Gamma} \varphi$ である．

以上より GL ⊔ Γ = $\text{PL}_T(T + \Gamma^T)$ がいえた．　□

有限推移木クリプキフレーム $F = (W, R)$ について，$x_0 R x_1 R \cdots R x_n$ となる $x_0, x_1, \ldots, x_n \in W$ がとれるような最大の n を F の高さという．つまりフレーム F の高さとは，その根 r から，R について n 個先の元がとれるような最大の n である．さて，各閉様相論理式 φ が有限推移木クリプキモデルの根

において真かどうかは，そのモデルのフレームの高さのみに依存する．例えば閉様相論理式 F_n を $\Box^{n+1}\bot \to \Box^n\bot$ と定めると，有限推移木モデルにおいて F_n が根において真であることとそのフレームの高さが n でないことは必要十分である．そうした性質に注目して，証明可能性論理の分類において本質的な役割を果たす，様相論理式のトレースという概念を次のように定める．

定義 6.1.4 様相論理式 φ に対して，そのトレース $\mathrm{tr}(\varphi) \subseteq \omega$ を

$\{n \in \omega : \text{根で } \varphi \text{ が真でないような高さ } n \text{ の有限推移木モデルが存在する}\}$

と定める．

つまり，$n \notin \mathrm{tr}(\varphi)$ ならば，高さ n の有限推移木モデルの根で必ず φ は真となる．上で述べたことから $\mathrm{tr}(F_n) = \{n\}$ がわかる．また，クリプキ完全性より $\vdash_{\mathsf{GL}} \varphi$ であることと $\mathrm{tr}(\varphi) = \emptyset$ であることは同値である．任意の論理式 φ について，$\mathrm{tr}(\varphi)$ が有限もしくは補有限であることを，クリプキモデルを調べることで示すことができる．

論理 L に対してそのトレースを $\mathrm{tr}(\mathsf{L}) = \bigcup\{\mathrm{tr}(\varphi) : \vdash_{\mathsf{L}} \varphi\}$ と定める．例えば $\mathrm{tr}(\mathsf{GL}) = \emptyset$，$\mathrm{tr}(\mathsf{S}) = \omega$ である．

次に $\alpha, \beta \subseteq \omega$（$\beta$ は補有限）について

- $\mathsf{GL}_\alpha = \mathsf{GL} \sqcup \{F_n : n \in \alpha\}$
- $\mathsf{GL}^-_\beta = \mathsf{GL} \sqcup \left\{\neg \bigwedge_{n \notin \beta} F_n\right\}$

と定めると $\mathrm{tr}(\mathsf{GL}_\alpha) = \alpha$, $\mathrm{tr}(\mathsf{GL}^-_\beta) = \beta$ となる．ここで F_n は閉様相論理式なので，定理 6.1.3 より GL_α や GL^-_β はすべて証明可能性論理である．

ω の部分集合 $\alpha \subseteq \alpha'$ に対して $\mathsf{GL}_\alpha \subseteq \mathsf{GL}_{\alpha'}$ であり，補有限な $\beta \subseteq \beta'$ に対して $\mathsf{GL}^-_\beta \subseteq \mathsf{GL}^-_{\beta'}$ および $\mathsf{GL}_\beta \subseteq \mathsf{GL}^-_\beta$ が成り立つ．また $\mathsf{GL}_\alpha \subseteq \mathsf{S}$ であるが，一方 $\mathsf{GL}^-_\beta \not\subseteq \mathsf{S}$ である．

これらの論理は同じトレースをもつ論理の中で次の意味で最も強い論理である．

命題 6.1.5 論理 L について，$\mathrm{tr}(\mathsf{L}) = \alpha$ とする．

1. α が補無限ならば，$\mathsf{L} \subseteq \mathsf{GL}_\alpha$ である．
2. α が補有限ならば，$\mathsf{L} \subseteq \mathsf{GL}_\alpha^-$ である．

証明 $\vdash_\mathsf{L} \varphi$ とすると $\mathrm{tr}(\varphi) \subseteq \alpha$ である．

1. α が補無限とする．$\mathrm{tr}(\varphi) \subseteq \alpha$ なので $\mathrm{tr}(\varphi)$ も補無限であり，したがって $\mathrm{tr}(\varphi)$ は有限である．$\bigwedge_{n \in \mathrm{tr}(\varphi)} F_n$ が根において真となるのは高さが $k \notin \mathrm{tr}(\varphi)$ の有限推移木クリプキフレームをもつモデルであり，$k \notin \mathrm{tr}(\varphi)$ なので，そのようなモデルの根において φ は真である．よって $\bigwedge_{n \in \mathrm{tr}(\varphi)} F_n \to \varphi$ はすべての有限推移木フレームで妥当であることがわかった．クリプキ完全性より $\vdash_\mathsf{GL} \bigwedge_{n \in \mathrm{tr}(\varphi)} F_n \to \varphi$ である．$\mathrm{tr}(\varphi) \subseteq \alpha$ なので命題 5.3.2 より $\vdash_{\mathsf{GL}_\alpha} \varphi$ である．

2. α が補有限ならば $\bigvee_{n \notin \alpha} \neg F_n$ が根において真となるのは高さが $n \notin \alpha$ のクリプキフレームをもつモデルであり，1 と同様に $\vdash_{\mathsf{GL}_\alpha^-} \varphi$ がいえる． □

さてそれではトレースを用いて証明可能性論理を分類しよう．次の命題が証明可能性論理とトレースの結びつきにおいて重要な役割を果たす．

命題 6.1.6 論理 L が証明可能性論理であり $n \in \mathrm{tr}(\mathsf{L})$ ならば，$\vdash_\mathsf{L} F_n$ である．

証明 $n \in \mathrm{tr}(\mathsf{L})$ とすると $\vdash_\mathsf{L} \varphi$ かつ $n \in \mathrm{tr}(\varphi)$ となる様相論理式 φ がとれる．トレースの定義より，根 1 において φ を偽とする高さ n の有限推移木クリプキモデルがとれ，フレームに新たな根 0 を加えることで単純に拡張して得られる有限推移木クリプキモデル $M = (W, R, V)$ がとれる．ソロヴェイの構成法を M に適用して，ソロヴェイ論理式 $\beta(x)$ と変換 f がとれる．

M において $\varphi \to F_n$ が妥当なので，補題 5.2.2 より任意の $i \in W \setminus \{0\}$ について $\mathsf{PA} \vdash \beta(\bar{i}) \to (f_T(\varphi) \to f_T(F_n))$ である．また $M, 1 \models \neg \Box^n \bot$ なので，補題 5.2.2 より $\mathsf{PA} \vdash \beta(\bar{1}) \to f_T(\neg \Box^n \bot)$ であり，導出可能性条件より $\mathsf{PA} \vdash \neg \mathsf{Pr}_T(\ulcorner \neg \beta(\bar{1}) \urcorner) \to f_T(\neg \Box^{n+1} \bot)$ となる．$0R1$ だから補題 5.2.1 の 3 より $\mathsf{PA} \vdash \beta(0) \to \neg \mathsf{Pr}_T(\ulcorner \neg \beta(\bar{1}) \urcorner)$ なので $\mathsf{PA} \vdash \beta(0) \to f_T(\neg \Box^{n+1} \bot)$ となり，$\mathsf{PA} \vdash \beta(0) \to f_T(F_n)$ がいえる．つまり $\mathsf{PA} \vdash \bigvee_{i \in W} \beta(\bar{i}) \to (f_T(\varphi) \to f_T(F_n))$ であるから，補題 5.2.1 の 2 より $\mathsf{PA} \vdash f_T(\varphi) \to f_T(F_n)$ が得られる．

$\mathsf{L} = \mathsf{PL}_T(U)$ のとき，$\vdash_\mathsf{L} \varphi$ なので $U \vdash f_T(\varphi)$ であるから $U \vdash f_T(F_n)$ である．F_n は閉論理式なので $F_n \in \mathsf{PL}_T(U)$，つまり $\vdash_\mathsf{L} F_n$ となる． □

この命題により次の定理が導かれる．

定理 6.1.7（Visser [38]） 論理 L が証明可能性論理であり $\mathrm{tr}(\mathsf{L}) = \alpha$ とする．

1. α が補無限ならば，$\mathsf{L} = \mathsf{GL}_\alpha$ である．
2. $\mathsf{L} \not\subseteq \mathsf{S}$ ならば，α は補有限で $\mathsf{L} = \mathsf{GL}_\alpha^-$ である．

証明 1. は命題 6.1.5 と命題 6.1.6 より．

2. $\mathsf{L} \not\subseteq \mathsf{S}$ とする．α が補無限とすると 1 より $\mathsf{L} = \mathsf{GL}_\alpha \subseteq \mathsf{S}$ なので，α は補有限である．$\vdash_\mathsf{L} \varphi$ かつ $\not\vdash_\mathsf{S} \varphi$ となる φ について，$\not\vdash_\mathsf{GL} S(\varphi) \to \varphi$ となることを用いて，命題 6.1.6 の証明と同様に $\vdash_\mathsf{L} \bigvee_{n \notin \alpha} \neg F_n$ を示すことができるが，証明は省略する． □

この定理により，トレースが補無限である，もしくは S に含まれないような証明可能性論理が GL_α および GL_α^- で尽くされることがわかった．したがって $\mathrm{tr}(\mathsf{L})$ が補有限でありかつ $\mathsf{L} \subseteq \mathsf{S}$ となるような証明可能性論理 L のみを調べれば十分である．そのような論理の例としては，補有限な β に対する GL_β が挙げられる．ここで $\mathrm{tr}(\mathsf{GL}_\beta) = \beta$ なので命題 6.1.5 より $\mathsf{GL}_\beta \subseteq \mathsf{GL}_\omega \cap \mathsf{GL}_\beta^-$ であり，一方 $\vdash_{\mathsf{GL}_\omega \cap \mathsf{GL}_\beta^-} \varphi$ とすれば $\mathsf{GL}_\omega = \mathsf{GL}_\beta \sqcup \{\bigwedge_{n \notin \beta} F_n\}$ かつ $\mathsf{GL}_\beta^- = \mathsf{GL} \sqcup \{\bigvee_{n \notin \beta} \neg F_n\}$ なので命題 5.3.2 より $\vdash_{\mathsf{GL}_\beta} \bigwedge_{n \notin \beta} F_n \to \varphi$ かつ $\vdash_\mathsf{GL} \bigvee_{n \notin \beta} \neg F_n \to \varphi$ であり，$\vdash_{\mathsf{GL}_\beta} \varphi$ となる．したがって $\mathsf{GL}_\beta = \mathsf{GL}_\omega \cap \mathsf{GL}_\beta^-$ がわかった．このことを一般化すると次の命題が得られる．

命題 6.1.8（Artemov [3]） $\beta \subseteq \omega$ を補有限とする．トレースが β でありかつ S に含まれるような証明可能性論理は，$\mathrm{tr}(\mathsf{L}) = \omega$ かつ $\mathsf{L} \subseteq \mathsf{S}$ であるような証明可能性論理 L について $\mathsf{L} \cap \mathsf{GL}_\beta^-$ という論理で尽くされる．

証明 L$'$ を，トレースが補有限 β であり $\mathsf{L}' \subseteq \mathsf{S}$ で $\mathsf{L}' = \mathsf{PL}_T(U)$ とする．$\mathsf{L} = \mathsf{L}' \sqcup \{F_n : n \notin \beta\}$ とすれば，定理 6.1.3 の証明と同様にして $\mathsf{L} = \mathsf{PL}_T(U + \{F_n : n \notin \beta\}^T)$ つまり L が証明可能性論理であることが示せる．特に $\mathrm{tr}(\mathsf{L}) = \omega$ かつ $\mathsf{L} \subseteq \mathsf{S}$ である．そして GL_β の場合と同様に $\mathsf{L}' = \mathsf{L} \cap \mathsf{GL}_\beta^-$ と表すことができる．

他方，$\mathrm{tr}(\mathsf{L}) = \omega$ かつ $\mathsf{L} \subseteq \mathsf{S}$ かつ $\mathsf{L} = \mathsf{PL}_T(U)$ のとき，$\mathsf{L}' = \mathsf{L} \cap \mathsf{GL}_\beta^-$ と定めれば $\mathrm{tr}(\mathsf{L}') = \beta$ かつ $\mathsf{L}' \subseteq \mathsf{S}$ である．また，

$$L' = \mathsf{PL}_T(\{\varphi \: : \: U \vdash \varphi \text{ かつ } T + (\bigvee_{n \notin \beta} \neg F_n)^T) \vdash \varphi\})$$

となるため L′ も証明可能性論理である. □

後は特にトレースが ω で S に含まれるような証明可能性論理のみを明らかにすれば十分となる. 命題 6.1.6 より証明可能性論理 L のトレースが ω であることと $\mathsf{GL}_\omega \subseteq \mathsf{L}$ であることは同値である. よって残すところは $\mathsf{GL}_\omega \subsetneq \mathsf{L} \subsetneq \mathsf{S}$ となる証明可能性論理 L を明らかにすることのみである. それでは $\mathsf{GL}_\omega \subsetneq \mathsf{L} \subsetneq \mathsf{S}$ となる証明可能性論理 L はあるのだろうか.

そのような証明可能性論理の例はジャパリッズによって発見された. 論理 D を

$$\mathsf{GL} \sqcup \{\neg\Box\bot\} \cup \{\Box(\Box\varphi \vee \Box\psi) \to (\Box\varphi \vee \Box\psi) \: : \: \varphi, \psi \text{ は様相論理式}\}$$

と定めると $\mathsf{D} = \mathsf{PL}_{\mathsf{PA}}(\mathsf{PA} + \mathsf{Rfn}_{\mathsf{PA}}(\Sigma_1))$ となるから D は証明可能性論理であり, また $\mathsf{GL}_\omega \subsetneq \mathsf{D} \subsetneq \mathsf{S}$ である.

最後にベクレミシェフによって, $\mathsf{GL}_\omega \subsetneq \mathsf{L} \subsetneq \mathsf{S}$ となる証明可能性論理がこれ以外にないことが示された. すなわち

定理 6.1.9 (Beklemishev [8]) 証明可能性論理 L が $\mathsf{GL}_\omega \subsetneq \mathsf{L} \subsetneq \mathsf{S}$ を満たすならば, L = D である.

以上のことから, 証明可能性論理の全貌が明らかとなった. 命題 6.1.8 により補有限な $\beta \subseteq \omega$ について $\mathsf{D}_\beta = \mathsf{D} \cap \mathsf{GL}_\beta^-$, $\mathsf{S}_\beta = \mathsf{S} \cap \mathsf{GL}_\beta^-$ と定めるとこれらは証明可能性論理であり, そして次の定理が得られる.

定理 6.1.10 (分類定理 (Beklemishev [8])) 証明可能性論理は $\alpha, \beta \subseteq \omega$ (β は補有限) について $\mathsf{GL}_\alpha, \mathsf{GL}_\beta^-, \mathsf{D}_\beta, \mathsf{S}_\beta$ で尽くされる.

TA 上の証明可能性論理は, 分類定理を用いて次のように分類される.

定理 6.1.11（TA 上の証明可能性論理の分類定理 (Beklemishev [8])）

$$\mathsf{PL}_T(\mathsf{TA}) = \begin{cases} \mathsf{S} & T \text{ が健全のとき}, \\ \mathsf{D} & T \text{ が健全でないが } \Sigma_1 \text{ 健全のとき}, \\ \mathsf{GL}_\omega & T \text{ が } \Sigma_1 \text{ 健全でないが高さが無限のとき}, \\ \mathsf{GL} \sqcup \{\neg F_n\} & T \text{ の高さが } n \in \omega \text{ のとき}. \end{cases}$$

6.2 様相述語論理への拡張

ブーロスは [12] において証明可能性の様相論理の研究が述語論理に拡張されうると述べた．証明可能性の様相論理を述語論理において議論することで $\mathsf{Pr}_T(x)$ に関する性質を構文論的，意味論的により高い表現力のもとで捉えることができると期待される．その際には，様相命題論理の場合に成立していた結果がどれだけ拡張されうるのか，という問題がまずは考えられるであろう．実際，80 年代中頃から後半にかけて証明可能性の様相述語論理に関する多くの研究が行われた．本節では証明可能性の様相論理の基本的な概念および結果について述べ，述語論理に対して拡張可能な結果，拡張不可能な結果について述べる．

ここでは簡単化のために，様相述語論理の言語は関数記号と定数記号，等号記号を含まないとしておく．GL を様相述語論理に自然に拡張して得られる論理を QGL と書くことにする．

クリプキモデルの概念を様相述語論理に拡張する．命題論理の場合との本質的な違いは，モデルの各元がドメインをもつことにある．クリプキフレームは次を満たす三つ組 $F = (W, R, \{D_w\}_{w \in W})$ である：W は空でない集合，R は W 上の二項関係，$\{D_w\}_{w \in W}$ は空でない集合の族であり，$\forall w, w' \in W(wRw' \Rightarrow D_w \subseteq D_{w'})$ を満たすものとする．

クリプキモデルはクリプキフレーム $(W, R, \{D_w\}_{w \in W})$ 上に付値を与えたものであるが，$\models$ は W の元 w と D_w からパラメータをとった閉様相述語論理式の間の充足関係であり，

$$M, w \models \forall x \varphi(x) \Leftrightarrow \text{すべての } k \in D_w \text{ について } M, w \models \varphi(k)$$

を満たす．

6.2 様相述語論理への拡張

定義 6.2.1 M をクリプキモデル, F をクリプキフレーム, L を様相述語論理, φ を様相論理式とする.

1. φ がクリプキモデル M やフレーム F で**妥当**であるとは, その全称閉包がそれぞれで妥当であることをいう.
2. L が M や F で妥当であるとは, L の公理がすべてそれぞれで妥当であることをいう.
3. L を妥当とする任意のクリプキモデルにおいて φ が妥当であることを L $\models_{\mathcal{M}} \varphi$ と表す.
4. L を妥当とする任意のクリプキフレームにおいて φ が妥当であることを L $\models_{\mathcal{F}} \varphi$ と表す.

任意の様相述語論理式 φ について, $\vdash_L \varphi$ ならば L $\models_{\mathcal{M}} \varphi$ となるとき, L は**クリプキ健全**であるという. 推論規則がモーダス・ポネンス, 一般化, ネセシテーションのみである様相述語論理 L はクリプキ健全であることが容易に示せる.

任意の文 φ について, L $\models_{\mathcal{M}} \varphi$ ならば $\vdash_L \varphi$ となるとき, L は**クリプキモデル完全**であるという. また, 任意の文 φ について, L $\models_{\mathcal{F}} \varphi$ ならば $\vdash_L \varphi$ となるとき, L は**クリプキフレーム完全**であるという. QGL のクリプキモデル完全性はモンターニャによって証明された [27].

定理 6.2.2 (Montagna [27]) QGL はクリプキモデル完全である, つまり任意の様相述語論理式 φ について, $\vdash_{\mathsf{QGL}} \varphi$ と QGL $\models_{\mathcal{M}} \varphi$ は同値である.

特に注意すべきことは L $\models_{\mathcal{M}} \varphi$ と L $\models_{\mathcal{F}} \varphi$ の違いである. L $\models_{\mathcal{M}} \varphi$ ならば L $\models_{\mathcal{F}} \varphi$ が成り立つことは明らかであろう. しかし一般に逆が成り立つとは限らないのである. 命題論理の場合は例えば GL についていえば, $\nvdash_{\mathsf{GL}} \varphi$ という条件から作られる φ の反例モデルは GL を妥当とするフレーム (推移的かつ逆整礎的) をもったため, GL $\models_{\mathcal{F}} \varphi$ ならば $\vdash_{\mathsf{GL}} \varphi$ がいえ, GL $\models_{\mathcal{M}} \varphi$ もいえたのであった. しかし様相述語論理の場合, 後で述べるように特に QGL についてこのことは成立しない.

フレームにおいて QGL が妥当であることと, その到達可能性関係が推移的かつ逆整礎的であることの同値性は命題論理の場合と全く同様に証明でき

る．Fr(QGL) をすべての推移的かつ逆整礎的なフレームにおいて妥当な文全体の集合，つまり Fr(QGL) = $\{\varphi : \text{QGL} \models_{\mathcal{F}} \varphi\}$ とする．このとき QGL のクリプキ健全性により QGL $\subseteq$ Fr(QGL) が成り立つ．また QGL がクリプキフレーム完全であるという主張は，Fr(QGL) $\subseteq$ QGL と書き換えられる．

次に算術的解釈の概念を述語論理に拡張する．様相述語論理の言語と算術の言語は等しい変数を用いているとする．関係記号を算術の論理式に写す写像 f で次の性質を満たすものを**変換**という：関係記号 $P(x_1,\ldots,x_n)$ に対して $f(P(x_1,\ldots,x_n))$ は P と同じ自由変数をもつ論理式 $\varphi(x_1,\ldots,x_n)$ であり，このとき $f(P(y_1,\ldots,y_n))$ は $\varphi(y_1,\ldots,y_n)$ である．

各変換 f は命題論理の場合と同様に様相述語論理式を算術の論理式に写す写像 f_T に一意に拡張される．ただし $f_T(\forall x \varphi(x)) \equiv \forall x f_T(\varphi(x))$ であり，$f_T(\Box \varphi(x_1,\ldots,x_n))$ において $x_1,\ldots,x_n$ は自由変数である．

任意の変換 f について $U \vdash f_T(\varphi)$ となる文全体の集合を理論 T の U における証明可能性論理といい，QPL$_T(U)$ と書くことにする．つまり QPL$_T(U)$ = $\{\varphi :$ 任意の変換 f について，$U \vdash f_T(\varphi)\}$ である．論理 QGL について算術的健全性 QGL $\subseteq$ QPL$_T(U)$ が成り立つことは今までと同様である．

アルテモフとジャパリッズは有限クリプキモデルに対してソロヴェイの構成法を述語論理に拡張することで次の定理を得た．ただし，クリプキフレーム $M = (W, R, \{D_w\}_{w \in W})$ が有限であるとは，W と D_w がすべて有限集合であることをいう．

定理 6.2.3（Artemov-Japaridze [7]） 任意の様相述語論理式 φ について，$\varphi \in$ QPL$_{\text{PA}}$(PA) ならば，φ は任意の有限推移木フレームにおいて妥当である．

しかし，命題論理の場合に成り立っていた多くのことが，述語論理の QGL，Fr(QGL)，QPL$_T(T)$ については成立しないことが知られている．

定理 6.2.4（Montagna [27]）

1. Fr(QGL) $\not\subseteq$ QGL，つまり QGL はクリプキフレーム完全ではない．
2. QPL$_{\text{PA}}$(PA) $\not\subseteq$ Fr(QGL)，したがって QPL$_{\text{PA}}$(PA) $\not\subseteq$ QGL となる．
3. QPL$_T(T) \neq$ QPL$_U(U)$ となる健全な理論 T, U が存在する．

1 より QGL はクリプキフレームのクラスによって特徴づけることはできない．また 2 より QGL に対して PA の算術的完全性定理は成立しない．さらに次が成り立つ．

定理 6.2.5（倉橋 [25]）

1. T が Σ_1 健全ならば，$\mathrm{Fr}(\mathsf{QGL}) \not\subseteq \mathsf{QPL}_T(T)$．
2. $\mathrm{Fr}(\mathsf{QGL}) \cap \mathsf{QPL}_T(T) \not\subseteq \mathsf{QGL}$．

それでは，$\mathsf{QPL}_T(T)$ や $\mathsf{QPL}_T(\mathsf{TA})$ を特徴づけるような論理はあるのだろうか．あるとすればそれらは再帰的に公理化可能であるべきだが，残念ながら答えはやはり否定的である．まず $\mathsf{QPL}_T(\mathsf{TA})$ については，アルテモフによって次の定理が示された[25]．

定理 6.2.6（Artemov [2]）　$\mathsf{QPL}_{\mathsf{PA}}(\mathsf{TA})$ は算術的でない．

したがって $\mathsf{QPL}_T(\mathsf{TA})$ を特徴づける，命題論理の場合の S のような理論は存在しないことがわかった．アルテモフの定理はヴァルダニヤンおよびブーロス - マッギーによってさらに詳しく次のように分析されている．

定理 6.2.7（Vardanyan; Boolos-McGee [14]）　$\mathsf{QPL}_{\mathsf{PA}}(\mathsf{TA})$ は TA 上で Π_1^0 完全である．

加えて，ヴァルダニヤンによって $\mathsf{QPL}_{\mathsf{PA}}(\mathsf{PA})$ が再帰的に公理化可能でないことも示された．

定理 6.2.8（Vardanyan（[36] を参照））　$\mathsf{QPL}_{\mathsf{PA}}(\mathsf{PA})$ は Π_2^0 完全である．

さらにアルテモフ [4] によって，$\mathsf{QPL}_T(T)$ が理論 T だけでなく，T の証明可能性述語 $\mathrm{Pr}_T(x)$ のとり方にも依存することが示された．これらの結果によって，様相述語論理における証明可能性論理の研究が命題論理の場合のように

---

[25] アルテモフの定理は，PA の超準モデルはすべて再帰的でないというテンネンバウムの定理（Kaye [24] を参照）を用いて証明される．証明は Boolos [13] に詳しく載っている．

はうまく遂行できないことが明らかとなった．一方，$\mathsf{QPL}_T(U)$ が一体どのような集合なのかは未だはっきりとはわかっていない．

6.3 多様相論理への拡張

証明可能性論理の，様相記号を複数もつ様相論理への拡張はいろいろと行われているが，ここでは特にジャパリッズによる多様相論理 GLP とその算術的完全性について紹介する．GLP の算術的完全性の証明は GL の場合のようにクリプキ意味論をスムーズに経由することができない．ここではジャパリッズによる算術的完全性の証明をさらに簡単にしたベクレミシェフ [10] によるアプローチを紹介する．

$\mathsf{Th}_{\Pi_n}(\mathbb{N})$ を $\mathbb{N}$ で真である Π_n 文全体の集合，すなわち $\{\varphi \in \Pi_n : \mathbb{N} \models \varphi\}$ とする．$n \geq 1$ に対して，Π_n 文に関する真理定義述語 $\mathsf{Sat}_{\Pi_n}(x)$ が Π_n 論理式でとれることが知られている．すなわち，$\mathsf{Sat}_{\Pi_n}(x)$ は任意の Π_n 文 φ に対して $\mathsf{PA} \vdash \varphi \leftrightarrow \mathsf{Sat}_{\Pi_n}(\ulcorner\varphi\urcorner)$ となる Π_n 論理式である[26]．この論理式を用いれば，PA の再帰的可算拡大理論 T に対して，理論 $T + \mathsf{Th}_{\Pi_n}(\mathbb{N})$ の証明可能性述語 $\mathsf{Pr}_{T,n}(x)$ をとることができる．ここで証明可能性述語と書いたが，$\mathsf{Pr}_{T,n}(x)$ は Σ_{n+1} 論理式であり，任意の論理式 φ について

$$T + \mathsf{Th}_{\Pi_n}(\mathbb{N}) \vdash \varphi \Leftrightarrow \mathsf{PA} + \mathsf{Th}_{\Pi_n}(\mathbb{N}) \vdash \mathsf{Pr}_{T,n}(\ulcorner\varphi\urcorner)$$

となるようなものである．

$\mathsf{Pr}_{T,n}(x)$ について導出可能性条件に対応する性質が成り立つ．

定理 6.3.1 任意の論理式 φ, ψ について次が成り立つ：

D1 $T + \mathsf{Th}_{\Pi_n}(\mathbb{N}) \vdash \varphi$ ならば，$\mathsf{PA} + \mathsf{Th}_{\Pi_n}(\mathbb{N}) \vdash \mathsf{Pr}_{T,n}(\ulcorner\varphi\urcorner)$．
D2 $\mathsf{PA} \vdash \mathsf{Pr}_{T,n}(\ulcorner\varphi \to \psi\urcorner) \to (\mathsf{Pr}_{T,n}(\ulcorner\varphi\urcorner) \to \mathsf{Pr}_{T,n}(\ulcorner\psi\urcorner))$．
D3 $\mathsf{PA} \vdash \mathsf{Pr}_{T,n}(\ulcorner\varphi\urcorner) \to \mathsf{Pr}_{T,n}(\ulcorner\mathsf{Pr}_{T,n}(\ulcorner\varphi\urcorner)\urcorner)$．

したがって通常の証明と同じ方法で，形式化されたレーブの定理に対応する $\mathsf{PA} \vdash \mathsf{Pr}_{T,n}(\ulcorner\mathsf{Pr}_{T,n}(\ulcorner\varphi\urcorner) \to \varphi\urcorner) \to \mathsf{Pr}_{T,n}(\ulcorner\varphi\urcorner)$ を証明することができる．

ここで，変換 f に対して，$\Box$ を $\mathsf{Pr}_{T,n}(x)$ に写すように定めた T 解釈を $f_{T,n}$

---

[26]証明は Kaye [24] および Hájek and Pudlák [21] を参照．

6.3 多様相論理への拡張

で表すことにすると，通常の可証性述語の場合と同様に GL が $f_{T,n}$ に関して算術的完全となる．すなわち

定理 6.3.2 (Smoryński [34])　理論 T が健全ならば，任意の様相論理式 φ について以下は同値である：

1. $\vdash_{\mathsf{GL}} \varphi$.
2. 任意の変換 f について，$\mathsf{PA} \vdash f_{T,n}(\varphi)$.
3. 任意の変換 f について，$T + \mathsf{Th}_{\Pi_n}(\mathbb{N}) \vdash f_{T,n}(\varphi)$.

したがって，n を固定して $\Pr_{T,n}(x)$ を考えた場合の状況は明らかとなった．より面白いのは異なる m, n に対する $\Pr_{T,m}(x)$ と $\Pr_{T,n}(x)$ の関係である．まずは次が成り立つ．

命題 6.3.3　任意の $m, n \in \omega$ $(m < n)$ と任意の論理式 φ について次が成り立つ：

1. $\mathsf{PA} \vdash \Pr_{T,m}(\ulcorner \varphi \urcorner) \to \Pr_{T,n}(\ulcorner \varphi \urcorner)$.
2. $\mathsf{PA} \vdash \neg\Pr_{T,m}(\ulcorner \varphi \urcorner) \to \Pr_{T,n}(\ulcorner \neg\Pr_{T,m}(\ulcorner \varphi \urcorner) \urcorner)$.

それでは，このような性質を取り扱うような様相論理を考えることはできないだろうか．

多様相論理の言語は命題論理の言語に無限個の様相記号 $[0], [1], [2], \ldots$ を加えたものである．多様相論理の論理式 φ について，$\langle n \rangle \varphi$ を $\neg[n]\neg\varphi$ の略記とする．ここで，次の公理と推論規則で与えられる多様相論理を GLP という：
公理は

1. 多様相論理の言語のすべての恒真式
2. 任意の $n \in \omega$ について，$[n](\varphi \to \psi) \to ([n]\varphi \to [n]\psi)$
3. 任意の $n \in \omega$ について，$[n]([n]\varphi \to \varphi) \to [n]\varphi$
4. 任意の $m, n \in \omega$ $(m < n)$ について，$[m]\varphi \to [n]\varphi$
5. 任意の $m, n \in \omega$ $(m < n)$ について，$\langle m \rangle \varphi \to [n]\langle m \rangle \varphi$

であり，推論規則はモーダス・ポネンスおよび [0] に関するネセシテーション

$\dfrac{\varphi}{[0]\varphi}$ である（一般の $[n]$ に対するネセシテーション規則も公理 $[0]\varphi \to [n]\varphi$ を考えることで成立する）．

様相記号を一つだけもつ場合と同様にして，変換 f に対して，$f_T([n]\varphi) \equiv \mathrm{Pr}_{T,n}(\ulcorner f_T(\varphi) \urcorner)$ とすることで多様相論理式を算術の文に写す写像 f_T に一意に拡張することができ，こうして作られる写像 f_T を T 解釈と呼ぶことにすれば，GLP の T 解釈に関する算術的健全性が成り立つことは容易に確認できる．算術的健全性からの帰結として，次のようなことがわかる．

命題 6.3.4 $\not\vdash_{\mathsf{GLP}} [1]\bot$.

証明 $\vdash_{\mathsf{GLP}} [1]\bot$ であるとすると，算術的健全性より，任意の変換 f について $\mathsf{PA} \vdash f_{\mathsf{PA}}([1]\bot)$，すなわち PA において $\mathsf{PA} + \mathrm{Th}_{\Pi_1}(\mathbb{N})$ が矛盾することが証明できる．一方 PA は健全なので $\mathsf{PA} + \mathrm{Th}_{\Pi_1}(\mathbb{N})$ は無矛盾であるからおかしい．したがって $\not\vdash_{\mathsf{GLP}} [1]\bot$ である． □

GLP の算術的完全性を示すためには，GL の場合と同様に GLP のクリプキ意味論を経由してソロヴェイ構成法を適用するのが良さそうである．多様相論理に対してもクリプキ意味論を考えることができる．多様相論理のクリプキフレームとは $(W; R_0, R_1, \ldots)$ で各 R_i が空でない集合 W 上の二項関係であるようなものをいう．クリプキモデルはクリプキフレーム上に付値 V を与えたものであるが，特に各 $[n]$ に対して

$$M, x \models [n]\varphi \Leftrightarrow \forall y \in W(xR_n y \Rightarrow M, y \models \varphi)$$

と定める．

しかし残念ながら GLP を特徴づけるようなクリプキフレームのクラスはない．すなわち

命題 6.3.5（Japaridze） GLP はクリプキ完全ではない．

証明 $F = (W; R_0, R_1, \ldots)$ を，GLP の公理をすべて妥当にするクリプキフレームとする．いま $x \in W$ について $xR_1 y$ となる $y \in W$ がとれたとして矛盾を導く．

まず付値 V を $w \in V(p) :\Leftrightarrow xR_0 w$ と定めたモデル $M = (W, R, V)$ を考え

ると，xR_0z ならば $M, z \models p$ となるため $M, x \models [0]p$．GLP の公理 $[0]p \to [1]p$ は妥当なので $M, x \models [1]p$ だから，xR_1y より $M, y \models p$，つまり $y \in V(p)$ となる．したがって V の定め方より xR_0y である．

付値 V' を $w \in V'(p) :\Leftrightarrow w \neq y$ と定めたモデル $M' = (W, R, V')$ を考えると $y \notin V'(p)$，つまり $M', y \not\models p$ なので xR_0y より $M', x \models \langle 0 \rangle \neg p$．GLP の公理 $\langle 0 \rangle \neg p \to [1]\langle 0 \rangle \neg p$ が妥当であることから，$M', x \models [1]\langle 0 \rangle \neg p$．$xR_1y$ より $M', y \models \langle 0 \rangle \neg p$ となる．つまりある $z \in W$ があって yR_0z かつ $M', z \not\models p$，つまり $z \notin V'(p)$．ここで V' の定め方より $z = y$ なので yR_0y がいえた．しかしこれは $[0]([0]p \to p) \to [0]p$ が妥当であることに矛盾する．

以上より R_1 が空であることが示せた．よって F において $[1]\bot$ が妥当である．したがって GLP の公理を妥当とするクリプキフレームはまた $[1]\bot$ を妥当とすることがわかった．しかし $\not\vdash_{\mathsf{GLP}} [1]\bot$ なので，GLP を特徴づけるクリプキフレームのクラスは存在しない． □

一方，GLP の部分論理でクリプキ完全性の成り立つものがとれる．GLP の公理 $[m]\varphi \to [n]\varphi$ を

1. $[m]\varphi \to [m][n]\varphi$ と
2. $[m]\varphi \to [n][m]\varphi$

で置き換えることで得られる論理を J とする．次で示すように，J は GLP の部分論理である．

命題 6.3.6 任意の様相論理式 φ について，

1. $\vdash_{\mathsf{GLP}} [m]\varphi \to [m][n]\varphi$,
2. $\vdash_{\mathsf{GLP}} [m]\varphi \to [n][m]\varphi$.

証明 1. $\vdash_{\mathsf{GLP}} [m]\varphi \to [n]\varphi$ なので，$[m]$ に関するネセシテーションより $\vdash_{\mathsf{GLP}} [m]([m]\varphi \to [n]\varphi)$ である．すなわち $\vdash_{\mathsf{GLP}} [m][m]\varphi \to [m][n]\varphi$ である．ここで GL の場合と同様に $\vdash_{\mathsf{GLP}} [m]\varphi \to [m][m]\varphi$ が示せるため，$\vdash_{\mathsf{GLP}} [m]\varphi \to [m][n]\varphi$ がいえる．

2. $\vdash_{\mathsf{GLP}} [m]\varphi \to [m][m]\varphi$ と公理 $[m][m]\varphi \to [n][m]\varphi$ を合わせると $\vdash_{\mathsf{GLP}}$

$[m]\varphi \to [n][m]\varphi$ を得る. □

クリプキフレーム $(W, R_0, R_1, \ldots)$ が J フレームであるとは，次の三つの条件を満たすことをいう：

1. すべての $i \in \omega$ について，R_i は無限上昇列をもたない.
2. $m < n$ ならば，任意の $x, y, z \in W$ について，xR_ny ならば，xR_mz と yR_mz は同値.
3. $m < n$ ならば，任意の $x, y, z \in W$ について，xR_my かつ yR_nz ならば xR_mz となる.

クリプキフレーム $(W, R_0, R_1, \ldots)$ が有限であるとは，W が有限集合であり，有限個を除くすべての $i \in \omega$ について $R_i = \emptyset$ となることをいう．このとき，次が成り立つ.

定理 6.3.7（Beklemishev [9]） 任意の様相論理式 φ について，以下は同値である：

1. $\vdash_\mathsf{J} \varphi$.
2. φ は任意の有限な J フレームで妥当である.

GL と S の関係を思い出せば，GL $\subseteq$ S だが，S $= \{\varphi : \vdash_\mathsf{GL} S(\varphi) \to \varphi\}$ として GL を用いて S を特徴づけることができた．そして J と GLP にも同様の構造が成立する.

様相論理式 φ に対して，φ の $[m]\psi$ という形の部分論理式を $[m_0]\varphi_0$, $[m_1]\varphi_1, \ldots, [m_{s-1}]\varphi_{s-1}$ と列挙し，$n = \max\{m_i : i < s\}$ とする．様相論理式 $M(\varphi)$ と $M^+(\varphi)$ をそれぞれ

- $\bigwedge_{i<s} \bigwedge_{m_i < j \leq n} ([m_i]\varphi_i \to [j]\varphi_i)$,
- $M(\varphi) \wedge \bigwedge_{i \leq n} [i]M(\varphi)$

と定める．$M(\varphi)$ は論理 J を定める際に GLP から落とした公理に対応する論理式であり，特に $\vdash_{\mathsf{GLP}} M^+(\varphi)$ であることに注意．このとき次の算術的完全性定理が成立する．

定理 6.3.8（算術的完全性定理 (Japaridze [22], Beklemishev [10])）　T を健全とすると，任意の様相論理式 φ について，以下は同値である：

1. $\vdash_{\mathsf{J}} M^+(\varphi) \to \varphi$.
2. $\vdash_{\mathsf{GLP}} \varphi$.
3. 任意の変換 f について，$T \vdash f_T(\varphi)$.

証明は省略するが，$(1 \Rightarrow 2)$ および $(2 \Rightarrow 3)$ は明らかであり，$(3 \Rightarrow 1)$ の証明において J のクリプキ完全性と，J フレームをもつモデルに対するソロヴェイ構成法を適用すればよい（ただしもちろん自明ではない）．

# 第 2 部 参考文献

[1] Sergei N. Artemov. Arithmetically complete modal theories. *Semiotics and information science*, 14:115-133, 1980. translated in *American Mathematical Society Translations*, 135(2):39-54, 1987.

[2] Sergei N. Artemov. Nonarithmeticity of truth predicate logics of provability. *Doklady Akademii Nauk SSSR*, 284(2):270-271, 1985.

[3] Sergei N. Artemov. On modal logics axiomatizing provability. *Izvestiya Akademii Nauk SSSR. Seriya Matematicheskaya*, 49(6):1123-1154, 1985. translated in *Math. USSR Izvestiya*, 27(3):401-429, 1986.

[4] Sergei N. Artemov. Numerically correct logics of provability. *Doklady Akademii Nauk SSSR*, 290(6):1289-1292, 1986.

[5] Artemov, Sergei N. Uniform arithmetic completeness of modal provability logics. Matematicheskie Zametki, 48(1):3-9, 1990. translated in *Mathematical notes of the Academy of Sciences of the USSR*, 48(1):625-629, 1990.

[6] Sergei N. Artemov and Lev D. Beklemishev. Provability logic. volume 13 of *Handbook of Philosophical Logic*, pages 189-360. Springer, 2nd edition, 2005.

[7] Sergei N. Artemov and Giorgi Japaridze. Finite Kripke models and predicate logics of provability. *The Journal of Symbolic Logic*, 55(3):1090-1098, 1990.

[8] Lev D. Beklemishev. On the classification of propositional provability logics. *Izvestiya Akademii Nauk SSSR. Seriya Matematicheskaya*, 53(5):915-943, 1989.

[9] Lev D. Beklemishev. Kripke semantics for provability logic GLP. *Annals of Pure and Applied Logic*, 161(6):756-774, 2010.

[10] Lev D. Beklemishev. A simplified proof of arithmetical completeness theorem for provability logic GLP. *Proceedings of the Steklov Institute of Mathematics*, 274(1):25-33, 2011.

[11] Claudio Bernardi. The uniqueness of the fixed-point in every diagonalizable algebra. *Studia Logica*, 35(4):335-343, 1976.

[12] George Boolos. *The unprovability of consistency. An essay in modal logic.*

Cambridge University Press, 1979.

[13] George Boolos. *The logic of provability*. Cambridge University Press, 1993.

[14] George Boolos and Vann McGee. The degree of the set of sentences of predicate provability logic that are true under every interpretation. *The Journal of Symbolic Logic*, 52(1):165-171, 1987.

[15] Rudolf Carnap. *Logische Syntax der Spreche*. Springer, 1934.

[16] Dick de Jongh. The maximality of the intuitionistic predicate calculus with respect to Heyting's Arithmetic (abstract). *The Journal of Symbolic Logic*, 35:606, 1970.

[17] Andrzej Ehrenfeucht and Solomon Feferman. Representability of recursively enumerable sets in formal theories. *Archiv für Mathematische Logik und Grundlagenforschung*, 5:37-41, 1960.

[18] Solomon Feferman. Arithmetization of metamathematics in a general setting. *Fundamenta Mathematicae*, 49:35-92, 1960.

[19] Kurt Gödel. Über formal unentscheidbare Sätze der Principia Mathematica und verwandter Systeme I. (in German). *Monatshefte für Mathematik und Physik*, 38(1):173-198, 1931. English translation in Kurt Gödel, *Collected Works*, Vol. 1 (pp. 145-195).

[20] Kurt Gödel. Eine interpretation des intuitionistischen aussagenkalküls. *Ergebnisse eines Mathematischen Kolloquiums*, 4(6):39-40, 1933. translated in Kurt Gödel, *Collected Works*, Vol. I (pp. 300-303).

[21] Petr Hájek and Pavel Pudlák. *Metamathematics of First-Order Arithmetic*. Perspectives in Mathematical Logic. Springer-Verlag, 1993.

[22] Giorgi Japaridze. *Modal logical means of investigating provability (in Russian)*. PhD thesis, Moscow State University, 1986.

[23] Giorgi Japaridze and Dick de Jongh. *The logic of provability*, volume 137 of *Studies in Logic and the Foundations of Mathematics*, pages 475-546. North-Holland, 1998.

[24] Richard Kaye. *Models of Peano arithmetic*, volume 15 of *Oxford Logic Guides*. Oxford University Press, 1991.

[25] Taishi Kurahashi. Arithmetical interpretations and Kripke frames of predicate modal logic of provability. *The Review of Symbolic Logic*, 6(1):129-146, 2013.

[26] Martin Hugo Löb. Solution of a problem of Leon Henkin. *The Journal of Symbolic Logic*, 20(2):115-118, 1955.

[27] Franco Montagna. The predicate modal logic of provability. *Notre Dame Journal of Formal Logic*, 25(2):179-189, 1984.

[28] John Barkley Rosser. Extensions of some theorems of Gödel and Church. *The Journal of Symbolic Logic*, 1(3):87-91, 1936.

[29] Giovanni Sambin. An effective fixed-point theorem in intuitionistic diagonalizable algebras. *Studia Logica*, 35(4):345-361, 1976.

[30] Heinrich Scholz, Georg Kreisel, and Leon Henkin. Problems. *The Journal of Symbolic Logic*, 17:160, 1952.

[31] V. Yu. Shavrukov. Subalgebras of diagonalizable algebras. *Dissertationes Mathematicae*, 323, 1993.

[32] Craig Smoryński. Applications of Kripke models. In Troelstra, editor, *Metamathematical Investigations of Intuitionistic Arithmetic and Analysis*, chapter 5, pages 324-391. Springer-Verlag, 1973.

[33] Craig Smoryński. The incompleteness theorems. In J. Barwise, editor, *Handbook of Mathematical Logic*, pages 821-865. North-Holland, 1977.

[34] Craig Smoryński. *Self-reference and modal logic*. Universitext. Springer-Verlag, 1985.

[35] Robert M. Solovay. Provability interpretations of modal logic. *Israel Journal of Mathematics*, 25(3-4):287-304, 1976.

[36] V. A. Vardanyan. Arithmetic complexity of provability predicate logics and their fragments (Russian). *Dokl. Akad. Nauk SSSR*, 288(1):11-14, 1986. English translation in *Soviet Mathematics Doklady* 33:569-572, 1986.

[37] Albert Visser. *Aspects of diagonalization and provability*. PhD thesis, University of Utrecht, 1981.

[38] Albert Visser. The provability logics of recursively enumerable theories extending Peano arithmetic at arbitrary theories extending Peano arithmetic. *Journal of Philosophical Logic*, 13(2):181-212, 1984.

[39] 菊池誠. 不完全性定理. 共立出版, 2014.

[40] 田中一之. 数の体系と超準モデル. 裳華房, 2002.

[41] 田中一之・鹿島亮・角田法也・菊池誠. 数学基礎論講義—不完全性定理とその発展. 日本評論社, 1997.

[42] 田中一之編. ゲーデルと20世紀の論理学3 不完全性定理と算術の体系. 東京大学出版会, 2007.

第3部
強制法と様相論理

薄葉 季路

19世紀末に「連続体濃度が可算無限濃度より真に大きい」ことをカントールが証明したことにより集合論が始まったといわれている．カントールは，現在では連続体仮説と呼ばれる「可算無限濃度の次に大きい無限濃度は連続体濃度である」という予想を立てその解決に尽力したが，この連続体問題はその後半世紀にわたって未解決問題として残されることとなった．

連続体問題への最初の解答はゲーデルによって与えられた．1940年にゲーデルが「連続体仮説は標準的なZFC集合論と無矛盾である」ことを証明した．したがってZFCからは連続体仮説の否定が証明できないことが判明したのである．ゲーデルの証明は，集合の宇宙を最小まで小さくすることで得られた．そのような最小の宇宙は現在では構成可能宇宙と呼ばれているが，その中で連続体仮説が成り立つことをゲーデルが示した．これによりZFCと連続体仮説が無矛盾であることが判明したのである．この構成可能宇宙は，集合の宇宙を「小さくする」内部モデル理論を生み出し，現在に至るまで盛んに研究されている．

連続体仮説がZFCと無矛盾であることが示されたので，残された問題は，ZFCと連続体仮説の否定が無矛盾であるか否かである．この問題の答えは1965年にコーエンによって与えられた．「連続体仮説の否定はZFC集合論と無矛盾である」ことが証明されたのである．したがって，連続体仮説はZFC集合論では証明も反証もできない独立命題であることが判明したのである．

コーエンの手法はゲーデルの手法の逆を行なっている．コーエンは集合の宇宙を「大きくする」強制法を開発し，それによって連続体仮説が成り立たない集合論のモデルを構成したのである．コーエンによって連続体仮説の独立性が証明された後，強制法の重要性と汎用性は直ちに認識されることとなった．実際，コーエンの結果からわずかの内に強制法は整理，拡張され様々な結果を生み出すこととなったのである．例を挙げれば，コーエンの結果からわずか数年の内に，ソロヴェイは「すべての実数の集合がルベーグ可測である」ZFのモデルを強制法で構成し，古典的な測度論の問題を解決した．現在でも強制法は集合論研究の重要テクニックのひとつであり，様々な問題が強制法によって解決されていっている．

強制法は大雑把に言って，意味論的な側面である強制拡大と，構文論的側面である強制関係の二つの側面を持っている．強制拡大は具体的に集合論のモデルを拡大する手法であり，何度も拡大することでいくつものモデルが構成できる．このようにして得られるモデルすべてを集めることで，様相論理におけ

るクリプキフレームに似た（集合論的）多元宇宙が構成可能である．一方，強制法の構文論的側面である強制関係についても，最近になって様相論理の必然性オペレーターと「すべての強制概念が強制する」との類似性に着目することで，強制関係を用いて定義される「強制様相論理」の研究が始められた．本解説の目的は，強制法と様相論理との関係を上のような観点から紹介することである．強制様相論理が様相論理のシステム S4.2 とちょうど等しくなるハムキンズ-レーヴェの定理を目標に，強制拡大によって得られる多元宇宙とクリプキフレームの関係などを紹介する．また，これらの話題の解説に必要となる集合論と強制法の概説，および強制様相論理の関連話題ついても紹介する．

第3部は以下のような構成である．第7章においては全体の概要，および後の章で必要になる公理的集合論の基本について解説する．第8章は強制法の解説である．ZFC のモデルの基本性質の解説の後，強制拡大と多元宇宙，および強制関係について解説を行う．第9章では強制様相論理 MLF を導入後，強制様相論理が S4.2 を含む正規様相論理になることを証明した後，それがちょうど S4.2 であることを主張するハムキンズ-レーヴェの定理の紹介を行う．最後に，MLF がある意味で S5 にもなりえることなどの関連話題について紹介する[1]．

---

[1] 藤田博司氏と松原洋氏には初稿を読んでいただき様々な指摘をいただいた．この場の借りて感謝の言葉を申し上げる．また，本解説の執筆は JSPS 科研費 15624781, 15584002 の助成を受けたものである．

第7章

公理的集合論の概要

7.1 多元宇宙論と強制様相論理の概要

まずこの節では，強制法，強制拡大，多元宇宙論，強制様相論理について正確さを無視して全体の大雑把な概要を与える．正確な定義等は後で与える．

強制法 (forcing) はコーエンによって開発された手法で，簡単に言って，

(1) 与えられた ZFC 集合論のモデル M から，M の拡張である ZFC のモデル N で望ましい性質をもつものを構成する手法．
(2) ZFC と命題 φ が無矛盾であることを構文論的に証明する手法．

である．強制法において，(1) に対応する意味論的な **強制拡大 (forcing extension)** と (2) に対応する構文論的な **強制関係 (forcing relation)** の二つが重要な役割を果たす．まず強制法の意味論的な側面である強制拡大について解説する．

ZFC の（集合）モデル M，すなわち ZFC の公理をすべて満たす数学的構造，と前順序 $\mathbb{P} \in M$（推移的かつ反射的な順序集合）が与えられたとする．このとき，$\mathbb{P}$ 上のフィルター $F \subseteq \mathbb{P}$ が**ジェネリック**と呼ばれる性質を満たすとき，次の三つの性質をもつ ZFC のモデル N が構成可能である：

(1) $M \subseteq N$.
(2) $F \in N$.
(3) N は (1), (2) を満たすものの中で最小のものである．

このとき，N を M の $\mathbb{P}$ による**強制拡大**と呼び，N を $M[F]$ と表すことにする．また，M のことを $M[F]$ の**基礎モデル**と呼ぶ．一般にジェネリックなフィルターは M の元にはならないので，$M[F]$ は M の真の拡張である．気分的には，強制拡大をとる操作は有理数体 $\mathbb{Q}$ に実数 x を加えて拡大体 $\mathbb{Q}[x]$ を構成することに似ている．$x \in \mathbb{Q}$ ならば $\mathbb{Q}[x] = \mathbb{Q}$ であるし，$x \notin \mathbb{Q}$ ならば $\mathbb{Q}[x]$ は $\mathbb{Q}$ の真の拡大体になる．

有理数体 $\mathbb{Q}$ では方程式 $x^2 = 2$ は解をもたないが，拡大体 $\mathbb{Q}[\sqrt{2}]$ では $x^2 = 2$ は解をもつ．したがって $\mathbb{Q}$ と $\mathbb{Q}[\sqrt{2}]$ は体としてまったく異なった構造をもつ．一方で重要なことは，$\sqrt{2}$ は「$x^2 = 2$ の解」という形で $\mathbb{Q}$ の中で（存在するわけではないが）ある意味で定義できることである．ジェネリックフィルターや強制拡大もある意味で基礎モデルの中で（存在するわけではないが）定義できるものであり，この性質のおかげで強制拡大は基礎モデルから「真の拡大ではあるが，それほどかけ離れているわけではない」モデルになっている．これにより，強制拡大の構造をうまく制御することが可能になっている．

コーエンは現在では「コーエン強制」と呼ばれる $\mathbb{P}$ をうまく探してきて連続体仮説の否定が成り立つ強制拡大を構成し，これにより ZFC と連続体仮説の否定が無矛盾であることを示した．コーエンの強制法は多くの研究者により整理，洗練されていった結果，非常に強力かつ汎用的な手法であることが判明した．現代的な集合論の研究の半分は強制法の研究であるといっても過言ではなく，強制法を用いることで様々な命題が ZFC と無矛盾であることがわかっている．

ここで，ZFC のモデル M を一つ固定し，モデルの族 $\mathcal{W}_n$ $(n \in \mathbb{N})$ を次のように帰納的に定義してみる：

(1) $\mathcal{W}_0 = \{M\}$.
(2) $\mathcal{W}_{n+1} = \{N : N \text{ は } \mathcal{W}_n \text{ の元の強制拡大である}\} \cup \{N : N \text{ は } \mathcal{W}_n \text{ の元の基礎モデルである}\}$.

$\mathcal{W} = \bigcup_{n \in \mathbb{N}} \mathcal{W}_n$ とする．したがって，$\mathcal{W}$ は M, M の強制拡大, M の基礎モデル, M の強制拡大の強制拡大, ... 全体からなるクラスである（実際は集合になる）．したがって $\mathcal{W}$ は強制拡大をとる操作，および基礎モデルをとる操作に関して閉じている最小の集合族である．さらに，$\mathcal{W}$ 上の二項関係 $\mathcal{R}$ を

$$N_0 \mathcal{R} N_1 \underset{\text{def}}{\Longleftrightarrow} N_1 \text{ は } N_0 \text{ の強制拡大}$$

と定義すると，$\mathcal{W}$ と $\mathcal{R}$ の組はクリプキフレームとみなすことができる．$\mathcal{W}$ の要素は ZFC のモデルであり，ZFC のモデルはある意味ですべての数学的存在が詰まった**数学の世界**である．強制拡大は前述のように「基礎モデルからそれほどかけ離れていない」という意味で，まさしく到達可能な世界である．さらに各 $\mathcal{W}$ の要素では，連続体仮説など様々な ZFC の独立命題の肯定，否定が成り立っている．つまり $\mathcal{W}$ は文字通りの意味で**到達可能な可能世界の集まり**になっている．このフレームは**集合論的多元宇宙**，または単に**多元宇宙**と呼ばれ集合論的観点から盛んに研究が行われている．

ここで，このフレームがどのような性質をもつのかを見てみることにする：

- $N \mathcal{R} N$: $\mathbb{P} \in N$ として一元集合 $\{\emptyset\}$ からなる前順序を考える．$F = \{\emptyset\}$ とすると F は $\mathbb{P}$ のジェネリックフィルターとなるが，強制拡大の最小性から $N[F] = N$ となる．したがって N は N 自身の強制拡大になる．

- $N_0 \mathcal{R} N_1$ かつ $N_1 \mathcal{R} N_2$ ならば $N_0 \mathcal{R} N_2$: 言い換えると，N_1 が N_0 の強制拡大，N_2 が N_1 の強制拡大ならば N_2 は N_0 の強制拡大になる．これは自明でない言明であるが，実は成り立つことが知られている．

これらにより，少なくともこのフレームはいわゆる S4 フレームになる．ではそれ以外にどのような性質を満たすかというと，実はこのフレームはそれ以外の良い性質をあまりもたない．実際，有向性等は一般には成り立たないことが知られている．また，$\mathcal{W}$ の構造および各 $N \in \mathcal{W}$ でどのような命題が成り立つかは一般に M のとり方に強く依存する[2]ため，$\mathcal{W}$ の構造の一般論の展開はなかなか難しい[3]．

次に，構文論的な側面である強制関係について述べる．前順序 $\mathbb{P}$ と集合論の論理式 φ に対し，「$\mathbb{P}$ は φ を強制する」と呼ばれる強制関係「$\Vdash_{\mathbb{P}} \varphi$」がパラメータ $\mathbb{P}$ をもつ集合論の論理式 $\Phi_\varphi(\mathbb{P})$ で定義される．具体的な定義は後回しにするが，強制関係 $\Vdash_{\mathbb{P}}$ は次のような性質をもっている：

---

[2] 例えば M で $V = L$ が成立するか，M が巨大基数をもつか，などでかなり変わってくる．

[3] しかしながら，このフレームが S4 フレームであることは本質的であると思われる．実際にスマリヤン - フィッティング [10] では強制法を様相論理の言葉を用いて定義しているが，その際には S4 様相論理が用いられている．

(1) Φ が集合論の論理式で,かつ述語論理から仮定なしで証明可能ならば $\Vdash_\mathbb{P} \Phi$.
(2) $\nVdash_\mathbb{P} \bot$.
(3) $\Vdash_\mathbb{P} \varphi$ かつ $\Vdash_\mathbb{P} \varphi \to \psi$ ならば $\Vdash_\mathbb{P} \psi$.
(4) φ が ZFC の公理ならば $\Vdash_\mathbb{P} \varphi$.
(5) $\Vdash_\mathbb{P} \varphi \wedge \psi \iff \Vdash_\mathbb{P} \varphi$ かつ $\Vdash_\mathbb{P} \psi$.

一方,次は一般に成り立たない.

- $\nVdash_\mathbb{P} \neg \varphi \iff \Vdash_\mathbb{P} \varphi$.
- $\Vdash_\mathbb{P} \varphi \vee \psi \iff \Vdash_\mathbb{P} \varphi$ または $\Vdash_\mathbb{P} \psi$.

実際には,強制関係は次のような意図を満たすように構成される.

事実 7.1.1 ZFC のモデル M,前順序 $\mathbb{P} \in M$,および集合論の閉論理式 φ に対して,

$$M \vDash \Vdash_\mathbb{P} \varphi \iff M \text{ の } \mathbb{P} \text{ による任意の強制拡大で } \varphi \text{ が成立する}.$$

注意をすると,右辺「M の $\mathbb{P}$ による任意の強制拡大で φ が成立する」は M の強制拡大に言及しており,明らかに M の外の情報を用いている.一方で左辺 $M \vDash \Vdash_\mathbb{P} \varphi$ は完全に M の中で記述できる性質である.したがって,M の強制拡大での φ の真偽は M の内部で強制関係を用いて(部分的に)みることができ,このことが前述の「強制拡大はある意味で基礎モデル内で定義される」ことを示している.これにより,強制拡大の細かい挙動を M の内部でコントロールすることが可能になる.強制法を用いて様々な強制拡大を構成するのにこの事実は非常に重要である.

ここにおいて,強制関係 $\Vdash_\mathbb{P} \varphi$ と必然性オペレーター $\Box \varphi$ との間に明らかな類似をみることができる.$\Box \varphi$ は「任意の(到達可能な)可能世界で φ が成り立つ」であるが,$\Vdash_\mathbb{P}$ は上の事実により,「$\mathbb{P}$ による任意の強制拡大で φ が成り立つ」とみることができる.固定された $\mathbb{P}$ だけではすべての強制拡大は得られないが,一方ですべての前順序を考えればすべての強制拡大が得られるので,次のような定義が考えられる:

集合論の閉論理式 φ に対して,
$$\Box\varphi \underset{\mathrm{def}}{\iff} \text{任意の前順序 } \mathbb{P} \text{ に対して, } \Vdash_\mathbb{P} \varphi.$$
ここで, $\Vdash_\mathbb{P} \varphi$ は上の論理式 $\Phi_\varphi(\mathbb{P})$ で定義されているので, $\Box\varphi$ は $\forall\mathbb{P}(\Phi_\varphi(\mathbb{P}))$ という形で集合論の論理式を用いて定義可能である.

必然性オペレーター $\Box$ の双対である $\Diamond$ は
$$\Diamond\varphi \underset{\mathrm{def}}{\iff} \text{前順序 } \mathbb{P} \text{ で } \Vdash_\mathbb{P} \varphi \text{ となるものが存在する}.$$
このように $\Box$, $\Diamond$ を定義すると, $\neg\Box\varphi$ は $\exists\mathbb{P}(\nVdash_\mathbb{P} \varphi)$ となるので, 表面上は $\Diamond\neg\varphi$ と同値にはみえないが, ちゃんと $\Box$ と $\Diamond$ の間の双対性が成立することがわかる:

(1) $\neg\Box\neg\varphi \iff \Diamond\varphi$.
(2) $\neg\Diamond\neg\varphi \iff \Box\varphi$.

ペアノ算術 PA における証明可能性と必然性オペレーター $\Box$ との間の類似から証明可能性論理が定義されて, 幅広く研究されている. 詳細は第 2 部をみていただきたい. 証明可能性論理では

必然性 $\approx$ 証明可能性

であったが, ここでは先のように

必然性 $\approx$ 強制可能性

と捉えて**強制様相論理** (Modal Logic of Forcing, MLF) を次のように定義する (証明可能性論理と比較されたし):

定義 7.1.2 命題様相論理の各論理式に対して集合論の閉論理式を対応させるオペレーター H が次を満たすとき H は**翻訳**と呼ばれる.

(1) $H(\bot) = \bot$.
(2) $H(\neg\varphi) = \neg H(\varphi)$.
(3) $H(\varphi \wedge \psi) = H(\varphi) \wedge H(\psi)$.
(4) $H(\Box\varphi) = $「任意の前順序 $\mathbb{P}$ に対して $\Vdash_\mathbb{P} H(\varphi)$」.

7.1 多元宇宙論と強制様相論理の概要

定義 7.1.3　強制様相論理 (Modal Logic of Forcing), MLF とは，命題様相論理の論理式 φ で，任意の翻訳 H に対して，

$$\text{ZFC} \vdash H(\varphi)$$

が成り立つもの全体である．

証明可能性論理が様相論理 GL と一致することがソロヴェイの研究により明らかになった（第 2 部参照）．では，MLF と既存の様相論理のシステムとの関係が自然な疑問として湧き上がるが，まず次の事実が知られている：

定理 7.1.4（Hamkins）　MLF は S4.2 を含み，S5 に含まれる正規様相論理である．

ここで注意を一つ．MLF は S4.2 を含み，S4.2 フレームは有向的である．一方で先に触れたように強制拡大全体のフレームは有向的にはならないので，MLF のフレームとして強制拡大全体は対応していない．したがって，上のフレームを考えるだけでは 構文論の強制関係と意味論の強制拡大は一致していない．

さて，MLF は S4.2 と S5 の間に挟まるものであるが，最近の研究により MLF がちょうど S4.2 と一致することが明らかになった：

定理 7.1.5（Hamkins-Löwe [5]）　MLF は S4.2 とちょうど一致する．

この第 3 部の目的は，この多元宇宙と強制様相論理，および関連する話題の解説を行うことである．しかしながら公理的集合論や強制法の定義，基本性質等の詳細な解説は分量の都合上不可能である．よって必要最低限の定義や基本性質の解説のみ行う．

公理的集合論と強制法について詳しく知りたい方は，キューネン [8]，[9]（[8] の和訳に [14] がある）などの定評ある教科書を読むことをお勧めする．日本語で読めてしっかり書いてあるものとしては渕野 [15] などがある．また，強制法をある程度知っている読者で多元宇宙論と強制様相論理を学びたいならば，原論文ハムキンス - レーヴェ [5] を読むことをお勧めする．発展的な話題はハムキンス [3]，ハムキンス - リーブマン - レーヴェ [4]，イナムダー - レー

ヴェ [6], スティール [12], ウッディン [13] などがある. ブロック - レーヴェ [1] はこれらの良いサーベイである. 本来ならばこれらの発展的な話題についても詳しく解説すべきだが, 公理的集合論と強制法のかなりの知識が必要になるので, 本解説では簡単に触れるのみとする.

7.2 集合論の基礎

この 7.2 節と 7.3 節では, 強制法の理論を展開するのに必要になる集合論の諸性質について解説を行う. 公理的集合論にある程度慣れ親しんでいる読者は飛ばしても問題はない.

定義 7.2.1 集合論の言語 $\mathcal{L}_{\mathrm{ZF}}$ とは二項関係記号 $\in$ だけからなる言語のことである.

本来ならば本物の所属関係 $\in$ と $\mathcal{L}_{\mathrm{ZF}}$ を区別するために別の記号を用いるべきだが, 特に迷うこともないと思われるので同じ記号を用いることにする.

定義 7.2.2 下記の $\mathcal{L}_{\mathrm{ZF}}$ の閉論理式からなる公理系を **ZFC** と呼ぶ. ここで φ は $\mathcal{L}_{\mathrm{ZF}}$ の論理式である.

(1) (外延性公理) $\forall u \forall v (u = v \leftrightarrow \forall w (w \in u \leftrightarrow w \in v))$.
(2) (対の公理) $\forall u \forall v \exists w (u, v \in w)$.
(3) (和集合公理) $\forall u \exists v \forall w (w \in u \to w \subseteq v)$.
(4) (冪集合公理) $\forall u \exists v \forall w (w \subseteq u \to w \in v)$.
(5) (無限公理) $\exists u (\emptyset \in u \land \forall v \in u (v \cup \{v\} \in u))$.
(6) (分出公理) $\forall u \forall v_0, \ldots, v_n \exists w \forall x (x \in w \leftrightarrow x \in u \land \varphi(x, v_0, \ldots, v_n))$.
(7) (置換公理) $\forall u \forall v_0, \ldots, v_n (\forall w \in u \exists! x \varphi(w, x, v_0, \ldots, v_n) \to \exists y \forall w \in u \exists x \in y \varphi(w, x, v_0, \ldots, v_n))$.
(8) (正則性公理) $\forall u (u \neq \emptyset \to \exists v \in u (u \cap v = \emptyset))$.
(9) (選択公理) 任意の空でない集合族は選択関数をもつ.

なお, 上に出てくる $u \subseteq v$ は $\forall w \in u (w \in v)$ の略記である. $\emptyset, \{\}$ も対応する集合の略記である.

7.2 集合論の基礎

これらの公理がどのような意味をもっているかを簡単に紹介する.

(1) (外延性公理) 二つの集合 x, y が等しいのは,それらの要素全体が一致する,ちょうどそのときであることを要求している.

(2) (対の公理) 二つの集合 x, y に対して,x と y のみを要素とする集合 $\{x, y\}$ を包含する集合が存在することを要求している[†].

(3) (和集合公理) 集合族 X の和集合,つまり「X の要素の要素全体」からなる集合 $\bigcup X$ が存在することを要求している[4]. ここで $X = \{x, y\}$ ならば $\bigcup X$ はちょうど x と y の和集合 $x \cup y$ となり,これにより二つの集合の和集合が存在することが言える.

(4) (冪集合公理) 集合 X に対して,その冪集合 $\mathcal{P}(X)$, X の部分集合全体からなる集合, が存在することを要求している.

(5) (無限公理) 集合 X で,$\emptyset \in X$, かつ $x \in X$ ならば $x \cup \{x\} \in X$ となるものが存在することを要求している. これにより $0 = \emptyset$, $1 = \{0\}$, $2 = \{0, 1\} = 1 \cup \{1\}, \ldots, n+1 = \{0, 1, \ldots, n\} = n \cup \{n\}, \ldots$ とすることで自然数全体の集合 $\{0, 1, 2, \ldots\}$ の存在が保証される.

(6) (分出公理) 任意の集合 X と論理式 φ について,X の要素のうちで φ を満たすもの全体からなる集合 $\{x \in X : \varphi(x)\}$ が存在することを要求している. よく知られているように,これを「任意の論理式 φ について,φ を満たすもの全体からなる集合 $\{x : \varphi(x)\}$ が存在する」と強めると矛盾が生じる[5].

(7) (置換公理) 集合 X と論理式 φ が与えられたとして,もし各 $x \in X$ に対して $\varphi(x, y)$ となる y がただ一つだけ存在するならば,x にその y を対応させる X 上の関数が存在することを保証している. 置換公理がないと,例えば $\mathcal{P}(\mathbb{N}), \mathcal{P}^2(\mathbb{N}) := \mathcal{P}(\mathcal{P}(\mathbb{N})), \mathcal{P}^{n+1}(\mathbb{N}) := \mathcal{P}(\mathcal{P}^n(\mathbb{N})), \ldots$ 全体の集合 $\{\mathcal{P}^n(\mathbb{N}) : n \in \mathbb{N}\}$ の存在すら保証されない.

---

[4] よく使われる記法で書くと,集合族 $\{X_\lambda : \lambda \in \Lambda\}$ に対して和集合 $\bigcup_{\lambda \in \Lambda} X_\lambda$ が存在することを要求している.

[5] $\varphi(v) := v \notin v$ とすることでいわゆるラッセルのパラドックスが生じる.

[†] 分出公理と合わせることで $\{x, y\}$ の存在が得られる. 和集合公理,冪集合公理においても同様に考えることで和集合,冪集合が得られる.

(8) (正則性公理) 大雑把に言えば，$x \in x$ のような自分自身を要素にもつ集合や，$x_0 \ni x_1 \ni \cdots \ni x_n \ni x_{n+1} \ni \cdots$ となる $\in$ に関する無限降下列が存在しないことを要求している[6]．

(9) (選択公理) 空集合を含まない集合族 X に対して，X 上の選択関数，すべての $x \in X$ について $f(x) \in x$ となる関数 f，が存在することを要求している．選択公理のもとで様々な奇妙な集合が構成できる一方，選択公理がない状況では一見常識的な操作すら行うことができず，通常の数学を普通に行うことすら困難になる（たとえば田中 [16] などを参照）．このような事情により，現代数学は通常選択公理を認めて行われる．

より興味がある方は [8], [9], [14], [15] などを参照されたし．重要なことは，この ZFC 公理系の下では「**通常行われるありとあらゆる数学的議論，操作，構成**」が可能である，ということである．また，集合論で扱うすべてのオブジェクトは「集合」である．したがって集合の要素も集合であり，集合族もやはり集合になる．また，集合論では各自然数や写像もすべて集合で表される[7]．

これからは先の定義，命題等は，特に記述がなければすべて ZFC の定義，ZFC から証明可能な命題である．まず，簡便のために順序対の定義を明示的に与えることにする．

定義 7.2.3 集合 x, y に対して，順序対 $\langle x, y \rangle$ を $\{\{x\}, \{x, y\}\}$ とする．

上のように定義すれば，順序対がもつべき下の性質をちゃんともってくれる．実際，下の性質をもちさえすれば順序対の定義は上のとおりでなくてもよい．

補題 7.2.4 集合 x, y, z, w に対して $\langle x, y \rangle = \langle z, w \rangle \iff x = z$ かつ $y = w$．

さらに三つ組 $\langle x, y, z \rangle$ を $\langle \langle x, y \rangle, z \rangle$ と定義する．一般の n つ組みも同様に定義する．また，集合 X, Y に対して直積 $X \times Y$ を集合 $\{\langle x, y \rangle : x \in X, y \in Y\}$

---

[6]「正則性公理はラッセルのパラドックスを防ぐために導入された」というのはよくある誤解である．そうではなく，正則性公理は大雑把に言って，集合論で順序数や基数の理論をより良く展開するために必要になる．

[7] 集合論で自然数をどのように扱うかは 7.3 節で触れる．

と定義する．集合 F が順序対の集合で，性質 $\langle x,y \rangle, \langle x,y' \rangle \in X \to y = y'$ を満たすとき F を**写像**（あるいは**関数**）と呼ぶ．F の定義域 $\mathrm{dom}(F)$ は集合 $\{x : \exists y (\langle x,y \rangle \in F)\}$ のことである．慣例にのっとり，各 $x \in \mathrm{dom}(F)$ に対して $\langle x,y \rangle \in F$ なる y を $F(x)$ で表すことにし，F が集合 X から Y への写像，などの言葉は通常通り用いることにする．

直積 $X \times X$ の部分集合を X 上の**二項関係**と呼ぶ．R が X 上の二項関係のとき，$\langle x,y \rangle \in R$ を xRy のように表す．

次に，現代集合論では非常に基本的な概念である整礎関係について述べることにする．

定義 7.2.5 X を集合，R を X 上の二項関係とする．X の任意の空でない部分集合 Y が R に関する極小元，すなわち $x \in Y$ で $\forall y \in Y (y \not R x)$ となるものをもつとき，R を X 上の**整礎関係**と呼ぶ．

注意 7.2.6 整礎関係は常に非反射的 $(x \not R x)$ である．一方，整礎関係には推移性は仮定しない．

補題 7.2.7 集合 X 上の二項関係 R が整礎であるのは，X の元からなる列 $\langle x_n : n \in \mathbb{N} \rangle$ で $x_{n+1} \ R \ x_n \ (n \in \mathbb{N})$ となるものが存在しない，ちょうどそのときである．

証明 仮に $x_{n+1} \ R \ x_n$ となる列 $\langle x_n : n \in \mathbb{N} \rangle$ が存在するならば，集合 $\{x_n : n \in \mathbb{N}\}$ は X の空でない部分集合であり，明らかに R に関する極小元をもたない．逆に X の空でない部分集合 Y で R に関する極小元が存在しないならば，Y の元からなる列 $\langle x_n : n \in \mathbb{N} \rangle$ を帰納的に $x_{n+1} \ R \ x_n$ を満たすようにとれる[8]． □

整礎関係において，数学的帰納法と再帰的定義の一般化である**超限帰納法**の原理と**超限再帰的定義**が行える．

---

[8]正確には，「帰納的に列をとる」という操作を行うためには後述の補題 7.2.9 の写像の再帰的定義が必要である．

補題 7.2.8（超限帰納法） X を集合，R を X 上の整礎関係とする．

(1) 任意の $Y \subseteq X$ に対して，もし
$$\forall x \in X \, (\forall y \in X \, (y \, R \, x \to y \in Y) \to x \in Y)$$
が成り立つならば，$Y = X$ である．

(2) $\varphi(v)$ を v を自由変数にもつ $\mathcal{L}_{\mathrm{ZF}}$ の論理式とする．もし
$$\forall x \in X \, (\forall y \in X \, (y \, R \, x \to \varphi(y)) \to \varphi(x))$$
が成り立つならばすべての $x \in X$ に対して $\varphi(x)$ が成り立つ．

証明 (1). そうでないとすると，$X \setminus Y$ は空でないので R に関する極小元 x をもつ．このとき，$y \, R \, x$ ならば x の極小性から $y \in Y$ でなくてはならないが，仮定 $\forall y \in X \, (y \, R \, x \to y \in Y) \to x \in Y$ から $x \in Y$ とならなくてはならず矛盾が生じる．

(2) は $Y = \{x \in X : \varphi(x)\}$ とすれば，仮定と (1) より $Y = X$ となるので，すべての $x \in X$ に対して $\varphi(x)$ が成立する． □

補題 7.2.9（写像の再帰的定義） X を集合，R を X 上の整礎関係とする．A を集合，Φ を各 $x \in X$ と各写像 $g : \{y \in X : y \, R \, x\} \to A$ に対して A の元 $\Phi(x, g) \in A$ を割り当てる写像とする．このとき写像 $f : X \to A$ で，任意の $x \in X$ に対して
$$f(x) = \Phi(x, f \upharpoonright \{y \in X : y \, R \, x\})$$
となるものがただ一つ存在する．

証明 唯一性：f_0, f_1 が上の性質を満たす写像とする．$Y = \{x \in X : f_0(x) = f_1(x)\}$ とする．補題 7.2.8 を用いて $Y = X$ を示す．

各 $x \in X$ について，仮に $\forall y \in X \, (y \, R \, x \to y \in Y)$ とする．すると各 $y \, R \, x$ について $f_0(y) = f_1(y)$ なので
$$f_0 \upharpoonright \{y \in X : y \, R \, x\} = f_1 \upharpoonright \{y \in X : y \, R \, x\}.$$
したがって

$$f_0(x) = \Phi(x, f_0 \restriction \{y \in X : y \mathrel{R} x\}) = \Phi(x, f_1 \restriction \{y \in X : y \mathrel{R} x\}) = f_1(x)$$

となり $x \in Y$ である．

存在：各 $x \in X$ に対して，$\mathrm{cl}(x) \subseteq X$ を

$y \in \mathrm{cl}(x) \underset{\mathrm{def}}{\iff} X$ の元 $x_0, \ldots, x_n$ で $y = x_0$, $x_i \mathrel{R} x_{i+1}$ $(i < n)$, $x_n = x$ となるものが存在する

とする．明らかに $\{y \in X : y \mathrel{R} x\} \subseteq \mathrm{cl}(x)$ となる．

ここで $\varphi(x)$ を

写像 $f_x : \mathrm{cl}(x) \to A$ で，任意の $y \in \mathrm{cl}(x)$ に対して $f_x(y) = \Phi(y, f_x \restriction \{z \in X : z \mathrel{R} y\})$ となるものがただ一つ存在する

という論理式とする．補題 7.2.8 を用いて，すべての $x \in X$ に対して $\varphi(x)$ が成り立つことがわかる；実際，$y \in \mathrm{cl}(x)$ に対して求める f_y が存在するとき，f_x を $y \mathrel{R} x$ ならば $f_x(y) = \Phi(y, f_y \restriction \{z \in X : z \mathrel{R} y\})$，そうでないなら $z \in \mathrm{cl}(x)$ で $y \mathrel{R} z$ となるものをとり，$f_x(y) = f_z(y)$ と定義すればよい．唯一性も上と同様に確かめられる．

したがって，すべての x に対して f_x が定義される．最後に $f : X \to A$ を $f(x) = \Phi(x, f_x \restriction \{y \in X : y \mathrel{R} x\})$ と定義すればよい． □

次に集合とは限らない集まりであるクラスについて紹介する．

定義 7.2.10 $\varphi(u, v)$ を $\mathcal{L}_{\mathrm{ZF}}$ の論理式（u, v は φ の自由変数），p を集合とする．$\varphi(x, p)$ を満たす x の集まり $\{x : \varphi(x, p)\}$ を**クラス**と呼ぶ．

クラスのことを **C** などボールド体であらわすことにする．また，$\mathbf{D} \subseteq \mathbf{C}$ となるクラス **D** を **C** の**部分クラス**と呼ぶ．

先に紹介したとおり，ZFC 集合論で扱うことのできるものは集合のみであり，クラスを扱うことは本当はできない．たとえば「任意のクラスに対して」のような言明は ZFC 集合論では表現できない[9]．したがって，クラス **C** が論理式 φ で定義されているとき，「x がクラス **C** に属する」などの言明は単に

---

[9]二階集合論の NBG 集合論や MK 集合論では集合だけでなくクラスもオブジェクトとして扱うことができ，このような言明も表現可能である．

「x は φ を満たす」と言う言明の言い換えに過ぎないことに注意する．

定義 7.2.11 $\mathbf{V}$ を $\{x : x = x\}$ で定義されるクラスとする．$\mathbf{V}$ は**宇宙** (universe) と呼ばれる．

$\mathbf{V}$ はすべての集合からなるクラスである．
次にクラス上の整礎関係を定義する．

定義 7.2.12 (1) クラス $\mathbf{C}$ 上の**クラス二項関係**とは，クラス $\mathbf{C} \times \mathbf{C} = \{\langle x, y \rangle : x, y \in \mathbf{C}\}$ の部分クラスのことである．

(2) クラス $\mathbf{C}$ 上のクラス二項関係 $\mathbf{R}$ に対して，$\mathbf{C}$ の任意の空でない部分集合が $\mathbf{R}$ に関する極小元をもつとき，$\mathbf{R}$ を $\mathbf{C}$ 上の整礎関係と呼ぶ．

補題 7.2.8, 7.2.9 は X がクラスの場合でも限定的に成立する．証明は X が集合の場合とほぼ同様に行える．

補題 7.2.13 $\mathbf{C}$ をクラス，$\mathbf{R}$ を $\mathbf{C}$ 上のクラス二項関係で各 $x \in \mathbf{C}$ に対して，$\{y \in \mathbf{C} : y \mathbf{R} x\}$ が集合になっているものとする．$\varphi(v)$ を $\mathcal{L}_{\mathrm{ZF}}$ の論理式で v を自由変数にもつものとする．

(1) もし
$$\forall x \in \mathbf{C} \left(\forall y \in \mathbf{C}\, (y \mathbf{R} x \to \varphi(y)) \to \varphi(x)\right)$$
が成り立つならば，すべての $x \in \mathbf{C}$ に対して $\varphi(x)$ が成り立つ．

(2) $\mathbf{D}$ をクラスとする．$\mathbf{\Phi}$ を各 $x \in \mathbf{C}$ と各写像 $g : \{y \in \mathbf{C} : y \mathbf{R} x\} \to \mathbf{D}$ に対して $\mathbf{D}$ の元 $\mathbf{\Phi}(x, g) \in \mathbf{D}$ を割り当てるクラス写像とする．このときクラス写像 $\mathbf{f} : \mathbf{C} \to \mathbf{D}$ で，任意の $x \in \mathbf{C}$ に対して
$$\mathbf{f}(x) = \mathbf{\Phi}(x, \mathbf{f} \restriction \{y \in \mathbf{C} : y \mathbf{R} x\})$$
となるものが存在する．

注意 7.2.14 先に注意したようにクラスは集合ではないので，「任意のクラ

ス」は ZFC の単一の論理式では表現できない．したがって補題 7.2.13 は次のような各クラス（論理式）に対する定理である：

(1) 任意のクラス **C** と論理式 φ に対して，ZFC から次が証明可能：

  (**R** が **C** 上の整礎関係)
  $\to \forall x \in \mathbf{C}\,(\forall y \in \mathbf{C}\,(y\,\mathbf{R}\,x \to \varphi(y)) \to \varphi(x)) \to \forall x \in \mathbf{C}(\varphi(x))$.

(2) 任意のクラス **C**, **Φ**, **R** に対して，あるクラス **f** が存在して ZFC から次が証明可能：

  もし **R** が **C** 上のクラス整礎関係で **Φ** が適当な条件を満たすクラス写像ならば，**f** はクラス写像で $\forall x \in \mathbf{C}\,(\mathbf{f}(x) = \mathbf{\Phi}(x, \mathbf{f}\upharpoonright \{y \in \mathbf{C} : y\,\mathbf{R}\,x\}))$ となる．

補題 7.2.13 のご利益は，以下のような一見 well-defined にみえない定義を正当化できることである．次の定義の S が強制概念と呼ばれる特別な場合が，強制法において非常に重要な役割を果たす．

定義 7.2.15 S を集合とする．集合 σ が **S 名称**とは，任意の $x \in \sigma$ に対して S 名称 τ と $s \in S$ が存在して $x = \langle \tau, s \rangle$ となることである．

この定義はある意味で循環している：x が S 名称であることを定義するのに，x の元が S 名称であることを用いている．この定義の正当化のために補題 7.2.13 を用いた写像の再帰的定義が用いられる．このことを簡単に紹介する．

集合全体のクラス **V** 上のクラス二項関係 **R** を，

$$y\,\mathbf{R}\,x \underset{\mathrm{def}}{\iff} \exists z \in x\, \exists w\,(z = \langle y, w \rangle)$$

と定義する．**R** が整礎関係になることは下記の補題 7.2.16 からも容易にわかる．また各 x に対して $\{y : y\,\mathbf{R}\,x\}$ が集合になることも明らかである．

クラス写像 **Φ** を，各集合 x と写像 $g : \{y : y\,\mathbf{R}\,x\} \to \mathbf{V}$ に対して，

$$\Phi(x,g) = \begin{cases} 1 & \text{各 } y\,\mathbf{R}\,x \text{ に対して } g(y) = 1 \text{ かつ} \\ & s \in S \text{ で } \langle y, s \rangle \in x \text{ となるものが存在する.} \\ 0 & \text{それ以外.} \end{cases}$$

と定義する．補題 7.2.13 より，クラス写像 $\mathbf{f} : \mathbf{V} \to \{0,1\}$ で $\mathbf{f}(x) = \Phi(x, \mathbf{f} \upharpoonright \{y : y\,\mathbf{R}\,x\})$ となるものが存在する．このとき，

$$\mathbf{f}(x) = 1 \iff \forall y \in x \exists z \exists s \in S\,(\mathbf{f}(z) = 1 \wedge y = \langle z, s \rangle)$$

となるので，$\mathbf{f}(x) = 1$ のとき x を S 名称と呼ぶ，と定義する．

重要な整礎関係の一つが所属関係 $\in$ である．

補題 7.2.16 X を集合とする．所属関係 $\in$ を X 上に制限した二項関係 $R := \{\langle x, y \rangle : x, y \in X, x \in y\}$ は X 上の整礎関係である．

証明 X の空でない部分集合 Y を任意にとる．正則性公理より，$x \in Y$ で $x \cap Y = \emptyset$ となるものが存在するが，このとき x は Y の R に関する極小元である[10]． □

上と同様な証明により，クラス二項関係である所属関係 $\mathbf{R} := \{\langle x, y \rangle : x \in y\}$ は宇宙 $\mathbf{V}$ 上の整礎関係であることがわかる．また，各集合 x に対して $\{y \in \mathbf{V} : y \in x\}$ は x 自身なので，$\mathbf{R}$ は補題 7.2.13 で必要とされる性質をすべて満たすこともわかる．

7.3 整列順序と順序数

特別な整礎関係として**整列順序**および特別な（しかし汎用的な）整列順序である**順序数**も紹介しておく．順序数は現代の公理的集合論では非常に重要な役割を果たすが，例によってその部分を解説する余裕がなく，さらに強制様相論理を解説するのに順序数はそれほど必要ないので，非常に基礎的な部分だけを紹介するにとどめる．

---

[10]実際のところ，正則性公理はちょうど「所属関係 $\in$ は任意の集合上の整礎関係である」ことを主張している公理である．

7.3 整列順序と順序数

定義 7.3.1 X を集合とする．X 上の整礎関係 $<$ が推移的 ($x < y < z \to x < z$) かつ比較可能性 ($x \neq y \to x < y \vee y < x$) を満たすとき，$<$ を X 上の**整列順序**と呼ぶ．また $\langle X, < \rangle$ の組を**整列順序集合**と呼ぶ．

$\langle X, < \rangle$ を整列順序集合，$x_0 \in X$ とする．このとき集合 $\{x \in X : x < x_0\}$ を**切片**と呼ぶ．$<$ をこの切片上に制限した順序と切片の組もやはり整列順序集合になる．

証明は省略するが，次が知られている．これにより，任意の二つの整列順序集合は同型であるか，そうでないならば片方がもう片方の切片と同型になる．

補題 7.3.2 $\langle X, <_X \rangle$ と $\langle Y, <_Y \rangle$ を整列順序集合とする．

(1) $\langle X, <_X \rangle$ と $\langle Y, <_Y \rangle$ が順序同型ならば，同型写像はただ一つである．
(2) 次の (a)-(c) のどれか一つだけが成立する：

(a) $\langle X, <_X \rangle$ は $\langle Y, <_Y \rangle$ と順序同型である．
(b) ある $x_0 \in X$ が存在して，$\langle Y, <_Y \rangle$ は $\langle \{x \in X : x <_X x_0\}, <_X \rangle$ と順序同型である．
(c) ある $y_0 \in Y$ が存在して，$\langle X, <_X \rangle$ は $\langle \{y \in Y : y <_Y y_0\}, <_Y \rangle$ と順序同型である．

定義 7.3.3 集合 X が**推移的**であるとは，任意の $x \in X$ と $y \in x$ に対して，y がまた X の元になることである．

集合 X が推移的であるのは，X の任意の要素が X の部分集合になることと同値である．

補題 7.3.4 集合 X が**順序数**であるとは，X は推移的，かつ所属関係 $\in$ が X 上の整列順序になることである．

補題 7.2.16 より所属関係 $\in$ は常に整礎なので，推移的集合 X が順序数になるのは，$\in$ が X 上の全順序になることと同値である．

ここで順序数の例を挙げておく．

(1) 空集合 $\emptyset$ は自明に順序数である．この順序数を 0 とする．
(2) $\{0\} = \{\emptyset\}$ も順序数になる．これを 1 とする．
(3) $\{0, 1\}$ もやはり順序数である．これを 2 とする．
(4) 一般に，$0, 1, \ldots, n$ が定義されているとすると，$\{0, 1, 2, \ldots, n\}$ もやはり順序数である．これを $n + 1$ とする．

上のようにして作られる順序数を**有限順序数**と呼ぶ．以後，自然数 n を集合 $\{0, 1, \ldots, n-1\}$ と同一視することにする．有限順序数の全体 $\{0, 1, 2, \ldots, n-1, n, n+1, \ldots\}$ も順序数となる．これを $\mathbb{N}$ や ω で表すことにする．補題 7.2.8 によりこの $\mathbb{N}$ の上でちゃんと数学的帰納法が成立し，これによって $\mathbb{N}$ を「本物の自然数全体」と同一視できる．また，$\omega \cup \{\omega\}$ もやはり順序数になる．これを $\omega + 1$ と表す．大雑把に，順序数はこのようにして「今まで作った順序数全体」からなる集合を考えていくことで構成されていく．最後に次を定義しておく：

定義 7.3.5 x を集合とする．ある自然数 n から x への全単射が存在するとき x を**有限集合**，$\mathbb{N}$ から集合 x への全単射が存在するとき x を**可算集合**と呼ぶ．それ以外のとき x を**非可算集合**と呼ぶ．

次は非常によく知られている：

補題 7.3.6（カントールの定理） 実数全体の集合 $\mathbb{R}$ は非可算集合である．

また次もよく知られている：

補題 7.3.7（整列可能定理） 任意の集合 X に対して，X 上の整列順序が存在する．

第8章

強制法と多元宇宙論

8.1 ZFCのモデルと強制概念

第8章では強制法と多元宇宙の解説を行う．8.2節で強制法の意味論的側面である強制拡大と多元宇宙について，8.3節で構文論的側面である強制関係について解説する．そのために，まずこの節ではZFCの集合モデルの基本について解説を行う．

モデル M と集合論の論理式 φ に対して，$M \vDash \varphi$ を構造 $\langle M, \in \rangle$ が通常の意味論で φ を満たすことと定義するが，ここでは後のために正式な定義を与えておく．

定義 8.1.1 M を推移的集合とする．$\mathcal{L}_{\mathrm{ZF}}$ の論理式 $\varphi(v_0, \ldots, v_n)$ と $x_0, \ldots, x_n \in M$ に対して，$M \vDash \varphi(x_0, \ldots, x_n)$，$M$ が $\varphi(x_0, \ldots, x_n)$ を**満たす**，あるいは $\varphi(x_0, \ldots, x_n)$ が M で**成立する**，を φ の構成に関する帰納法で次のように定める：

(1) $\varphi := v_0 \in v_1$ のとき，
$$M \vDash x_0 \in x_1 \underset{\mathrm{def}}{\iff} x_0 \in x_1 \ (x_0 \text{ は } x_1 \text{ の要素である})$$

(2) $\varphi := v_0 = v_1$ のとき，
$$M \vDash x_0 = x_1 \underset{\mathrm{def}}{\iff} x_0 = x_1 \ (x_0 \text{ と } x_1 \text{ は等しい})$$

(3) $\varphi := \psi_0 \wedge \psi_1$ のとき，
$$M \vDash \psi_0 \wedge \psi_1 \underset{\mathrm{def}}{\iff} M \vDash \psi_0 \text{ かつ } M \vDash \psi_1.$$

(4) $\varphi := \psi_0 \vee \psi_1$ のとき,
$$M \vDash \psi_0 \vee \psi_1 \underset{\text{def}}{\Longleftrightarrow} M \vDash \psi_0 \text{ または } M \vDash \psi_1.$$

(5) $\varphi := \neg \psi$ のとき,
$$M \vDash \neg \psi \underset{\text{def}}{\Longleftrightarrow} M \nvDash \psi.$$

(6) $\varphi := \forall v \psi(v)$ のとき,
$$M \vDash \forall v \psi(v) \underset{\text{def}}{\Longleftrightarrow} \text{任意の } x \in M \text{ について } M \vDash \psi(x).$$

(7) $\varphi := \exists v \psi(v)$ のとき,
$$M \vDash \exists v \psi(v) \underset{\text{def}}{\Longleftrightarrow} x \in M \text{ で } M \vDash \psi(x) \text{ となるものが存在する}.$$

定義 8.1.2 集合 M が ZFC の**推移的モデル**とは, M が集合として推移的, かつ構造 $\langle M, \in \rangle$ が ZFC のモデルになる. すなわち, 任意の ZFC の公理 φ に対して $M \vDash \varphi$ となることである.

ZFC の下でありとあらゆる数学的議論が行え, あらゆる数学的構造が構成できる. よって M が ZFC のモデルならば, M の中であらゆる数学的議論が行え, M の元としてあらゆる数学的構造が (ある意味で) 構成可能である. 推移性は議論を簡単にするために必要になる.

注意 8.1.3 ゲーデルの第二不完全性定理により, ZFC からは ZFC の集合モデルの存在は証明できない；ZFC 上で述語論理の完全性, 健全性が示せるので

$$\text{ZFC} \vdash \text{「ZFC は無矛盾」} \leftrightarrow \text{「ZFC の集合モデルが存在する」}$$

が証明できる. よって ZFC から ZFC の集合モデルの存在が証明できるならば, ZFC から「ZFC は無矛盾」が証明できてしまうが, 第二不完全性定理により (ZFC が矛盾していない限り) これは不可能である. 実は, 推移的モデルの存在はさらに強く, ZFC + 「ZFC は無矛盾である」から「ZFC の推移的モデルが存在する」は証明できないことも知られている. したがって, この節で扱う補題等は正確には「仮に ZFC の推移的モデルが存在するならば」という前提の下でのみ意味を成す.

8.1 ZFCのモデルと強制概念

注意 8.1.4 一方で,次のことが知られている:ZFC の任意の有限個の公理 $\varphi_0, \ldots, \varphi_n$ に対して,

ZFC ⊢「可算かつ推移的な M で $M \vDash \wedge_{i \leq n} \varphi_i$ となるものが存在する」.

したがって,ZFC のいくらでも大きな有限断片の可算な推移的モデルの存在は ZFC から証明可能である.これを使うと,次の意味で ZFC + 「ZFC の可算な推移的モデルが存在する」は無矛盾であることがわかる:新しい定数記号 M をとり,公理系 T を

ZFC + {「M は推移的な可算集合」} + {$M \vDash \varphi : \varphi$ は ZFC の公理 }

とする.上の事実と述語論理のコンパクト性から,(ZFC が無矛盾ならば)T は無矛盾であることがわかる[11].このとき,T から M は ZFC の推移的モデルになることが証明できる[12].この事実を乱用して,細かい問題を無視して「ZFC の推移的モデルが存在する」として議論を進めていく.

定義 8.1.5 M を ZFC の推移的モデル,$\varphi(v)$ を $\mathcal{L}_{\mathrm{ZF}}$ の論理式とする.φ が M に対して**絶対的**とは,任意の $x \in M$ について,$\varphi(x)$ が成立することと $M \vDash \varphi(x)$ が成立することが同値になることである.

いくつか例を挙げておく.M が ZFC の推移的モデルならば,次の v や w を自由変数とする論理式は M に対して絶対的である:

(1) $v \in w, v = w, v \subseteq w$.
(2) v は写像である.
(3) w は v 上の二項関係である.
(4) v は順序数である.
(5) v は $\mathbb{N}$ である.

逆に絶対的にならない例としては,

---
[11] もっと言えば,T は ZFC の保存的拡大になる.
[12] ややこしいが,これは $T \vdash$「M は ZFC のモデルである」を意味しない.あくまで「各 ZFC の公理 φ に対して ZFC ⊢ $M \vDash \varphi$」の意味である.

- v は可算集合である．

がある：仮に $x \in M$ が可算集合であるとしても，可算であることを証左する全単射 $f : \mathbb{N} \to x$ が M に属さない限り $M \vDash$「$\mathbb{N}$ から x への全単射が存在する」とは限らないからである．これがいわゆるスコーレムのパラドックス[13]が起こる原因である．

これにより，たとえば「集合 $x \in M$ は可算である」などの絶対的とは限らない概念を扱うときには，宇宙 $\mathbf{V}$ での話なのか，モデル M での話なのかをきちんと区別する必要が出てくる．

注意 8.1.6 すべての閉論理式 φ が M で絶対的である可算で推移的なモデル M が存在すると仮定してもよい．これは注意 8.1.4 の議論を次のように強めること事で得られる：新しい定数記号 M を固定し，公理系 T' を

$$\text{ZFC} + \{\text{「}M \text{ は推移的な可算集合」}\}$$
$$+ \{\varphi \leftrightarrow M \vDash \varphi : \varphi \text{ は } \mathcal{L}_{\text{ZF}} \text{ の閉論理式}\}$$

とする．レヴィの反映性定理[14]により，T' が無矛盾になることがわかる[15]．このとき，すべての閉論理式 φ が M で絶対的になり，よって特に M が ZFC の公理をすべて満たすこともわかる．

次に，強制法を行うのに必要不可欠な前順序と強制概念を導入する．

定義 8.1.7 $\mathbb{P}$ を集合とする．$\mathbb{P}$ 上の二項関係 $\leq_{\mathbb{P}}$ が推移的 ($p \leq_{\mathbb{P}} q \leq_{\mathbb{P}} r \to p \leq_{\mathbb{P}} r$) かつ反射的 ($p \leq_{\mathbb{P}} p$) であるとき，$\leq_{\mathbb{P}}$ を $\mathbb{P}$ の**前順序**と呼ぶ．$\langle \mathbb{P}, \leq_{\mathbb{P}} \rangle$ の組を**前順序集合**と呼ぶ．

慣例にのっとり，誤解を招かない場合は組 $\langle \mathbb{P}, \leq_{\mathbb{P}} \rangle$ を単に $\mathbb{P}$ で表すことにする．

---

[13]スコーレムのパラドックスとは，(1)ZFC が無矛盾ならば，ZFC の可算モデル M が存在する．(2)M は可算なので，M の実数は高々可算個である．(3) 一方，ZFC から実数は非可算あることが証明できる．(4)M は ZFC のモデルなので，実数を非可算個もたなければならず，矛盾．という ZFC の矛盾を示しているようにみえるパラドックスである．

[14]任意の論理式 φ に対して，推移的な集合 X で φ が X に対して絶対的なものが存在することを主張する定理である．

[15]注意 8.1.4 と同様に T' は ZFC の保存的拡大になる．

定義 8.1.8 $\mathbb{P}$ を前順序集合とする．$\mathbb{P}$ が最大元 $1_\mathbb{P}$，すなわち任意の $p \in \mathbb{P}$ に対して $p \leq_\mathbb{P} 1_\mathbb{P}$ となる元をもつとき，三つ組 $\langle \mathbb{P}, \leq_\mathbb{P}, 1_\mathbb{P} \rangle$ を**強制概念**と呼ぶ．

$\mathbb{P}$ は反対称的 $(p \leq_\mathbb{P} q \wedge q \leq_\mathbb{P} p \to p = q)$ とは限らないので，最大元 $1_\mathbb{P}$ は存在しても一意であるとは限らないが，便宜的に固定された $1_\mathbb{P}$ を最大元と呼ぶことにする．

前順序集合同様，強制概念 $\langle \mathbb{P}, \leq_\mathbb{P}, 1_\mathbb{P} \rangle$ を単に $\mathbb{P}$ で表すことにする．また，$\leq_\mathbb{P}, 1_\mathbb{P}$ の添え字は適宜省略する．

以後，$\mathbb{P}, \mathbb{Q}$ などで強制概念を表すことにする．

補題 8.1.9 M を ZFC の推移的モデルとする．$\mathbb{P} \in M$ が強制概念であることは，M に対して絶対的である．

したがって，$\mathbb{P} \in M$ が強制概念であることは，$\mathbf{V}$ での意味なのか $M \vDash$「$\mathbb{P}$ は強制概念」であるのかを区別する必要はない．

注意 8.1.10 強制概念は三つ組 $\langle \mathbb{P}, \leq_\mathbb{P}, 1_\mathbb{P} \rangle$ であるが，M が推移的モデルで $\langle \mathbb{P}, \leq_\mathbb{P}, 1_\mathbb{P} \rangle \in M$ ならば，M の推移性より $\mathbb{P}, \leq_\mathbb{P}, 1_\mathbb{P}$ もまた M の元である．さらに $\mathbb{P} \in M$ より $\mathbb{P} \subseteq M$ にもなることに注意する．

定義 8.1.11 強制概念 $\mathbb{P}$ と $p, q \in \mathbb{P}$ に対して，p と q が**両立不可能**とは，$r \leq p, q$ となる r が存在しないことである．p と q が両立不可能であることを $p \perp_\mathbb{P} q$ で表す．

例によって $\perp_\mathbb{P}$ の添え字は適宜省略する．

注意 8.1.12 M が ZFC の推移的モデル，$\mathbb{P} \in M$ が強制概念ならば $p \perp q$ は M に対して絶対的である．

定義 8.1.13 $\mathbb{P}$ を強制概念とする．$F \subseteq \mathbb{P}$ が次の条件を満たすとき，F を $\mathbb{P}$ 上の**フィルター**と呼ぶ：

(1) $1_\mathbb{P} \in F$.

(2) $p \in F, p \leq_\mathbb{P} q \to q \in F$.
(3) $p, q \in F \to \exists r \in F(r \leq p, q)$.

強制概念 $\mathbb{P}$ に対して，$F = \{1_\mathbb{P}\}$ はフィルターになる．このフィルターを**自明なフィルター**と呼ぶ．これにより，強制概念 $\mathbb{P}$ は少なくともひとつフィルターをもつことがわかる．

8.2 強制拡大と多元宇宙論

この節で，強制法の意味論的側面である強制拡大と多元宇宙を解説する．そのために，7.2節の定義7.2.15で紹介した S 名称を，S が強制概念の場合に改めて定義する．

定義 8.2.1 $\mathbb{P}$ を強制概念とする．集合 σ が $\mathbb{P}$ **名称**とは，任意の $x \in \sigma$ に対して $\mathbb{P}$ 名称 τ と $p \in \mathbb{P}$ が存在して $x = \langle \tau, p \rangle$ となることである．

補題 8.2.2 M がZFCの推移的モデル，$\mathbb{P} \in M$ を強制概念とする．このとき，$x \in M$ が $\mathbb{P}$ 名称であることは M に対して絶対的になる．したがって，集合 $\{x \in M : x$ は $\mathbb{P}$ 名称 $\}$ は $\{x \in M : M \vDash \lceil x$ は $\mathbb{P}$ 名称である」$\}$ と一致する．

定義 8.2.3 $\mathbb{P}$ を強制概念，$F \subseteq \mathbb{P}$ をフィルターとする．σ が $\mathbb{P}$ 名称のとき，**σ の F による解釈** $\sigma[F]$ を

$$\sigma[F] = \{\tau[F] : \exists p \in F(\langle \tau, p \rangle \in \sigma)\}$$

と定義する．

例によってこの定義は循環しており，適当な整礎関係を定義して正当化する必要がある．

定義 8.2.4 M をZFCの推移的モデル，$\mathbb{P}$ を $\mathbb{P} \in M$ である強制概念とする．また，$F \subseteq \mathbb{P}$ を $\mathbb{P}$ 上のフィルターとする（ただし $F \in M$ は仮定しない）．このとき $M[F]$ を集合

$$\{\sigma[F] : \sigma \in M, \sigma は \mathbb{P} 名称\}$$

とする．

次にジェネリックの概念を導入したいが，そのためにまず稠密集合を導入する．

定義 8.2.5 $\mathbb{P}$ を強制概念とする．$D \subseteq \mathbb{P}$ が $\mathbb{P}$ の**稠密集合**であるとは，任意の $p \in \mathbb{P}$ に対して $q \in D$ で $q \leq p$ となるものが存在することである．

補題 8.2.6 M を ZFC の推移的モデル，$\mathbb{P} \in M$ を強制概念とする．このとき，$D \in M$ が $\mathbb{P}$ の稠密集合であることは M に対して絶対的である．

ここでようやくジェネリックの概念を導入する．

定義 8.2.7 M を ZFC の推移的モデル，$\mathbb{P} \in M$ を強制概念とする．$\mathbb{P}$ のフィルター F が次の条件を満たすとき，F を **M ジェネリックフィルター**と呼ぶ：

任意の $D \in M$ について，もし D が $\mathbb{P}$ の稠密集合ならば，$D \cap F \neq \emptyset$．

一般に M ジェネリックフィルターは存在するとは限らないし，存在しても M に属するとは限らない．

補題 8.2.8 強制概念 $\mathbb{P}$ が

$$\forall p \in \mathbb{P} \exists q, r \leq p \, (q \perp r)$$

を満たすならば，任意の $\mathbb{P} \in M$ なる推移的モデル M に対して，$\mathbb{P}$ の M ジェネリックフィルターは M の元にならない．

証明 M ジェネリックフィルター F が M に属するとして矛盾を出す．$D = \mathbb{P} \setminus F$ とすると，M の分出公理より $D \in M$ である．このとき D は $\mathbb{P}$ の稠密集合である；$p \in \mathbb{P}$ を勝手にとる．仮定から $q, r \leq p$ で $q \perp r$ となるものが存

在するが，フィルターの定義から q と r が両方 F に属することはない．したがって q と r の少なくとも一方は D に属する．

しかし，F は M ジェネリックフィルターなので D と交わりをもたなければならないが，D の定義からそれは不可能である． □

また，M が非可算な推移的モデルの場合は，一般に多くの強制概念 $\mathbb{P} \in M$ に対して M ジェネリックフィルターは存在しないこともわかる．このような理由により，我々はもっぱら可算な推移的モデルを扱うことにする．

定義 8.2.9 M が可算な ZFC の推移的モデルであるとき，M を ZFC の **ctm** (countable transitive model) と呼ぶ．

ZFC のモデルを可算に限定したならば，ジェネリックフィルターが構成可能である．

補題 8.2.10 M を ZFC の ctm，$\mathbb{P} \in M$ を強制概念とする．このとき任意の $p \in \mathbb{P}$ に対して，M ジェネリックフィルター F で $p \in F$ となるものが存在する．

証明 M は可算なので M に属する稠密集合は高々可算個しかない[16]．それらを $\{D_n : n \in \mathbb{N}\}$ と枚挙する．帰納法で $\mathbb{P}$ の減少列 $\{p_n : n \in \mathbb{N}\}$ を次を満たすようにとっていく：

(1) $p_0 = p$．
(2) $p_{n+1} \in D_n$．

p_n がとれたとき，D_n は稠密集合なので $p_{n+1} \in D_n$ で $p_{n+1} \leq_\mathbb{P} p_n$ となるものがとれることに注意すれば，このような列は容易にとれる．

$F = \{q \in \mathbb{P} : \exists n \in \mathbb{N}(p_n \leq_\mathbb{P} q)\}$ とする．F が $\mathbb{P}$ 上のフィルターになること，および M ジェネリックであることは容易にわかる． □

一方で M ジェネリックフィルターが M に属することもあることに注意する；$\mathbb{P}$ を一元 $\{1_\mathbb{P}\}$ のみからなるものとすると，$F = \mathbb{P}$ は M ジェネリックフ

---

[16] 一方で，一般に $M \vDash$ 「$\mathbb{P}$ の稠密集合は非可算個存在する」である．

ィルターである．このような強制概念を**自明な強制概念**と呼ぶことにする．

ここまで準備してやっと強制拡大の準備が整った．

定義 8.2.11 ZFC の ctm M，強制概念 $\mathbb{P} \in M$，M ジェネリックフィルター F に対して，$M[F]$ を M の**強制拡大**と呼ぶ．また，M を $M[F]$ の**基礎モデル**と呼ぶ．

次が強制拡大の基本性質である．

命題 8.2.12 ZFC の ctm M，強制概念 $\mathbb{P} \in M$，M ジェネリックフィルター F に対して次が成立する：

(1) $M[F]$ は推移的．
(2) $M \subseteq M[F]$ かつ $F \in M[F]$．
(3) $M[F]$ は ZFC の ctm である．
(4) $M[F]$ は上の (1)-(3) を満たすものの中で包含関係の意味で最小のものである．

証明 (1)．$x \in M[F], y \in x$ とする．定義より $\mathbb{P}$ 名称 $\sigma \in M$ で $x = \sigma[F]$ となるものが存在する．$y \in x = \sigma[F]$ なので，$\sigma[F]$ の定義より $\mathbb{P}$ 名称 $\tau \in M$ と $p \in F$ で $y = \tau[F], \langle \tau, p \rangle \in \sigma$ となるものがある．M は推移的で $\sigma \in M$ なので $\tau \in M$．よって $y = \tau[F]$ も $M[F]$ の元になる．

(2) のために，各集合 x に対して，x の**標準 $\mathbb{P}$ 名称**を $\check{x} = \{\langle \check{y}, 1_\mathbb{P} \rangle : y \in x\}$ と再帰的に定義する．このとき，

(1) $x \in M$ ならば $\check{x} \in M$．
(2) $\check{x}[F] = x$．

となることが確かめられる．よって $M = \{\check{x}[F] : x \in M\} \subseteq M[F]$ となる．

$F \in M[F]$ については，$\mathbb{P}$ 名称 $\Gamma = \{\langle \check{p}, p \rangle : p \in \mathbb{P}\}$ を考える．このとき $\Gamma \in M$ かつ $\Gamma[F] = F$ となるので $F \in M[F]$ である．

(3), (4) については当然ながら簡単ではない．ここでは対の公理だけをみることにして他は省略する（たとえば [8] 等を参照のこと）．

$x, y \in M[F]$ とし，$x = \sigma[F], y = \tau[F]$ となる $\mathbb{P}$ 名称 $\sigma, \tau \in M$ をとる．ρ を集合 $\{\langle \sigma, 1_\mathbb{P} \rangle, \langle \tau, 1_\mathbb{P} \rangle\}$ とする．明らかに ρ は $\mathbb{P}$ 名称であり，$\sigma, \tau \in M$ より

$\rho \in M$ となる. このとき $\rho[F] = \{\sigma[F], \tau[F]\} = \{x, y\} \in M[F]$ である. □

$F \in M$ の場合は $M[F] = M$ となり, $F \notin M$ の場合は $M[F]$ は M の真の拡張になる.

M を ZFC の ctm として, $M \subsetneq M[F]$ となる強制概念 $\mathbb{P} \in M$ と M ジェネリックフィルターの例を一つだけ挙げておく. $\mathbb{P} \in M$ を自然数[17]から $\mathbb{N}$ への写像全体として, $p \leq q \underset{\mathrm{def}}{\iff} p \supseteq q$ として順序を定義する. $\leq$ は $\mathbb{P}$ 上の前順序になることは容易にわかる. また, 空写像 $\emptyset$ は明らかに $\mathbb{P}$ の最大元である. よって $\mathbb{P} = \langle \mathbb{P}, \leq, \emptyset \rangle$ は強制概念になるし[18], また $\mathbb{P} \in M$ であることもわかる.

ここで $p \perp q \iff$ ある $n \in \mathrm{dom}(p) \cap \mathrm{dom}(q)$ で $p(n) \neq q(n)$, に注意すると, 与えられた $p \in \mathbb{P}$ に対して, $q, r \leq p$ で $q \perp r$ となるものが容易に構成できる. したがって, $F \subseteq \mathbb{P}$ が M ジェネリックフィルターならば補題 8.2.8 より $F \notin M$ であり, 特に $M \subsetneq M[F]$ となる.

ここで f を次で定義される写像とする：

- $\mathrm{dom}(f) = \bigcup_{p \in F} \mathrm{dom}(p) \subseteq \mathbb{N}$.
- $n \in \mathrm{dom}(f)$ に対して, 勝手に $p \in F$ で $n \in \mathrm{dom}(p)$ となるものをとり $f(n) = p(n)$ とする.

これが well-defined であることは次のようにしてわかる：勝手に $p, q \in F$, $n \in \mathrm{dom}(p) \cap \mathrm{dom}(q)$ をとる. $p, q \in F$ で F はフィルターなので $r \leq p, q$ となる $r \in F$ がある. このとき $\mathbb{P}$ の順序の定義から $r(n) = p(n) = q(n)$ でなくてはならない.

さらに, F がジェネリックであることから, 実は次のような性質が成り立つことがわかる：

(1) f は $\mathbb{N}$ から $\mathbb{N}$ への写像になる.
(2) 任意の $\mathbb{N}$ から $\mathbb{N}$ への写像 g に対して, もし $g \in M$ ならば $g \neq f$ である.

---

[17]繰り返すと, 公理的集合論では自然数 n と集合 $\{0, 1, \ldots, n-1\}$ を同一視している.
[18]この強制概念は**コーエン強制**と呼ばれている.

8.2 強制拡大と多元宇宙論

(1) については,$\mathrm{dom}(f) = \mathbb{N}$を言えばよい.そのためには,勝手にとった$n \in \mathbb{N}$に対して,$n \in \mathrm{dom}(p)$となる$p \in F$が存在することがいえればよい.$D = \{q \in \mathbb{P} : n \in \mathrm{dom}(q)\}$とすると,$D$は$\mathbb{P}$の稠密集合であり,$D$は$\mathbb{P}$を用いて定義可能な集合なので$M$の分出公理を用いると$D \in M$であることがわかる.$F$は$M$ジェネリックなので$F \cap D \neq \emptyset$.$p \in F \cap D$をとると,$p \in F$かつ$n \in \mathrm{dom}(p)$である.

(2) について,$g : \mathbb{N} \to \mathbb{N}$を$g \in M$なる写像とする.$E = \{p \in \mathbb{P} : \exists n \in \mathrm{dom}(p)\,(p(n) \neq g(n))\}$とする.$E$は$\mathbb{P}$の稠密集合になり,さらに$g \in M$なので再び$M$の分出公理より$E \in M$となる.$p \in F \cap E$をとると,$p(n) \neq g(n)$となる$n \in \mathrm{dom}(p)$が存在するが,$p(n) = f(n)$なので$f(n) \neq g(n)$,すなわち$f \neq g$となる.

$F \in M[F]$であり,写像fはジェネリックフィルターFから容易に定義できるので$f \in M[F]$である.これにより,$M[F]$はMに比べて$\mathbb{N}$から$\mathbb{N}$への写像が増えていることがわかる.$M[F]$もやはり ZFC の ctm なので,同じように$M[F]$の強制拡大をとることでさらに写像を付け加えることができる.これを超限回「繰り返す」ことで$M[F]$に無限個の新しい写像を付け加えることが可能である.連続体濃度$2^{\aleph_0}$は$\mathbb{N}$から$\mathbb{N}$への写像全体の集合の濃度に等しいので,上の操作を「繰り返す」ことで[19]Mに大量の新しい写像を加え,よって連続体仮説の否定が成り立つようにすることが可能であり,したがって ZFC +「連続体仮説の否定」が無矛盾であることがわかる[20].コーエンによる連続体仮説の否定の無矛盾性証明はこのようにして行われたのである[21].

実は,強制拡大だけでは,連続体仮説の否定が無矛盾であることを示すには不十分である.先のように ctm M を固定し,$\kappa \in M$ をMでの二番目の非可算基数とする.つまりκはMで$\aleph_2$になっている基数である.$\mathbb{N}$から$\mathbb{N}$への新しい写像をκ個付け加えた強制拡大$M[F]$が構成可能であり,$M[F]$には

---

[19] 有限回繰り返すだけならば何も問題はないが,無限回繰り返すためには別の議論が必要になる.

[20] しかしながら,この議論による ZFC +「連続体仮説の否定」の無矛盾性証明には,ZFC から証明不可能な「ZFC の ctm の存在」を使っており,このままでは正当化できない.「ZFC の ctm の存在」を用いない無矛盾性の証明については次節で軽く触れる.

[21] 実際のところ,コーエンの元の証明は,アイデアこそ同じであるが上で解説したものとはかなり異なっている.例えばジェネリックフィルターなどはコーエンの証明では用いられていない.ジェネリックフィルターなどを用いた強制拡大は,主にソロヴェイによって定式化されたものであり,現在ではこちらが標準となっている.

少なくとも κ 個の $\mathbb{N}$ から $\mathbb{N}$ への写像が存在するので，$M[F]$ では連続体仮説の否定が成り立っているように見える．しかし，問題は κ が $M[F]$ の $\aleph_2$ になっているかである．「κ が二番目の非可算基数である」という命題は ctm に対して絶対的ではないので，M では真であるこの命題が $M[F]$ で真ではない可能性がある．仮に $M[F]$ で真でない場合，$M[F]$ では κ は最初の非可算基数，つまり $M[F]$ で $\aleph_1$ になっている可能性がある．このとき，$M[F]$ が κ 個の写像をもっていたとしても，$M[F]$ で見ると高々 $\aleph_1$ 個しかないので，連続体仮説が成り立っている可能性があるのである．したがって，M の $\aleph_2$ と $M[F]$ の $\aleph_2$ が一致していることを証明しなくてならないが，強制拡大を見るだけではそれは困難である．この証明には次節で解説する強制関係が必須になる．

最後に，7.1 節で触れた多元宇宙とよばれる，強制拡大全体からなるフレームについて述べておく．ZFC の ctm M を一つ固定し，M のすべての強制拡大を考えてみたい．そのために $\mathcal{W}_n$ $(n \in \mathbb{N})$ を次のように定義する：

(1) $\mathcal{W}_0 = \{M\}$.
(2) $\mathcal{W}_{n+1} = \{N : N \text{ は } \mathcal{W}_n \text{ の元の強制拡大である}\} \cup \{N : N \text{ は } \mathcal{W}_n \text{ の元の基礎モデルである}\}$.

$\mathcal{W} = \bigcup_{n \in \mathbb{N}} \mathcal{W}_n$ とする．すなわち，$\mathcal{W}$ は M，M の強制拡大，M の基礎モデル，M の強制拡大の強制拡大，$\ldots$ の全体である．$\mathcal{W}$ がちゃんと集合になることは次のようにしてわかる：まず，M の基礎モデルは M の部分集合なので，M の基礎モデル全体は高々 M の冪集合の濃度 $2^{\aleph_0}$ をもつ集合である[22]．また，M の強制拡大はある強制概念 $\mathbb{P} \in M$ と M ジェネリックフィルター $F \subseteq \mathbb{P}$ に対して $M[F]$ という形をしている．M は可算なので，M に属する強制概念 $\mathbb{P} \in M$ は高々可算個である．また，各 $\mathbb{P} \in M$ もやはり可算なので，そのフィルターは高々 $2^{\aleph_0}$ 個である．よって，M の強制拡大全体は高々濃度 $2^{\aleph_0}$ をもつ集合になる．同様の議論で，各 $\mathcal{W}_{n+1}$ も濃度が高々 $2^{\aleph_0}$ である集合になることがわかる．

各 $N_0, N_1 \in \mathcal{W}$ に対して，

---

[22] 実際は ctm M の基礎モデルは高々可算個しか存在しないことが知られている．

8.2 強制拡大と多元宇宙論

$$N_0 \mathcal{R} N_1 \underset{\text{def}}{\Longleftrightarrow} N_1 \text{ は } N_0 \text{ の強制拡大}$$

と $\mathcal{R}$ を定義する．このとき $\mathcal{F} = \langle \mathcal{W}, \mathcal{R} \rangle$ は明らかにクリプキフレームになる．このフレームは **(集合論的) 多元宇宙** と呼ばれ，集合論的観点から盛んに研究が行われている（例えばウッディン [13] を参照）．7.1 節で触れたとおり，このフレームは文字通りの意味で（数学の）到達可能な可能世界全体からなるものなので，集合論的，哲学的な意味で非常に魅力的にみえる．一方，このフレームは実はあまり良い性質をもたず，したがって命題様相論理の観点からはこのままではあまり面白いものではない[23]．以下，$\mathcal{F}$ がどのような性質をもつか，あるいはもたないのかをみてみる．

1. $\mathcal{F}$ は反射的 ($\forall N \in \mathcal{W}(N \mathcal{R} N)$) である．自明な強制概念 $\mathbb{P} = \{1_\mathbb{P}\} \in N$ による N の強制拡大は N 自身である．

2. $\mathcal{F}$ は推移的 ($N_0 \mathcal{R} N_1 \mathcal{R} N_2 \to N_0 \mathcal{R} N_2$) である．この証明のためには反復強制法の議論が必要になるので，証明は次章にまわす．

3. $\mathcal{F}$ は有向的 ($\forall N_0, N_1 \in \mathcal{W} \exists N_2 \in \mathcal{W}(N_0, N_1 \mathcal{R} N_2)$) ではない[24]．これは次の補題からわかる．

補題 8.2.13 M を ZFC の ctm とする．このとき M の強制拡大 N_0, N_1 で N_0 と N_1 が共通の強制拡大をもたないものが存在する．

証明 （以下の証明は集合論と強制法に詳しい人向けである[25]．）

$\mathbb{P}$ をコーエン強制，すなわち $\mathbb{P}$ の元は自然数 n から $\mathbb{N}$ への関数全体で $p \leq q \Longleftrightarrow p \supseteq q$ なる強制概念とする．

$\alpha = \{\beta \in M : \beta \text{ は順序数}\}$ とすると，α は順序数になる．ここで $\mathbb{N}$ の部分集合 X で X が α をコードするもの，すなわち $X \in N$ なる任意の ZFC の推

---
[23] スティール [12] は彼独自の観点からウッディンとは異なる多元宇宙の定義を与えている．スティールの多元宇宙はフレームとしてみた場合ちょうど S4.2 フレームになっており，様相論理の立場からはより興味深いものになっている．このフレームについては 9.3 節で触れる．

[24] 一方，$\mathcal{F}$ が下向きに有向 ($\forall N_0, N_1 \in \mathcal{W} \exists N_2 \in \mathcal{W}(N_2 \mathcal{R} N_0, N_1)$) になることが最近証明された．

[25] この証明はフックス - ハムキンズ - リーツ [2] からとった．[2] によればこの結果はウッディンによるものらしいが，実際は古くから知られている folklore のようである．

移的モデル N に対して $\alpha \in N$ となるものとする．X の元を小さい順に並べ
あげたものを $k_0, k_1, \ldots$ とする．

目標は $\mathbb{P}$ の M ジェネリックフィルター F_0, F_1 を，F_0 と F_1 を両方合わせ
れば X がデコードできるようにとっていくことである．

$\langle D_n : n \in \mathbb{N}\rangle$ を M に属する $\mathbb{P}$ の稠密集合の枚挙とする．$p_n, p'_n, q_n, q'_n \in \mathbb{P}$
を次のようにとっていく．

$p'_0 \in \mathbb{P}$ を $\mathrm{dom}(p'_0) = \{0\}$, $p'_0(0) = k_0$ なる関数とする．$p_0 \in D_0$ を $p_0 \leq p'_0$
となるようにとる．

次に q'_0 を $\mathrm{dom}(q'_0) = \{0\}$ かつ $q'_0(0) = \mathrm{dom}(p_0)$ なるようにとり，$q_0 \in D_0$
を $q_0 \leq q'_0$ かつ $\mathrm{dom}(q_0) > \mathrm{dom}(p_0)$ となるようにとる．

さらに $p'_1 \leq p_0$ を，$\mathrm{dom}(p'_1) = \mathrm{dom}(q_0) + 1$ で $p'_1(n) = 0$ $(\mathrm{dom}(p_0) \leq n < \mathrm{dom}(q_0))$，かつ $p'_1(\mathrm{dom}(q_0)) = k_1$ なる関数とする．$p_1 \in D_1$ は $p_1 \leq p'_1$ なる
ように任意にとる．

q'_1 は $\mathrm{dom}(q'_1) = \mathrm{dom}(q_0) + 1$ で $q'_1(\mathrm{dom}(q_0)) = \mathrm{dom}(p_1)$ となるようにと
る．$q_1 \in D_1$ は $q_1 \leq q'_1$ かつ $\mathrm{dom}(q_1) > \mathrm{dom}(p_1)$ となるようにとる．

$p'_2 \leq p_1$ は $\mathrm{dom}(p'_2) = \mathrm{dom}(q_1) + 1$, $p'_2(n) = 0$ $(\mathrm{dom}(p_1) \leq n < \mathrm{dom}(q_1))$，
かつ $p'_2(\mathrm{dom}(q_1)) = k_2$ なる関数とする．$p_2 \in D_2$ は $p_2 \leq p'_2$ なるように任意
にとる．

q'_2 は $\mathrm{dom}(q'_2) = \mathrm{dom}(q_1) + 1$ で $q'_2(\mathrm{dom}(q_1)) = \mathrm{dom}(p_2)$ となるようにと
り，$q_2 \in D_2$ は $q_2 \leq q'_2$ かつ $\mathrm{dom}(q_2) > \mathrm{dom}(p_2)$ となるようにとる．

以下この構成を繰り返す．F_0 を $\{p_n : n \in \mathbb{N}\}$ から生成されるフィルター，
F_1 は $\{q_n : n \in \mathbb{N}\}$ から生成されるフィルターとすると，構成より明らか
に F_0, F_1 は M ジェネリックである．最後に，N が ZFC の推移的モデルで
$F_0, F_1 \in N$ ならば $X \in N$ を示せば $N_0 = M[F_0]$, $N_1 = M[F_1]$ の共通の
強制拡大は存在しないことがわかる．以下 N の中で議論する．$f_0 = \bigcup F_0$,
$f_1 = \bigcup F_1$ とすると f_0, f_1 は $\mathbb{N}$ から $\mathbb{N}$ への関数になる．$l_n \in \mathbb{N}$ を次のように
とっていく：$l_0 = 0$, $l_{n+1} := \{m \geq f_1(l_n) : f_0(m) \neq 0\}$．このとき，$p_n$ と q_n
のとり方から $f_0(l_n) = k_n$ となり，よって $X = \{f_0(l_n) : n \in \mathbb{N}\} \in N$ とな
る． □

4. フレーム $\mathcal{F}$ は対称的 $(\forall N_0, N_1 \in \mathcal{W}(N_0 \mathcal{R} N_1 \rightarrow N_1 \mathcal{R} N_0))$ ではない．
   N_0 と N_1 が互いの強制拡大になっているならば $N_0 = N_1$ でなくてはな
   らないが，与えられた $N \in \mathcal{F}$ に対して N の真の強制拡大は常に存在する．

5. $\mathcal{R}$ に関する真の無限増大列，無限減少列が存在する．増大列に関しては，M の真の強制拡大を繰り返しとっていくことで $M \subsetneq M[F_0] \subsetneq M[F_0][F_1] \subsetneq \cdots$ となる列がとれる．減少列に関しては次のようにしてわかる：

補題 8.2.14 M を ZFC の ctm とする．このとき M の強制拡大 N_i $(i \in \mathbb{N})$ で N_i が N_{i+1} の真の強制拡大となるものが存在する．

証明 （以下の証明は集合論と強制法に詳しい人向けである．）

$\mathbb{P}$ を $\mathbb{N} \times \mathbb{N}$ から $\mathbb{N}$ への有限部分関数全体に包含関係の逆で順序を入れた強制概念とする．また，各 $i \in \mathbb{N}$ に対して $\mathbb{P}_i$ を $\mathbb{N} \times (\mathbb{N} \setminus i)$ から $\mathbb{N}$ への有限部分関数全体に包含関係の逆で順序を入れた強制概念とする．

F を $\mathbb{P}$ の M ジェネリックフィルターとする．$f = \bigcup F$ とすると f は $\mathbb{N} \times \mathbb{N}$ から $\mathbb{N}$ への関数になる．ここで，各 $i \in \mathbb{N}$ に対して $f_i = f \upharpoonright (\mathbb{N} \times (\mathbb{N} \setminus i))$ とし，F_i を f_i の有限部分関数全体とすると F_i は $\mathbb{P}_i$ の M ジェネリックフィルターになる．$N_i = M[F_i]$ とすると，このとき N_i は N_{i+1} のコーエン強制拡大になる． □

6. $\mathcal{F}$ には最小元が存在する場合と存在しない場合がある．たとえば M が $V = L$ を満たす場合，M は $\mathcal{F}$ の最小元になることが容易にわかる．一方，集合ではなくクラスになっている強制概念を用いた強制法である**クラス強制法**を用いることで，$\mathcal{F}$ が最小元をもたないような M を構成することが可能である．

8.3 強制関係

前節で意味論的な側面である強制拡大を定義した．強制拡大の構造は強制概念 $\mathbb{P}$ とジェネリックフィルターのとり方に大きく依存する．しかしながら強制拡大（特にジェネリックフィルター）は天下り的に与えられるものであり，それゆえに強制拡大の細かい構造を観察，制御することは今のままでは非常に難しい．実はそれらを精密に行うためには強制法の構文論的側面である強制関係が必要不可欠である[26]．また，後の強制様相論理も強制関係を使って定義さ

---

[26]例えば，前節で触れたように強制拡大で基数が保存されることの証明は強制関係を使わないと難しい．しかしながら，本文では強制関係を具体的にどのように使うのかは十分解説する余裕

れるので，後のためにもこの節で強制関係の解説を行う．

定義 8.3.1 $\mathbb{P}$ を強制概念，$p \in \mathbb{P}$ とする．$D \subseteq \mathbb{P}$ が **p の下で稠密**とは，任意の $q \leq p$ に対して $r \in D$ で $r \leq q$ となるものが存在するときである．

ここで論理式 φ が**強制される**ことを意味する強制関係 $\Vdash_\mathbb{P} \varphi$ を論理式の構成に関する帰納法で次のように定義する．

定義 8.3.2 $\mathbb{P}$ を強制概念，$p \in \mathbb{P}$ とする．$\varphi(v_0, \ldots, v_n)$ を $\mathcal{L}_{\text{ZF}}$ の論理式，$\sigma_0, \ldots, \sigma_n$ を $\mathbb{P}$ 名称とする．$p \Vdash_\mathbb{P} \varphi(\sigma_0, \ldots, \sigma_n)$ を φ の構成に関する帰納法で次のように定義する：

(1) $\varphi := v_0 \in v_1$ のとき，$p \Vdash_\mathbb{P} \sigma_0 \in \sigma_1$
$\underset{\text{def}}{\iff} \{q \in \mathbb{P} : \exists \langle \tau, r \rangle \in \sigma_1 \, (q \leq r \wedge q \Vdash_\mathbb{P} \tau = \sigma_0)\}$ が p の下で稠密．

(2) $\varphi := v_0 = v_1$ のとき，$p \Vdash_\mathbb{P} \sigma_0 = \sigma_1$
$\underset{\text{def}}{\iff}$ 任意の $\mathbb{P}$ 名称 τ と $q \leq p$ に対して，もしある $r \in \mathbb{P}$ で $\langle \tau, r \rangle \in \sigma_0 \cup \sigma_1$ ならば

$$q \Vdash_\mathbb{P} \tau \in \sigma_0 \leftrightarrow q \Vdash_\mathbb{P} \tau \in \sigma_1.$$

(3) $\varphi := \psi_0 \wedge \psi_1$ のとき，$p \Vdash_\mathbb{P} \psi_0 \wedge \psi_1$
$\underset{\text{def}}{\iff} p \Vdash_\mathbb{P} \psi_0$ かつ $p \Vdash_\mathbb{P} \psi_1$．

(4) $\varphi := \neg \psi$ のとき，$p \Vdash_\mathbb{P} \neg \psi$
$\underset{\text{def}}{\iff}$ 任意の $q \leq p$ に対して $q \nVdash_\mathbb{P} \psi$．

(5) $\varphi := \exists v \psi(v)$ のとき，$p \Vdash_\mathbb{P} \exists v \psi(v)$
$\underset{\text{def}}{\iff} \{q \leq p : \mathbb{P}$ 名称 τ で $q \Vdash_\mathbb{P} \psi(\tau)$ となるものがある $\}$ が p の下で稠密．

$\psi_0 \vee \psi_1, \forall v \psi(v)$ などは $\psi_0 \wedge \psi_1, \exists v \psi(v)$ と $\neg$ の組み合わせで定義する．また，$1_\mathbb{P} \Vdash_\mathbb{P} \varphi$ のときは単に $\Vdash_\mathbb{P} \varphi$ と書くことにする．$\Vdash_\mathbb{P} \varphi$ のとき，$\mathbb{P}$ は φ を**強制する**，という．

がないため，この節の最後で簡単に触れるのみにとどめる．

8.3 強制関係

この定義（特に (1), (2)）は明らかに循環しており，正当化のためには適当な整礎関係を定めて，それによる再帰的定義をしなければならないが，詳細は省略する．

強制関係がもつ基本性質を並べておく：

(1) $\Phi(v_0, \ldots, v_n)$ が $\mathcal{L}_{ZF}$ の論理式で述語論理から仮定なしで証明可能，かつ $\sigma_0, \ldots, \sigma_n$ が $\mathbb{P}$ 名称ならば $\Vdash_{\mathbb{P}} \Phi(\sigma_0, \ldots, \sigma_n)$．
(2) $\not\Vdash_{\mathbb{P}} \bot$．
(3) $\Vdash_{\mathbb{P}} \varphi$ かつ $\Vdash_{\mathbb{P}} \varphi \to \psi$ ならば $\Vdash_{\mathbb{P}} \psi$．
(4) φ が ZFC の公理ならば $\Vdash_{\mathbb{P}} \varphi$．
(5) $\Vdash_{\mathbb{P}} \varphi \land \psi \iff \Vdash_{\mathbb{P}} \varphi$ かつ $\Vdash_{\mathbb{P}} \psi$．

この基本性質は次章で扱う様相命題論理のために必要であり，実際は強制関係の定義から直接に証明されるものである．しかしながらそれを解説するスペースが足りないのでここでは，次で解説する「強制関係とは何物か？」を説明してくれる**強制法の基本定理**を使ってこの基本性質が成り立つことを紹介する．

述語論理の完全性定理は，意味論と構文論を結ぶ基本定理である．強制法の基本定理はこれと同様に，強制法の意味論である強制拡大と構文論である強制関係をつなぐ基本定理であり，「強制される」の意味を説明するものである．強制関係の七面倒くさい定義はこの基本定理を実現するためである．

補題 8.3.3（基本定理 1） M を ZFC の ctm，$\mathbb{P} \in M$ を強制概念とする．$\varphi(v_0, \ldots, v_n)$ を $\mathcal{L}_{ZF}$ の論理式で $v_0, \ldots, v_n$ を自由変数にもつものとする．このとき，$p \in \mathbb{P}$ と $\mathbb{P}$ 名称 $\sigma_0, \ldots, \sigma_n \in M$ に対して，次は同値である：

(1) $M \vDash p \Vdash_{\mathbb{P}} \varphi(\sigma_0, \ldots, \sigma_n)$．
(2) 任意の M ジェネリックフィルター F で $p \in F$ になるものに対して，$M[F] \vDash \varphi(\sigma_0[F], \ldots, \sigma_n[F])$ が成り立つ．

補題 8.3.4（基本定理 2）　M を ZFC の ctm, $\mathbb{P} \in M$ を強制概念とする. $\varphi(v_0, \ldots, v_n)$ を $\mathcal{L}_{\mathrm{ZF}}$ の論理式で $v_0, \ldots, v_n$ を自由変数にもつものとし, $\sigma_0, \ldots, \sigma_n \in M$ を $\mathbb{P}$ 名称とする. このとき, 任意の $(M, \mathbb{P})$ ジェネリックフィルター F に対して, もし

$$M[F] \vDash \varphi(\sigma_0[F], \ldots, \sigma_n[F])$$

ならば, ある $p \in F$ で

$$M \vDash p \Vdash_{\mathbb{P}} \varphi(\sigma_0, \ldots, \sigma_n)$$

となるものが存在する.

注意 8.3.5　M が ZFC の推移的モデルであっても, 一般に強制関係「$p \Vdash_{\mathbb{P}} \varphi$」は M に対して絶対的ではない. したがって, 上の補題中に出てくる **M の中での強制関係** $M \vDash p \Vdash_{\mathbb{P}} \varphi(\sigma_0, \ldots, \sigma_n)$ は $\mathbf{V}$ での強制関係 $p \Vdash_{\mathbb{P}} \varphi(\sigma_0, \ldots, \sigma_n)$ と一般に同値ではない.

注意 8.3.6　補題 8.3.3 に関して, より精密には次が証明可能である.

　任意の $\mathcal{L}_{\mathrm{ZF}}$ の論理式 $\varphi(v_0, \ldots, v_n)$ に対して, ある ZFC の有限個の公理 $\varphi_0, \ldots, \varphi_m$ が存在して, ZFC から次が証明可能：任意の $\varphi_0, \ldots, \varphi_m$ の ctm M, 強制概念 $\mathbb{P} \in M$, $p \in \mathbb{P}$, $\mathbb{P}$ 名称 $\sigma_0, \ldots, \sigma_n \in M$ に対して, $M \vDash p \Vdash_{\mathbb{P}} \varphi(\sigma_0, \ldots, \sigma_n) \iff$ 任意の M ジェネリックフィルター F で $p \in F$ になるものに対して, $M[F] \vDash \varphi(\sigma_0[F], \ldots, \sigma_n[F])$.

　このように補題 8.3.3 を変形し注意 8.1.4 と組み合わせることで, ZFC のモデルの存在を直接言及せずに基本定理 1 を述べることができる. 基本定理 2 についても同様である.

　前節の強制拡大による無矛盾性証明では「ctm の存在」というやっかいな仮定をおいていたが, 上の基本性質を使うことで次のようなメタ定理が得られ, これによりその ctm の仮定を用いない無矛盾性証明が得られる[27].

---

[27]ただし, 望む命題 φ を強制するような強制概念 $\mathbb{P}$ を構成しようとするとき, 強制関係 $\Vdash_{\mathbb{P}}$ の定義をみて「$\mathbb{P}$ が φ を強制する」ことを示すようなことはまずない. そうではなく,「強制拡大で φ が成り立つ」ような $\mathbb{P}$ を構成し, 基本定理を使って「φ が強制される」ことを示すのが普通である. この意味で,（原理的には ctm を用いずに無矛盾性が示せるにしても）実際には

8.3 強制関係

補題 8.3.7 φ を $\mathcal{L}_{\mathrm{ZF}}$ の閉論理式とする．もし，ZFC が無矛盾かつ ZFC から閉論理式 $\exists \mathbb{P}\,(\Vdash_{\mathbb{P}} \varphi)$ が証明可能ならば，ZFC $+\varphi$ は無矛盾である．

証明 仮に矛盾しているならば，ある有限個の ZFC の公理 $\psi_0, \ldots, \psi_n$ が存在して $\psi_0, \ldots, \psi_n$ から $\neg\varphi$ が証明可能である．一方，$\Vdash_{\mathbb{P}} \psi_0, \ldots, \psi_n$ であり，さらに $\mathbb{P}$ はすべてのトートロジーを強制し，かつ $\Vdash_{\mathbb{P}}$ は三段論法で閉じているので，このとき ZFC から $\Vdash_{\mathbb{P}} \neg\varphi$ が証明できてしまう．仮定の「ZFC から $\Vdash_{\mathbb{P}} \varphi$ が証明できる」よりこのとき $\Vdash_{\mathbb{P}} \bot$ が ZFC から証明できることになり矛盾である． □

前節で紹介したコーエン強制の変形を用いることで，$\exists \mathbb{P}\,(\Vdash_{\mathbb{P}}$「連続体仮説の否定」$)$ が ZFC から証明できる．この事実とこのメタ定理を組み合わせることで，我々は ZFC と連続体仮説が（ctm などの仮定を用いずに）無矛盾であることが証明できるわけである．

また，このメタ定理は，「ZFC から $\neg\varphi$ にいたる証明図が存在するならばそれを ZFC から矛盾にいたる証明図に変形する」具体的なアルゴリズムを記述しているとも解釈でき，これにより ZFC $+\varphi$ の「有限的」な相対無矛盾性証明を示しているともみることが可能である．

ここから強制関係の基本性質を示していく．

補題 8.3.8 $\mathcal{L}_{\mathrm{ZF}}$ の論理式 $\Phi(v_0, \ldots, v_n)$（$v_0, \ldots, v_n$ は自由変数）が述語論理において仮定なしで証明可能であり，$\sigma_0, \ldots, \sigma_n$ が $\mathbb{P}$ 名称ならば，

$$\Vdash_{\mathbb{P}} \Phi(\sigma_0, \ldots, \sigma_n).$$

証明 φ が閉論理式のときの $\Vdash_{\mathbb{P}} \varphi \to \varphi$ を考えてみる．8.1 節の注意 8.1.6 により，ZFC の ctm M で閉論理式「$\forall \mathbb{P}\,(\Vdash_{\mathbb{P}} \varphi \to \varphi)$」が M において絶対的になるものがあると仮定してよい．

もし $\mathbf{V}$ で $\exists \mathbb{P}\,(\nVdash_{\mathbb{P}} \varphi \to \varphi)$ となるならば，絶対性からこれは M で成り立つ．強制概念 $\mathbb{P} \in M$ で $M \models \nVdash_{\mathbb{P}} \varphi \to \varphi$ となるものをとる．基本定理 8.3.3 より，次の二つは同値になる：

---

ctm や（可算とは限らない）ZFC のモデルの存在を暗黙に仮定して無矛盾性を示すのが普通である．

(1) $M \vDash \Vdash_\mathbb{P} \varphi \to \varphi$.
(2) 任意の $\mathbb{P}$ の M ジェネリックフィルター F に対して，$M[F] \vDash \varphi \to \varphi$.

一方，$M[F]$ は ZFC のモデルであり $\varphi \to \varphi$ はトートロジーなので $M[F]$ で $\varphi \to \varphi$ は明らかに成り立つ．よって (1) が成立することになり矛盾である．□

次の補題は上と全く同様に証明できる．

補題 8.3.9 $\mathbb{P}$ が強制概念，φ が ZFC の公理ならば $\Vdash_\mathbb{P} \varphi$.

補題 8.3.10 $\varphi(v_0, \ldots, v_n), \psi(v_0, \ldots, v_n)$ を $\mathcal{L}_{\mathrm{ZF}}$ の論理式で $v_0, \ldots, v_n$ を自由変数にもつものとし，$\mathbb{P}$ を強制概念，$\sigma_0, \ldots, \sigma_n$ を $\mathbb{P}$ 名称とする．$p \in \mathbb{P}$ とする．

(1) $p \Vdash_\mathbb{P} \varphi(\sigma_0, \ldots, \sigma_n)$ かつ $q \leq p$ ならば $q \Vdash_\mathbb{P} \varphi(\sigma_0, \ldots, \sigma_n)$.

(2) $p \Vdash_\mathbb{P} \varphi(\sigma_0, \ldots, \sigma_n)$ かつ $p \Vdash_\mathbb{P} \psi(\sigma_0, \ldots, \sigma_n) \iff p \Vdash_\mathbb{P} \varphi(\sigma_0, \ldots, \sigma_n) \wedge \psi(\sigma_0, \ldots, \sigma_n)$.

(3) $p \Vdash_\mathbb{P} \varphi(\sigma_0, \ldots, \sigma_n) \to \psi(\sigma_0, \ldots, \sigma_n)$ かつ $p \Vdash_\mathbb{P} \varphi(\sigma_0, \ldots, \sigma_n)$ ならば $p \Vdash_\mathbb{P} \psi(\sigma_0, \ldots, \sigma_n)$.

(4) $p \nVdash_\mathbb{P} \bot$.

証明 先の補題の証明と同様に行う．

(1) ZFC の ctm M で適当な閉論理式が絶対的になっているものと強制概念 $\mathbb{P} \in M$ を任意にとる．$q \in F$ なる M ジェネリックフィルターを任意にとると，$q \leq p$ なので $p \in F$ である．$M \vDash p \Vdash_\mathbb{P} \varphi(\sigma_0, \ldots, \sigma_n)$ なので $M[F] \vDash \varphi(\sigma_0[F], \ldots, \sigma_n[F])$ が成り立つ．よって $M \vDash q \Vdash_\mathbb{P} \varphi(\sigma_0, \ldots, \sigma_n)$ となる．ほかも同様に証明できる．□

補題 8.3.11 $\varphi(v_0, \ldots, v_n)$ を $\mathcal{L}_{\mathrm{ZF}}$ の論理式で $v_0, \ldots, v_n$ を自由変数にもつものとし，$\mathbb{P}$ を強制概念，$\sigma_0, \ldots, \sigma_n$ を $\mathbb{P}$ 名称とする．$p \in \mathbb{P}$ とする．このとき，

$p \nVdash_\mathbb{P} \varphi(\sigma_0, \ldots, \sigma_n) \iff$ ある $q \leq p$ で $q \Vdash_\mathbb{P} \neg\varphi(\sigma_0, \ldots, \sigma_n)$ となるものがある．

証明 もしすべての $q \leq p$ で $q \nVdash_{\mathbb{P}} \neg\varphi(\sigma_0, \ldots, \sigma_n)$ ならば，定義より $p \Vdash_{\mathbb{P}} \neg\neg\varphi(\sigma_0, \ldots, \sigma_n)$．一方 $\neg\neg\varphi \leftrightarrow \varphi$ はトートロジーなので $p \Vdash_{\mathbb{P}} \varphi(\sigma_0, \ldots, \sigma_n)$ である．

逆に，ある $q \leq p$ で $q \Vdash_{\mathbb{P}} \neg\varphi(\sigma_0, \ldots, \sigma_n)$ となるものがあるとき，$p \Vdash_{\mathbb{P}} \varphi(\sigma_0, \ldots, \sigma_n)$ ならば $q \Vdash_{\mathbb{P}} \varphi(\sigma_0, \ldots, \sigma_n)$ なので $q \Vdash_{\mathbb{P}} \bot$ となり矛盾である． □

補題 8.3.12 $\varphi(u, v_0, \ldots, v_n)$ を $\mathcal{L}_{\mathrm{ZF}}$ の論理式で $u, v_0, \ldots, v_n$ を自由変数にもつものとし，$\mathbb{P}$ を強制概念，$\sigma_0, \ldots, \sigma_n$ を $\mathbb{P}$ 名称とする．$p \in \mathbb{P}$ とする．もし $p \Vdash_{\mathbb{P}} \exists y \varphi(y, \sigma_0, \ldots, \sigma_n)$ ならば，ある $q \leq p$ と $\mathbb{P}$ 名称 τ で $q \Vdash_{\mathbb{P}} \varphi(\tau, \sigma_0, \ldots, \sigma_n)$ となるものが存在する．

証明 例によって適当な閉論理式が絶対になっている ctm M と $\mathbb{P} \in M$ をとり，$p \in \mathbb{P}$，$\mathbb{P}$ 名称 $\sigma_0, \ldots, \sigma_n \in M$ をとり，$M \vDash \ulcorner p \Vdash \exists y \varphi(y, \sigma_0, \ldots, \sigma_n) \urcorner$ とする．

勝手に $p \in F$ なる M ジェネリックフィルターをとると，$M[F] \vDash \exists y \varphi(y, \sigma_0[F], \ldots, \sigma_n[F])$ が成り立つ．よって，ある $y \in M[F]$ で $M[F] \vDash \varphi(y, \sigma_0[F], \ldots, \sigma_n[F])$ となる．$y \in M[F]$ なので，ある $\mathbb{P}$ 名称 $\tau \in M$ で $y = \tau[F]$ となる．よって $M[F] \vDash \varphi(\tau[F], \sigma_0[F], \ldots, \sigma_n[F])$ となるが，補題 8.3.4 よりある $r \in F$ で $M \vDash r \Vdash_{\mathbb{P}} \varphi(\tau, \sigma_0, \ldots, \sigma_n)$ となるものがとれる．最後に $q \in F$ で $q \leq p, r$ となるものをとると，$M \vDash q \Vdash_{\mathbb{P}} \varphi(\tau, \sigma_0, \ldots, \sigma_n)$ である． □

実は補題 8.3.12 は次のように強めることができることが知られている：

補題 8.3.13 $\varphi(u, v_0, \ldots, v_n)$ を $\mathcal{L}_{\mathrm{ZF}}$ の論理式で $u, v_0, \ldots, v_n$ を自由変数にもつものとし，$\mathbb{P}$ を強制概念，$\sigma_0, \ldots, \sigma_n$ を $\mathbb{P}$ 名称とする．$p \in \mathbb{P}$ とする．もし $p \Vdash_{\mathbb{P}} \exists y \varphi(y, \sigma_0, \ldots, \sigma_n)$ ならば，ある $\mathbb{P}$ 名称 τ で $p \Vdash_{\mathbb{P}} \varphi(\tau, \sigma_0, \ldots, \sigma_n)$ となるものが存在する．

後で必要になるので，ついでに次も示しておく．強制概念 $\mathbb{P}$ と $p_0 \in \mathbb{P}$ に対して，$\mathbb{P} \upharpoonright p_0$ を $\langle \{q \in \mathbb{P} : q \leq p_0\}, \leq_{\mathbb{P}}, p_0 \rangle$ とする．$\mathbb{P} \upharpoonright p_0$ も明らかに強制概念である．

補題 8.3.14 $\mathbb{P}$ を強制概念とし $p_0 \in \mathbb{P}$ とする．φ を $\mathcal{L}_{\mathrm{ZF}}$ の閉論理式とする．このとき次は同値である：

(1) $p_0 \Vdash_{\mathbb{P}} \varphi$．
(2) $\Vdash_{\mathbb{P} \upharpoonright p_0} \varphi$．

証明 適当な閉論理式が絶対的になる ZFC の ctm M，強制概念 $\mathbb{P} \in M$，$p_0 \in \mathbb{P}$ を勝手にとったとき，次が同値になればよい：

(1) $M \vDash p_0 \Vdash_{\mathbb{P}} \varphi$．
(2) $M \vDash \Vdash_{\mathbb{P} \upharpoonright p_0} \varphi$．

(1) ⇒ (2) については，勝手に $\mathbb{P} \upharpoonright p_0$ の M ジェネリックフィルター F をとる．このとき $G = \{q \in \mathbb{P} : \exists r \in F\,(r \leq q)\}$ をとると，G は $\mathbb{P}$ の M ジェネリックフィルターになることがわかる．明らかに $G \in M[F]$ なので，$M[G]$ の最小性から $M[G] \subseteq M[F]$．逆に，$F = G \cap \mathbb{P} \upharpoonright p_0$ なので $F \in M[G]$ となり，$M[F] \subseteq M[G]$ である．よって $M[G] = M[F]$ となる．(1) より $M[G] \vDash \varphi$ なので，$M[F] \vDash \varphi$．よって補題 8.3.4 より (2) が成り立つ．

逆も同様である． □

最後に，強制関係を用いることで，強制拡大で基数がちゃんと保存されることが証明できることについて，コーエン強制の簡単な場合だけ触れておく[28]．M を ZFC の ctm とし，$\mathbb{P}$ をコーエン強制とする．すなわち $\mathbb{P}$ はある自然数から $\mathbb{N}$ への写像全体であり，$p \leq q \iff p \supseteq q$ で順序を入れた強制概念である．F を $\mathbb{P}$ の M ジェネリックフィルターとする．ここで集合 $X \in M$ が M で非可算集合になっているとする．このとき X は $M[F]$ においても非可算になっていることを紹介する．同様の議論で M の $\aleph_1$ が $M[F]$ でも $\aleph_1$ になることなどが証明できる．もし $M[F]$ で X が可算ならば，$M[F] \vDash$「X は可算集合」となる．すなわち，$M[F] \vDash$「$\mathbb{N}$ から X への全単射が存在する」が成り立つ．$f \in M[F]$ を $\mathbb{N}$ から X への全単射とし，$\dot{f} \in M$ を $\dot{f}[F] = f$ となる $\mathbb{P}$ 名称とする．$\check{\mathbb{N}}[F] = \mathbb{N}$，$\check{X}[F] = X$ に注意すると，強制法の基本定理から，ある $p \in F$ で，$M \vDash p \Vdash_{\mathbb{P}}$「$\dot{f}$ は $\check{\mathbb{N}}$ から $\check{X}$ への全単射である」が成り立つ．以下，M の中で議論する．強制関係は M の中で定義されるので，以

---

[28] 常にすべての基数が保存されるわけではない．すべての基数が保存されるためには，強制概念が 9.3 節で触れる可算鎖条件を満たすことなどが必要になる．

下の議論が M 内で行えることに注意する．各 $n \in \mathbb{N}$ について，$Y_n = \{x \in X : \exists q \leq p(q \Vdash_\mathbb{P} \dot{f}(\check{n}) = \check{x})\}$ とする．$\mathbb{P}$ は可算集合なので，Y_n も可算集合になることがわかる．$Y = \bigcup_{n \in \mathbb{N}} Y_n$ とすると，Y も可算集合である．実はこのとき $X = Y$ となってしまい，X が（M で）非可算であることに矛盾するのである．実際，$x \in X$ を勝手に取る．$M[F]$ で f は $\mathbb{N}$ から X への全単射なので，$n \in \mathbb{N}$ で $f(n) = x$ となるものが取れる．再び基本定理より，$p' \in F$ で $p' \Vdash_\mathbb{P} \dot{f}(\check{n}) = \check{x}$ となるものが存在する．F はフィルターで $p, p' \in F$ なので，$q \in F$ で $q \leq p, p'$ となるものが存在するが，このとき補題 8.3.10 より $q \Vdash_\mathbb{P} \dot{f}(\check{n}) = \check{x}$ となり，$x \in Y_n \subseteq Y$ である．

第 9 章

強制様相論理

9.1 強制様相論理 MLF

この節では強制法を用いて定義される強制様相論理を紹介する．第 7 章で触れたように，「すべての（到達可能な）可能世界で φ が成り立つ」ことを意味する $\Box\varphi$ と，「すべての強制拡大で φ が成り立つ」を意味する $\forall \mathbb{P}\,(\Vdash_{\mathbb{P}} \varphi)$ には明らかな類似性がみられる．この類似性に着目して定義されるのが強制様相論理である．

定義 9.1.1 φ を $\mathcal{L}_{\mathrm{ZF}}$ の閉論理式とする．任意の強制概念 $\mathbb{P}$ が φ を強制するとき，すなわち $\forall \mathbb{P}\,(\Vdash_{\mathbb{P}} \varphi)$ となるとき，$\Box\varphi$ と表す．また，ある強制概念 $\mathbb{P}$ が φ を強制するとき，すなわち $\exists \mathbb{P}\,(\Vdash_{\mathbb{P}} \varphi)$ となるとき，$\Diamond\varphi$ と表すことにする．

注意 9.1.2 強制関係 $\Vdash_{\mathbb{P}} \varphi$ は $\mathbb{P}$ をパラメータにもつ論理式で定義できるので，各論理式 φ に対して，$\Box\varphi$, $\Diamond\varphi$ もまた $\mathcal{L}_{\mathrm{ZF}}$ の閉論理式となる．よって $\Box\Box\varphi := \Box(\Box\varphi)$, $\Diamond\Diamond\varphi$, $\Diamond\Diamond\varphi$, $\Box\Diamond\varphi$ なども $\mathcal{L}_{\mathrm{ZF}}$ の閉論理式で自然に定義できる．

強制様相論理 (Modal Logic of Forcing) とは，大雑把に言えば，様相記号 $\Box$ と $\Diamond$ を上のように定義したときに得られる様相論理である．まず最初に上のように定義された $\Box$ と $\Diamond$ の間にちゃんと双対性が成り立つことをみることにする．

9.1　強制様相論理 MLF

補題 9.1.3　φ を $\mathcal{L}_{ZF}$ の閉論理式とする.

(1) $\neg\Box\neg\varphi \iff \Diamond\varphi$.
(2) $\neg\Diamond\neg\varphi \iff \Box\varphi$.

証明　(1) ($\Leftarrow$): $\mathbb{P}$ で $\Vdash_{\mathbb{P}} \varphi$ となるものがとれる.一方,もし $\neg\Box\neg\varphi$ でないならば $\Box\neg\varphi$,すなわち $\forall\mathbb{Q}(\Vdash_{\mathbb{Q}} \neg\varphi)$ となる.よって $\Vdash_{\mathbb{P}} \varphi \wedge \neg\varphi$ となり矛盾である.

($\Rightarrow$): $\neg\Box\neg\varphi$ より,ある強制概念 $\mathbb{P}$ で

$$\nVdash_{\mathbb{P}} \neg\varphi$$

となるものがある.このとき $\Vdash_{\mathbb{P}}$ の定義より,ある $p_0 \in \mathbb{P}$ で

$$p_0 \Vdash_{\mathbb{P}} \neg\neg\varphi$$

となるものがとれる.$\neg\neg\varphi \leftrightarrow \varphi$ は述語論理から仮定なしで証明可能なので,

$$p_0 \Vdash_{\mathbb{P}} \varphi$$

となる.ここで $\mathbb{Q} = \mathbb{P} \upharpoonright p_0$ とすると,補題 8.3.14 より

$$\Vdash_{\mathbb{Q}} \varphi$$

となり,$\Diamond\varphi$ である.

(2) も同様に示せる.　□

ペアノ算術における証明可能性と様相オペレーターとの類似性に着目して定義された証明可能性論理をなぞらえて,**強制様相論理**は次のような形で定義される.

定義 9.1.4　命題様相論理の論理式 φ に対して $\mathcal{L}_{ZF}$ の閉論理式 $H(\varphi)$ を対応させるオペレーター H が次を満たすとき,H を**翻訳**と呼ぶ:

(1) $H(\bot) = \bot$.
(2) $H(\neg\varphi) = \neg H(\varphi)$.
(3) $H(\varphi \wedge \psi) = H(\varphi) \wedge H(\psi)$.
(4) $H(\Box\varphi) = $「任意の強制概念 $\mathbb{P}$ に対して $\Vdash_{\mathbb{P}} H(\varphi)$」.

定義 9.1.5　強制様相論理 (Modal Logic of Forcing MLF) とは，任意の翻訳 H に対して，

$$\text{ZFC} \vdash H(\varphi)$$

が成り立つ命題様相論理の論理式 φ 全体である．

　明らかに，命題様相論理の論理式 $\varphi := \varphi(q_0, \ldots, q_n)$（各 q_i は命題記号）が MLF に入ることは，任意の $\mathcal{L}_{\text{ZF}}$ の閉論理式 $\psi_0, \ldots, \psi_n$ に対して，φ 中の $\square$，$\diamondsuit$ を上のように読み替えたとき ZFC $\vdash \varphi(\psi_0, \ldots, \psi_n)$ となることである．

　当然の疑問として，MLF がどのような論理になるのか，あるいは他の様相論理との関係がどのようになっているか，などが問題になる．この MLF が S4.2 を含むことは比較的簡単に示すことができる．それでは S4.2 と等しいのか，あるいはそのより真に大きいのかが問題になるが，最近になって次のような答えが得られた：

定理 9.1.6（Hamkins-Löwe [5]）　MLF はちょうど S4.2 と等しい．

9.2　S4.2 とハムキンズ - レーヴェの定理

　以後，ハムキンズ - レーヴェの定理の証明を概観していく．最初に，MLF が正規様相論理になることを示す．まず，補題 8.3.8 や 8.3.10 より，MLF がトートロジーをすべて含み，モーダス・ポネンスで閉じていることがわかる．

　また，必然性に関して閉じている ($\varphi \in$ MLF $\Rightarrow \square\varphi \in$ MLF) ことは，次の補題から直ちに従う：

補題 9.2.1　φ を $\mathcal{L}_{\text{ZF}}$ の閉論理式とする．もし ZFC $\vdash \varphi$ ならば ZFC $\vdash \square\varphi$ である．

証明　すべての強制拡大は ZFC のモデルになるので，ZFC $\vdash \varphi$ ならば，φ はすべての強制拡大で成立する．これは ZFC $\vdash \square\varphi$ を意味する．　□

　次に K については，次から明らかである：

9.2 S4.2 とハムキンズ-レーヴェの定理

補題 9.2.2 φ, ψ が $\mathcal{L}_{\mathrm{ZF}}$ の閉論理式ならば,ZFC $\vdash \Box(\varphi \to \psi) \to (\Box\varphi \to \Box\psi)$.

証明 $\Box(\varphi \to \psi)$ かつ $\Box\varphi$ とする.このとき,任意の強制概念 $\mathbb{P}$ に対して $\Vdash_{\mathbb{P}} \varphi \to \psi$ と $\Vdash_{\mathbb{P}} \varphi$ となる.したがって補題 8.3.10 より $\Vdash_{\mathbb{P}} \psi$ となる. □

以上により MLF が正規様相論理になることがわかった.S4.2 $\subseteq$ MLF については,次を示せば十分である:

命題 9.2.3 任意の $\mathcal{L}_{\mathrm{ZF}}$ の閉論理式 φ に対して,次は ZFC から証明可能:

- T $\Box\varphi \to \varphi$.
- 4 $\Box\varphi \to \Box\Box\varphi$.
- .2 $\Diamond\Box\varphi \to \Box\Diamond\varphi$.

補題 9.2.4(T) 任意の閉論理式 φ に対して,

$$\mathrm{ZFC} \vdash \Box\varphi \to \varphi$$

証明 自明な強制概念 $\mathbb{P} = \{1_{\mathbb{P}}\}$ を考える.このとき,任意の $\mathcal{L}_{\mathrm{ZF}}$ の閉論理式 φ に対して φ が成立することと $\Vdash_{\mathbb{P}} \varphi$ が成り立つことは同値になる;ctm M の M ジェネリックフィルターは $\mathbb{P}$ のみなので常に $M[F] = M$ である.よって,$\Box\varphi$ ならば φ が常に成立し,ZFC $\vdash \Box\varphi \to \varphi$ である. □

(4) の $\Box\varphi \to \Box\Box\varphi$ に関しては注意が必要である.$\Box\Box\varphi$ は,任意の強制概念 $\mathbb{P}$ に対して

$$\Vdash_{\mathbb{P}} \ulcorner \forall \mathbb{Q} \, (\Vdash_{\mathbb{Q}} \varphi) \urcorner$$

が成立することである.したがって,$\mathbb{P}$ による強制拡大の中でもう一度強制法をすることと,一回だけ強制拡大をとることが本質的に同値であることを示す必要がある.このためには,強制法の**反復**を考えなければならない.

定義 9.2.5 $\mathbb{P}$ を強制概念,$\dot{\mathbb{Q}}$ を $\mathbb{P}$ 名称で

$$\Vdash_{\mathbb{P}} \ulcorner \dot{\mathbb{Q}} \text{ は強制概念である}\urcorner$$

となっているとする．このとき**反復強制概念** $\mathbb{P} * \dot{\mathbb{Q}}$ を

$$\mathbb{P} * \dot{\mathbb{Q}} = \{\langle p, \dot{q}\rangle : p \in \mathbb{P}, \dot{q}\text{は} \mathbb{P} \text{名称で} \Vdash_{\mathbb{P}} \dot{q} \in \dot{\mathbb{Q}}\}$$

とする．各 $\langle p_0, \dot{q}_0\rangle, \langle p_1, \dot{q}_1\rangle \in \mathbb{P} * \dot{\mathbb{Q}}$ に対して $\langle p_0, \dot{q}_0\rangle \le \langle p_1, \dot{q}_1\rangle \underset{\text{def}}{\iff}$ ($\mathbb{P}$ において) $p_0 \le p_1$ かつ $p_0 \Vdash_{\mathbb{P}}$ 「($\dot{\mathbb{Q}}$ において) $\dot{q}_0 \le \dot{q}_1$」．また，$1_{\mathbb{P}*\dot{\mathbb{Q}}} = \langle 1_{\mathbb{P}}, \dot{1}_{\dot{\mathbb{Q}}}\rangle$ とする．ここで $\dot{1}_{\dot{\mathbb{Q}}}$ は $\dot{\mathbb{Q}}$ の最大元であることが強制されている $\mathbb{P}$ 名称である．

　上で定義した $\mathbb{P} * \dot{\mathbb{Q}}$ 上の関係 $\le$ が前順序になることは素直に確かめられる．一方，一般に $\mathbb{P} * \dot{\mathbb{Q}}$ は真のクラスになるのでこのままでは $\mathbb{P} * \dot{\mathbb{Q}}$ は強制概念になるとは限らない．詳細には触れないが，この問題は回避できて $\mathbb{P} * \dot{\mathbb{Q}}$ は集合になると思ってよい[30]．

　次の補題は，$\mathbb{P}$ で強制した後に $\dot{\mathbb{Q}}$ で強制するのと，強制概念 $\mathbb{P} * \dot{\mathbb{Q}}$ で強制することは本質的に同じことであることを言っている．

補題 9.2.6 $\mathbb{P}$ を強制概念，$\dot{\mathbb{Q}}$ を $\mathbb{P}$ 名称で $\Vdash_{\mathbb{P}}$ 「$\dot{\mathbb{Q}}$ は強制概念」となっているとする．$p \in \mathbb{P}$ で，$\dot{q}$ を $p \Vdash_{\mathbb{P}} \dot{q} \in \dot{\mathbb{Q}}$ なる $\mathbb{P}$ 名称とする．このとき，$\mathcal{L}_{\text{ZF}}$ の閉論理式 φ に対して次は同値である：

(1) $p \Vdash_{\mathbb{P}}$「$\dot{q} \Vdash_{\dot{\mathbb{Q}}} \varphi$」．
(2) $\langle p, \dot{q}\rangle \Vdash_{\mathbb{P}*\dot{\mathbb{Q}}} \varphi$．

したがって特に，$\Vdash_{\mathbb{P}}$「$\Vdash_{\dot{\mathbb{Q}}} \varphi$」と $\Vdash_{\mathbb{P}*\dot{\mathbb{Q}}} \varphi$ は同値である．

　反復強制法が出たので，ついでに 8.3 節で触れた強制拡大からなるフレームが推移的になることを説明しておく．M を ZFC の ctm，$\mathbb{P} \in M$ を強制概念，F を $\mathbb{P}$ の M ジェネリックフィルターとする．さらに $\mathbb{Q} \in M[F]$ を強制概念，G を $\mathbb{Q}$ の $M[F]$ ジェネリックフィルターとして，$M[F][G]$ を考える．証明したいことは，$M[F][G]$ が M の強制拡大になることである．そのためには，$\mathbb{Q} = \dot{\mathbb{Q}}[F]$ となる $\mathbb{P}$ 名称 $\dot{\mathbb{Q}}$ をとり，M の中で反復強制概念 $\mathbb{P} * \dot{\mathbb{Q}}$ を考える．すなわち，M の中で定義した $\mathbb{P} * \dot{\mathbb{Q}}$ を M に属する一つの強制概念とし

---

[30] 十分大きい順序数 α をとり，$(\mathbb{P}*\dot{\mathbb{Q}}) \cap V_\alpha$ を考える．ここで V_α はランクが α 未満の集合全体である．このとき，任意の $\langle p, \dot{q}_0\rangle \in \mathbb{P}*\dot{\mathbb{Q}}$ に対して $\langle p, \dot{q}_1\rangle \in (\mathbb{P}*\dot{\mathbb{Q}}) \cap V_\alpha$ で $p \Vdash_{\mathbb{P}} \dot{q}_0 = \dot{q}_1$ となるものがとれ，したがって $(\mathbb{P}*\dot{\mathbb{Q}}) \cap V_\alpha$ は $\mathbb{P}*\dot{\mathbb{Q}}$ の稠密な部分順序になる．この $(\mathbb{P}*\dot{\mathbb{Q}}) \cap V_\alpha$ を強制概念とすればよい．

て考えてみる．この強制概念は集合として $(\mathbb{P} * \dot{\mathbb{Q}}) \cap M$ と一致する．さらに，$F * G = \{\langle p, \dot{q}\rangle \in (\mathbb{P} * \dot{\mathbb{Q}}) \cap M : p \in F, \dot{q}[F] \in G\}$ が $\mathbb{P} * \dot{\mathbb{Q}}$ の M ジェネリックフィルターになり，$M[F][G] = M[F * G]$ となることが証明できる．これにより，$M[F][G]$ が反復強制概念 $\mathbb{P} * \dot{\mathbb{Q}}$ による M の強制拡大 $M[F * G]$ になることがわかる．

改めて 4 について証明する．

補題 9.2.7（4）　$\mathrm{ZFC} \vdash \Box\varphi \to \Box\Box\varphi$.

証明　$\Box\varphi$ とする．$\mathbb{P}$ を強制概念として，$\Vdash_{\mathbb{P}}$ 「$\forall \mathbb{Q}\,(\Vdash_{\mathbb{Q}} \varphi)$」を示せばよい．そうでないとすると，$p \in \mathbb{P}$ で

$$p \Vdash \lceil \neg \forall \mathbb{Q}\,(\Vdash_{\mathbb{Q}} \varphi) \rfloor$$

となる．したがって

$$p \Vdash \lceil \exists \mathbb{Q}\,(\nVdash_{\mathbb{Q}} \varphi) \rfloor$$

となる．このときは，

$$p \Vdash \lceil \exists \mathbb{Q}\,(\Vdash_{\mathbb{Q}} \neg\varphi) \rfloor$$

としてよい．補題 8.3.12 より，$\mathbb{P}$ 名称 $\dot{\mathbb{Q}}$ と $p' \leq p$ で

$$p' \Vdash \lceil \Vdash_{\dot{\mathbb{Q}}} \neg\varphi \rfloor$$

となるものがとれる．したがって，補題 9.2.6 より

$$\langle p', \mathrm{i}_{\dot{\mathbb{Q}}}\rangle \Vdash_{\mathbb{P} * \dot{\mathbb{Q}}} \neg\varphi$$

である．すなわち $(\mathbb{P} * \dot{\mathbb{Q}}) \upharpoonright \langle p', \mathrm{i}_{\dot{\mathbb{Q}}}\rangle$ が $\neg\varphi$ を強制するが，これは $\Box\varphi$ の仮定に反する． □

最後に，(.2), $\Diamond\Box\varphi \to \Box\Diamond\varphi$ を示したいが，このためには**強制概念の積**が必要になる．

定義 9.2.8　$\mathbb{P}, \mathbb{Q}$ を強制概念とする．これらの積 $\mathbb{P} \times \mathbb{Q}$ を前順序の通常の積として定義する．すなわち

$$\mathbb{P} \times \mathbb{Q} = \{\langle p, q \rangle : p \in \mathbb{P}, q \in \mathbb{Q}\}$$

とし，$\langle p_0, q_0 \rangle, \langle p_1, q_1 \rangle \in \mathbb{P} \times \mathbb{Q}$ に対して $\langle p_0, q_0 \rangle \leq \langle p_1, q_1 \rangle \underset{\text{def}}{\Longleftrightarrow}$（$\mathbb{P}$ において）$p_0 \leq p_1$ かつ（$\mathbb{Q}$ において）$q_0 \leq q_1$ とする．また，$1_{\mathbb{P} \times \mathbb{Q}} = \langle 1_{\mathbb{P}}, 1_{\mathbb{Q}} \rangle$ とする．

このとき $\mathbb{P} \times \mathbb{Q}$ もまた強制概念になることは自然に確かめられる．

さて，$\mathbb{P}$ による強制拡大においても $\mathbb{Q}$ は強制概念のままになる，つまり $\Vdash_{\mathbb{P}}$「$\check{\mathbb{Q}}$ は強制概念」である．よって，$\mathbb{P}$ による強制の後で $\mathbb{Q}$ による強制 $\Vdash_{\mathbb{P}}$「$\Vdash_{\mathbb{Q}} \varphi$」を考えることができる．逆に $\mathbb{Q}$ による強制の後で $\mathbb{P}$ による強制 $\Vdash_{\mathbb{Q}}$「$\Vdash_{\mathbb{P}} \varphi$」も考えることが可能である．次の補題は，「$\mathbb{P}$ で強制した後 $\mathbb{Q}$ で強制する」，「$\mathbb{Q}$ で強制した後 $\mathbb{P}$ で強制する」，「$\mathbb{P} \times \mathbb{Q}$ で強制する」の三つが本質的に同じものであることを示している．証明は省略する．

補題 9.2.9 $\mathbb{P}, \mathbb{Q}$ を強制概念，$p \in \mathbb{P}, q \in \mathbb{Q}$ とする．任意の $\mathcal{L}_{\text{ZF}}$ の閉論理式 φ に対して，次は同値である：

(1) $p \Vdash_{\mathbb{P}}$「$q \Vdash_{\mathbb{Q}} \varphi$」．
(2) $\langle p, q \rangle \Vdash_{\mathbb{P} \times \mathbb{Q}} \varphi$．

よって特に，次の三つは同値である：

(a) $\Vdash_{\mathbb{P}}$「$\Vdash_{\mathbb{Q}} \varphi$」．
(b) $\Vdash_{\mathbb{P} \times \mathbb{Q}} \varphi$．
(c) $\Vdash_{\mathbb{Q}}$「$\Vdash_{\mathbb{P}} \varphi$」．

補題 9.2.10（.2）任意の $\mathcal{L}_{\text{ZF}}$ の閉論理式 φ に対して，

$$\text{ZFC} \vdash \Diamond \Box \varphi \to \Box \Diamond \varphi.$$

証明 $\Diamond \Box \varphi$ とする．このとき $\Box \Diamond \varphi$ が成り立てばよい．$\Diamond \Box \varphi$ より強制概念 $\mathbb{P}_0$ で

$$\Vdash_{\mathbb{P}_0} \ulcorner \forall \mathbb{Q} \left(\Vdash_{\mathbb{Q}} \varphi \right) \urcorner$$

となるものが固定できる．

$\Box \Diamond \varphi$ を示すために，勝手に強制概念 $\mathbb{P}$ をとる．$\Vdash_{\mathbb{P}} \Diamond \varphi$ を示せばよい．$\Vdash_{\mathbb{P}_0}$

「$\forall \mathbb{Q}\,(\Vdash_{\mathbb{Q}} \varphi)$」なので,特に $\mathbb{Q}$ として $\mathbb{P}$ をとることで

$$\Vdash_{\mathbb{P}_0} \lceil \Vdash_{\mathbb{P}} \varphi \rfloor$$

がいえる.先の補題より,

$$\Vdash_{\mathbb{P}} \lceil \Vdash_{\mathbb{P}_0} \varphi \rfloor$$

である.したがって

$$\Vdash_{\mathbb{P}} \lceil \exists \mathbb{Q}\,(\Vdash_{\mathbb{Q}} \varphi) \rfloor$$

となり,$\Vdash_{\mathbb{P}} \Diamond \varphi$ が成立する. □

以上により MLF が少なくとも S4.2 を含むことがわかった.

次に MLF がちょうど S4.2 と一致することを示したいが,それには集合論と強制法の細かいテクニックが必要になるので,証明の流れのみ簡単に記しておく.

仮に様相命題論理の論理式 φ が S4.2 に入らないならば,S4.2 の有限モデル性から,有限フレームとフレームの中の世界 w で,フレームは前ブール代数かつ φ が w で成り立たないものがとれる.このフレームをうまく近似する強制概念をとることがメインのアイディアである.

そのために,**ボタン**と**スイッチ**の概念を導入する.

定義 9.2.11 φ を $\mathcal{L}_{\mathrm{ZF}}$ の閉論理式とする.

(1) $\Diamond \Box \varphi$ が成り立つとき,φ を**ボタン**と呼ぶ.また,$\Box \varphi$ が成り立っているとき,ボタン φ は**押されている**,そうでないときには**押されていない**と呼ぶ.

(2) φ が**スイッチ**とは $\Box \Diamond \varphi$ と $\Box \Diamond \neg \varphi$ の両方が同時に成り立つことである.スイッチ φ が成り立っているとき φ は**オン**,そうでないときには**オフ**になっているという.

集合論をある程度知っている読者向けに,ボタンとスイッチの例を挙げてお

く[31]：

(1) 各自然数 n について，「$\aleph_{n+1}^L$ は基数ではない」はボタンになる．
(2) 各自然数 n について，「$2^{\aleph_{\omega+n}} = \aleph_{\omega+n+1}$」はスイッチになる．

ZFC から押されていないことが証明可能なボタンは存在しないが，「押されていないボタンが無限個存在する」は ZFC と無矛盾になる：

補題 9.2.12 各 n について，b_n を「$\aleph_{n+1}^L$ は基数ではない」という命題とする．このとき ZFC $+$ { 「ボタン b_n は押されていない」$: n \in \mathbb{N}$ } は無矛盾である．

証明 ZFC $+ V = L$ を考えればよい．明らかに ZFC $+ V = L \vdash$ 「b_n は押されていない」である． □

（有限，あるいは無限個の）ボタン b_n とスイッチ s_m の集まりが**独立**とは，

(1) すべての b_n は押されていない．
(2) 任意の強制概念 $\mathbb{P}$，有限集合 $B, S_0, S_1 \subseteq \mathbb{N}$ について，$\mathbb{P}$ が次の命題を強制する：

   (a) ある $\mathbb{Q}$ があって，$\mathbb{Q}$ による強制は $n \in B$ ならば b_n を押すが，それ以外の b_n, s_m が押されているかいないか，オンかオフかは保つ．
   (b) ある $\mathbb{R}$ があって，$\mathbb{R}$ による強制は $m \in S_0$ なる s_m をオフに，$m \in S_1$ なら s_m をオンにするが，それ以外のスイッチとボタンのオン，オフ，押されているかいないか，を保つ．

補題 9.2.13 ボタン b_n とスイッチ s_m の集まりで，ZFC $+$「b_n, s_m たちは独立」が無矛盾になるものが存在する．

証明 b_n を「$\aleph_{n+1}^L$ は基数でない」，s_m を「$2^{\aleph_{\omega+m}} = \aleph_{\omega+m+1}$」とする．このとき，ZFC $+ V = L$ から「b_n, s_m たちは独立」が導けることがわかる． □

---

[31]以下，L はゲーデルの構成可能宇宙であり，$V = L$ は「すべての集合は構成可能宇宙に属している」を意味する命題である．

次が証明の本質であるが，詳細は本解説では書ききれないので省略する．前ブール代数とは，前順序 $\langle \mathbb{P}, \leq \rangle$ で，$p \equiv q \underset{\text{def}}{\Longleftrightarrow} p \leq q \wedge q \leq p$ と同値関係 $\equiv$ を定義したとき，$\mathbb{P}/\equiv$ がブール代数になるものである．

補題 9.2.14 十分たくさんの独立なボタンとスイッチが存在するとする．このとき，任意の有限フレーム $\mathcal{F} = \langle \mathcal{W}, \mathcal{R} \rangle$，$w \in \mathcal{W}$，付値 v に対して，もし $\mathcal{F}$ が前ブール代数ならば，翻訳 H で任意の様相命題論理の論理式 $\varphi(q_0, \ldots, q_n)$ について，

$$\langle \mathcal{F}, v, w \rangle \vDash \varphi(q_0, \ldots, q_n) \iff \varphi(H(q_0), \ldots, H(q_n))$$

となるものが存在する[32]．

これらを用いると，S4.2 が MLF と等しくなることが次のようにわかる：もし様相命題論の論理式 $\varphi(q_0, \ldots, q_n)$ が S4.2 に入っていないならば，有限フレーム $\mathcal{F} = \langle \mathcal{W}, \mathcal{R} \rangle$ と付値 v，$w \in W$ で，$\mathcal{F}$ が前ブール代数になっており $\langle \mathcal{F}, v, w \rangle \vDash \neg \varphi(q_0, \ldots, q_n)$ となるものがある．ここで，十分たくさんの独立なボタンとスイッチの存在は ZFC と無矛盾なので，適当な翻訳を選ぶことで $\neg \varphi(H(q_0), \ldots, H(q_n))$ が ZFC と無矛盾になることがわかる．すなわち ZFC から $\varphi(H(q_0), \ldots, H(q_n))$ は証明不可能であり，したがって $\varphi(q_0, \ldots, q_n)$ が MLF に入らないことがわかる．

9.3 関連話題

前節で MLF がちょうど S4.2 であることを証明したが，S4.2 は ZFC から証明可能な命題様相論理式全体であった．一方，ZFC は完全でないので，ZFC の真の拡張がいくつも存在する．そこで，ZFC の拡張を一つ固定し，その拡張から証明可能な命題様相論理式を考えることで MLF を拡張することが可能である．

定義 9.3.1 公理系 T を ZFC の（無矛盾な）拡張とする．このとき MLF^T を，任意の翻訳 H に対して $T \vdash H(\varphi)$ となる命題様相論理式 φ 全体とする．

---

[32] この証明には様相論理でよく知られている **Jankov-Fine 論理式**が本質的な役割を果たす．独立なボタンとスイッチの組み合わせで Jankov-Fine 論理式を模倣するのである．

明らかに任意の ZFC の拡張 T に対して MLF $\subseteq$ MLF^T である．これにより，MLF^T が S4.2 を含むことがわかる．そこで MLF^T がどのような様相論理になるかが問題であるが，実は任意の公理系 T に対して MLF が正規様相論理になるかどうかすら現在知られていない．

問題 9.3.2 勝手な ZFC の無矛盾な拡張 T に対して，MLF^T は常に正規様相論理になるか？

問題は必然化則 ($\varphi \in$ MLF$^T \Rightarrow \Box\varphi \in$ MLF^T) である．T が ZFC の場合，任意の ZFC の公理 ψ に対して $\Box\psi$ が ZFC から証明できるので MLF が必然化則を満たすことが容易にわかる．一方，T が真の拡張になっている場合は $\psi \in T$ でも $T \vdash \Box\psi$ の保障はなく，必然化則が成り立つかどうかは明らかではない．

MLF^T が正規様相論理になりえるかどうかは未解決であるが，MLF^T が S5 を絶対に超えないことが知られている．

補題 9.3.3（Hamkins-Löwe [5]）　T を ZFC の拡張とする．もし MLF$^T \not\subseteq$ S5 ならば T は矛盾している．

次に，T をうまく選ぶことで MLF^T が正規様相論理になるばかりか，S5 になりえることを示しておく．

定理 9.3.4（Hamkins [3], Stavi-Väänänen [11]）　T を ZFC $+ \{\Diamond\varphi \to \Box\Diamond\varphi :$ φ は $\mathcal{L}_{\mathrm{ZF}}$ の閉論理式$\}$ とすると，T は無矛盾であり，かつ MLF^T はちょうど S5 である．

証明　やはり集合論と強制法の細かいテクニックが必要になるので，あらすじのみにとどめる．

無矛盾であることを示すには，述語論理のコンパクト性より，勝手にとった有限個の $\mathcal{L}_{\mathrm{ZF}}$ の閉論理式 $\varphi_0, \ldots, \varphi_n$ に対して ZFC $+ \{\Diamond\varphi_i \to \Box\Diamond\varphi_i : i \leq n\}$ が無矛盾であることを示せばよい．

ここで，$\Diamond\varphi_i \to \Box\Diamond\varphi_i$ の双対である $\Diamond\Box\varphi_i \to \Box\varphi_i$ を考えることにして，ZFC $+ \{\Diamond\Box\varphi_i \to \Box\varphi_i : i \leq n\}$ が無矛盾になることを示す．

9.3 関連話題

まず, $\diamond\square\varphi_0$ が成り立っているならば, 強制概念 $\mathbb{P}_0$ で $\Vdash_{\mathbb{P}_0} \square\varphi_0$ となるものをとる. そうでないならば, $\mathbb{P}_0$ を自明な強制概念とする. このとき, $\Vdash_{\mathbb{P}_0}$ 「$\diamond\square\varphi_0 \to \square\varphi_0$」が成り立つ; そうでないならば, $p_0 \Vdash_{\mathbb{P}_0}$ 「$\diamond\square\varphi_0 \wedge \neg\square\varphi_0$」となる $p_0 \in \mathbb{P}_0$ がとれる. $\mathbb{P} \upharpoonright p_0$ を考えることで, $\Vdash_{\mathbb{P}_0 \upharpoonright p_0}$ 「$\diamond\square\varphi_0 \wedge \neg\square\varphi_0$」である. よって, $\Vdash_{\mathbb{P}_0 \upharpoonright p_0} \diamond\square\varphi_0$ かつ $\Vdash_{\mathbb{P}_0 \upharpoonright p_0} \neg\square\varphi_0$ となる.

$\Vdash_{\mathbb{P}_0 \upharpoonright p_0} \diamond\square\varphi_0$ より, 強制概念の $\mathbb{P}_0 \upharpoonright p_0$ 名称 $\dot{\mathbb{P}}$ で $\Vdash_{\mathbb{P}_0 \upharpoonright p_0}$ 「$\Vdash_{\dot{\mathbb{P}}} \square\varphi_0$」となるものがとれるが, ここで反復強制概念 $(\mathbb{P}_0 \upharpoonright p_0) * \dot{\mathbb{P}}$ を考えると補題 9.2.6 より $\Vdash_{(\mathbb{P}_0 \upharpoonright p_0) * \dot{\mathbb{P}}} \square\varphi_0$ が成り立つ. したがって $\diamond\square\varphi_0$ が成り立ち, $\mathbb{P}_0$ の定義より $\Vdash_{\mathbb{P}_0} \square\varphi$ である. このとき明らかに $\Vdash_{\mathbb{P}_0 \upharpoonright p_0} \square\varphi$ となり, 上の $\Vdash_{\mathbb{P}_0 \upharpoonright p_0} \neg\square\varphi_0$ と矛盾する. さらに, 同様の議論によって, $\Vdash_{\mathbb{P}_0}$ 「$\forall \mathbb{P} (\Vdash_{\mathbb{P}}$ 「$\diamond\square\varphi_0 \to \square\varphi_0$」$)$」が成り立つことがいえる.

次に, $\Vdash_{\mathbb{P}_0} \diamond\square\varphi_1$ ならば, 強制概念の $\mathbb{P}_0$ 名称 $\dot{\mathbb{P}}_1$ で $\Vdash_{\mathbb{P}_0}$ 「$\Vdash_{\dot{\mathbb{P}}_1} \diamond\varphi_1$」となるものをとる. もしそうでないならば, $\dot{\mathbb{P}}_1$ を自明な強制概念の $\mathbb{P}_0$ 名称とする. 反復強制概念 $\mathbb{P}_0 * \dot{\mathbb{P}}_1$ を考えると, φ_0 のときと同じような議論により $\Vdash_{\mathbb{P}_0 * \dot{\mathbb{P}}_1}$ 「$\forall \mathbb{P} (\Vdash_{\mathbb{P}}$ 「$\diamond\square\varphi_1 \to \square\varphi_1$」$)$」が成り立つことがいえる. また, $\Vdash_{\mathbb{P}_0 * \dot{\mathbb{P}}_1}$ 「$\forall \mathbb{P} (\Vdash_{\mathbb{P}}$ 「$\diamond\square\varphi_0 \to \square\varphi_0$」$)$」がやはり成り立っていることにも注意する.

以下, これを繰り返して $\mathbb{P}_0, \dot{\mathbb{P}}_1, \ldots, \dot{\mathbb{P}}_n$ がとれ, 最後にこれら全体の反復強制概念 $\mathbb{Q} = \mathbb{P}_0 * \dot{\mathbb{P}}_1 * \cdots * \dot{\mathbb{P}}_n$ を考えると, 各 $i \leq n$ に対して $\Vdash_{\mathbb{Q}}$ 「$\diamond\square\varphi_i \to \square\varphi_i$」がいえる. これと補題 8.3.7 から ZFC $+ \{\diamond\square\varphi_i \to \square\varphi_i : i \leq n\}$ が無矛盾になることがわかる.

次に MLF^T がちょうど S5 になることをみる. 各閉論理式 φ について, T から $\square(\diamond\varphi \to \square\diamond\varphi)$ が証明できることが容易に確かめられるので, 正規性がこの性質から直ちに従う. また, T の定義, および S5 の定義より S5 $\subseteq$ MLF^T となることは容易にわかる. 逆方向は補題 9.3.3 から従う. □

ついでに述べておくと, 補題 9.3.4 の T が無矛盾であることの証明は述語論理のコンパクト性を使うメタな立場からの証明であるが, 第 8 章の補題 8.3.7 のように単純に一回の強制法による証明は不可能である; もし適当な強制概念 $\mathbb{P}$ で ZFC $\vdash$ 「$\Vdash_{\mathbb{P}} (\diamond\varphi \to \square\diamond\varphi)$」がすべての論理式 φ に対して証明できるとする. これは任意の φ について ZFC $\vdash \diamond(\diamond\varphi \to \square\diamond\varphi)$ を意味するが, 一般に $\diamond(\diamond\varphi \to \square\diamond\varphi) \notin$ S4.2 なのでこれは不可能である.

一方で, 次は未解決である:

問題 9.3.5 S4.2 $\subsetneq$ MLF^T $\subsetneq$ S5 となる公理系 T は存在するか？

これの答えがどちらになるにしろ，様相論理，強制法のどちらに対しても新たな知見を与えてくれることが期待される．

次に，強制概念を制限することで得られる MLF の変種を考えてみる．MLF では □ は「すべての強制概念 $\mathbb{P}$ が強制する」と解釈されていた．しかしながら強制概念も良い性質をもつもの，あまり良い性質をもたないものなど様々なものが知られている．そこで □ の解釈を「特定の性質を満たす強制概念 $\mathbb{P}$ が強制する」と解釈しなおすことで MLF の変種が得られる．

定義 9.3.6 Γ を強制概念のクラスで $\mathbb{P} \in \Gamma, p \in \mathbb{P} \Rightarrow \mathbb{P} \upharpoonright p \in \Gamma$ を満たすものとする．このとき，$\mathcal{L}_{ZF}$ の論理式 φ に対して $\square_\Gamma \varphi, \Diamond_\Gamma \varphi$ を次のように定義する：

- $\square_\Gamma \varphi \underset{\text{def}}{\iff} \forall \mathbb{P} \in \Gamma\, (\Vdash_\mathbb{P} \varphi)$.
- $\Diamond_\Gamma \varphi \underset{\text{def}}{\iff} \exists \mathbb{P} \in \Gamma\, (\Vdash_\mathbb{P} \varphi)$.

Γ の仮定 ($\mathbb{P} \in \Gamma, p \in \mathbb{P} \Rightarrow \mathbb{P} \upharpoonright p \in \Gamma$) により，$\square_\Gamma, \Diamond_\Gamma$ に対しても双対性が成り立つことがわかる：

(1) $\neg \square_\Gamma \neg \varphi \iff \Diamond_\Gamma \varphi$.
(2) $\neg \Diamond_\Gamma \neg \varphi \iff \square_\Gamma \varphi$.

これを用いて，MLF$_\Gamma$ を次のように定義する：

定義 9.3.7 命題様相論理の論理式 φ に対して $\mathcal{L}_{ZF}$ の閉論理式 $H_\Gamma(\varphi)$ を対応させるオペレーター H_Γ が次を満たすとき，**Γ 翻訳**と呼ぶ：

(1) $H_\Gamma(\bot) = \bot$.
(2) $H_\Gamma(\neg \varphi) = \neg H_\Gamma(\varphi)$.
(3) $H_\Gamma(\varphi \wedge \psi) = H_\Gamma(\varphi) \wedge H_\Gamma(\psi)$.
(4) $H_\Gamma(\square \varphi) = $「任意の強制概念 $\mathbb{P} \in \Gamma$ に対して $\Vdash_\mathbb{P} H_\Gamma(\varphi)$」．

MLF$_\Gamma$ を，任意の Γ 翻訳 H_Γ に対して ZFC $\vdash$ $H_\Gamma(\varphi)$ となる様相命題論理 φ 全体とする．

9.3 関連話題

次は容易に確かめられる：

補題 9.3.8 MLF_Γ は正規様相論理になる．また，Γ が自明な強制概念を含めば $\mathsf{T} \subseteq \mathsf{MLF}_\Gamma$ である．

当然の疑問として，MLF_Γ がどのような様相論理になるかが問題になる．ここでは Γ が可算鎖条件をもつ強制概念のクラスの場合を紹介する．

定義 9.3.9 $\mathbb{P}$ が**可算鎖条件** (countable chain condition, c.c.c.) をもつとは，任意の $A \subseteq \mathbb{P}$ に対して，もし A の任意の 2 元が両立不可能ならば A は高々可算になることである．

可算鎖条件をもつ強制概念は非常に良い性質をもつことが知られている（キューネン [8], [9] などを参照のこと）．

Γ を可算鎖条件をもつ強制概念としたときの強制様相論理を $\mathsf{MLF}_{c.c.c.}$ とする．$\mathsf{MLF}_{c.c.c.}$ が K, T を含む正規様相論理であることは，通常の MLF と同様に確かめることが可能である．次の問題は $\mathsf{MLF}_{c.c.c.}$ が 4, .2 を含むかどうかである．

$\mathsf{MLF}_{c.c.c.}$ が 4 を含むことは次のよく知られている補題より得られる（証明はキューネン [8], [9] を参照のこと）．

補題 9.3.10 $\mathbb{P}$ を可算鎖条件をもつ強制概念，$\dot{\mathbb{Q}}$ を $\mathbb{P}$ 名称で $\Vdash_\mathbb{P}$ 「$\dot{\mathbb{Q}}$ は可算鎖条件をもつ強制概念」となっているものとする．このとき，反復強制概念 $\mathbb{P} * \dot{\mathbb{Q}}$ は可算鎖条件をもつ．

この補題と補題 9.2.7 の証明を組み合わせることで $\mathsf{MLF}_{c.c.c.}$ が 4 を含む，したがって S4 を含むことが示せる．

.2 については，MLF の場合は強制概念の積を考えることで .2 を含むことが示せた．しかし $\mathsf{MLF}_{c.c.c.}$ では次の事情により，強制概念の積を使って .2 を含むことが示せない．やはり証明は [8], [9] などを参照のこと．

補題 9.3.11 命題「可算鎖条件をもつ強制概念 $\mathbb{P}, \mathbb{Q}$ で，積 $\mathbb{P} \times \mathbb{Q}$ は可算鎖条

件をもたないものが存在する」は ZFC と無矛盾である[33].

また，実際に MLF$_{c.c.c.}$ は S4.2 より真に弱いことが知られている：

定理 9.3.12（Inamdar） S4 $\subseteq$ MLF$_{c.c.c.}$ $\subsetneq$ S4.2.

しかしながら MLF$_{c.c.c.}$ が S4 と等しくなるかは未解決である．

最後に，MLF の「自然な」フレームになるスティールの多元宇宙について触れておく．以前述べたとおり，強制拡大全体のフレームは有向的ではなく，よって特に MLF に対応するフレームにはならない．一方で強制拡大を制限することで MLF の自然なフレームになる多元宇宙が得られることを紹介しておく．このアイデアはスティール [12] によるものである．

まず次の事実を紹介しておく．証明はイェック [7] などで見つけることができる．

補題 9.3.13 M, N を ZFC の推移的モデルとする．もし M の強制拡大 $M[F]$ で $M \subseteq N \subseteq M[F]$ となるものが存在するなら，N は M の強制拡大，かつ $M[F]$ は N の強制拡大になる．

ZFC の ctm M を一つ固定する．各順序数 $\alpha \in M$ に対して，$\mathbb{P}_\alpha$ を ω から α への有限部分写像全体に $p \leq q \underset{\text{def}}{\iff} p \supseteq q$ で順序を入れた強制概念とする．$\mathbb{P}_\alpha$ は ω から α への全射を付け加える標準的な強制概念である；もし F が $\mathbb{P}_\alpha$ の M ジェネリックフィルターならば，$\bigcup F$ は ω から α への全射になる．

M が可算なので，標準的な議論より $\mathbb{P}_\alpha$ の M ジェネリックフィルター F_α ($\alpha \in M$) で，各 $\alpha < \beta$ に対して $M[F_\alpha] \subseteq M[F_\beta]$ となるものが存在する．このとき $M \subseteq M[F_\alpha] \subseteq M[F_\beta]$ なので，補題 9.3.13 より $M[F_\beta]$ は $M[F_\alpha]$ の強制拡大になることに注意する．

ここで，
$$\mathcal{W} = \{N : N \text{ はある } M[F_\alpha] \text{ の基礎モデル}\}$$

---

[33] 実際，連続体仮説の下でこのような $\mathbb{P}$, $\mathbb{Q}$ が構成できることが知られている．

とする．この $\mathcal{W}$ は M のすべての強制拡大を含むわけではない．実際，$\mathcal{W}$ は可算集合族になることがわかる．一方で，次の補題が示すとおり，ある意味で $\mathcal{W}$ は強制拡大をとる操作に関して閉じており，（弱い意味で）すべての強制拡大を含むとみなせる．この意味で $\mathcal{W}$ は多元宇宙となる．

補題 9.3.14 $N \in \mathcal{W}$ で $\mathbb{P} \in N$ が強制概念ならば，$\mathbb{P}$ のある N ジェネリックフィルター F で $N[F] \in \mathcal{W}$ となるものが存在する．

証明 $N \in \mathcal{W}$ なので，ある α で $M[F_\alpha]$ は N の強制拡大になっている．ここで α を十分大きくとることで $\mathcal{P}(\mathbb{P}) \cap N$ は $M[F_\alpha]$ で可算になっているとしてよい．したがって，第 8 章の補題 8.2.10 と同様な議論で $M[F_\alpha]$ 内で N ジェネリックフィルター F を構成することができる．このとき $N \subseteq N[F] \subseteq M[F_\alpha]$ となるので，補題 9.3.13 より $N[F]$ は $M[F_\alpha]$ の基礎モデルになり，よって $N[F] \in \mathcal{W}$ となる． □

この $\mathcal{W}$ に対して $N_0 \mathrel{\mathcal{R}} N_1 \underset{\text{def}}{\Longleftrightarrow} N_1$ は N_0 の強制拡大，と $\mathcal{R}$ を定義することで $\mathcal{F} = \langle \mathcal{W}, \mathcal{R} \rangle$ はフレームになる．このフレームが反射的，推移的になることは 8.2 節と同様に確かめることが可能である．特筆すべきことは，このフレームは有向的になることである．

補題 9.3.15 $\mathcal{F}$ は有向的である．すなわち，$N_0, N_1 \in \mathcal{W}$ ならば $N \in \mathcal{W}$ で N が N_0, N_1 の強制拡大になっているものが存在する．

証明 $\mathcal{W}$ の定義より α_0, α_1 で $M[F_{\alpha_i}]$ が N_i の強制拡大になっているものが存在する．ここで $\alpha = \max(\alpha_0, \alpha_1)$ とすることで $M[F_\alpha]$ が N_0, N_1 両方の強制拡大になることがわかる．明らかに $M[F_\alpha] \in \mathcal{W}$ なので，$M[F_\alpha]$ が求める強制拡大である． □

以上により，$\mathcal{F}$ は反射的，推移的，かつ有向的な S4.2 フレームになる．このフレームを用いて MLF や MLF^T をさらに解析することも可能であると思われる．しかしながらこのフレームは ctm M の存在を本質的に用いている．したがってこのフレームを用いて証明できることは 8.1 節の注意 8.1.4 で定義した公理系 T から証明できることとみなせる．これを ZFC からの証明に変形するには超数学的ややこしい議論が必要になると思われる．

第3部 参考文献

[1] A. Block, B. Löwe, *Modal logic and mutiveses*. 数理解析研究所講究録 1949 (2015), 5-23.

[2] G. Fuchs, J. D. Hamkins, J. Reitz, *Set-theoretic geology*. Ann. Pure Appl. Logic 166 (2015), no. 4, 464-501.

[3] J. D. Hamkins, *A simple maximality principle*.J. Symbolic Logic 68 (2003), no. 2, 527-550.

[4] J. D. Hamkins, G. Leibman, B. Löwe, *Structural connections between a forcing class and its modal logic.* to appear in Israel Journal of Mathematics.

[5] J. D. Hamkins, B. Löwe, *The modal logic of forcing.*Trans. Amer. Math. Soc. 360 (2008), no. 4, 1793-1817.

[6] T. C. Inamdar, B. Löwe, *The Modal Logic of Inner Models*. submitted.

[7] T. Jech, *Set theory. The third millennium edition, revised and expanded.*Springer-Verlag, 2003.

[8] K. Kunen, *Set theory. An introduction to independence proofs.*Studies in Logic and the Foundations of Mathematics, 102. North-Holland, 1980.

[9] K. Kunen *Set theory*. Studies in Logic, 34. College Publications, 2011.

[10] R. Smullyan, M. Fitting, *Set theory and the continuum problem*. Oxford Logic Guides, 34. Oxford Science Publications, 1996.

[11] J. Stavi, J. Väänänen, *Reflection principles for the continuum*, Logic and algebra, Contemporary Mathematics Vol. 302(2002), 59-84.

[12] J. Steel, *Gödel's program*. in: *Interpreting Gödel Critical Essays*, Cambridge University Press, 2014.

[13] H. Woodin, *The continuum hypothesis, the generic-multiverse of sets, and the Ω-conjecture.*Set theory, arithmetic, and foundations of mathematics: theorems, philosophies, 13-42, Lect. Notes Log., 36, 2011.

[14] ケネス・キューネン 著, 藤田博司 翻訳, 集合論—独立性証明への案内. 日本評論社, 2008.

[15] 渕野昌, 構成的集合と公理的集合論入門. in 田中一之 編, ゲーデルと20世紀の論理学第4巻, 東京大学出版会, 2007.

[16] 田中尚夫, 選択公理と数学 選択公理と数学—発生と論争, そして確立への道. 遊星社, 2005.

第4部
真理と様相

黒川 英徳

第4部の主題は「真理」である．真理という概念は，哲学における最も重要な概念の一つであり，古来，実在との一致 (correspondence)，整合性 (coherence)，等というような形で議論されてきた．他方，形式的な扱いをすることで概念を明確化するという発想は，現代的な論理学の中に早くから存在していたといえる．しかしながら，論理学において形式的な仕方で真理の概念が議論され始めたのは比較的最近[1]のことである．真理概念が論理学における形式言語の中に導入されたのは，タルスキによる論文「形式言語における真理の概念」[43] においてであった．この論文で，タルスキは真理概念を「… は真である」という述語（真理述語）の形で形式的に扱う手法を開発した．タルスキはまず（素朴な直観に基づいて）真理述語が満たすべき条件を考察した．次に，その条件を使って「嘘つきのパラドックス」として知られる矛盾と同様のものを数学的に構成することで，いわゆる「真理の定義不可能性定理」を証明し，真理概念の形式的な取り扱いにおける基本的な困難を指摘した．その上で，こうした矛盾が起こらないための条件を特定することによって，タルスキは真理述語を通して真理の概念を論理学の中で取り扱う方法を確立し，論理的意味論，モデル理論の端緒を切り開いた．

この講義では，このタルスキの真理論を出発点とし，クリプキの真理論を経て 20 世紀末にいたる論理的真理論の流れを，「公理的」な観点から再構成する．

第 10 章ではタルスキの真理論を扱う．まず上述の，タルスキによる真理述語の満たすべき条件に関する分析，矛盾の導出，等について現代的な立場から再構成する．ここでの最大の問題は，直観的には全く問題ないように思われるにもかかわらず，この分析に基づいて素朴に真理述語を適用すると矛盾が起こるということである．（それゆえ，この矛盾はパラドックスと呼ばれるのである．そうした場合，いかにして矛盾を回避するかという問題は些細なものではない）．次に，対象言語とメタ言語の区別により，真理述語の自己適用を禁止することで矛盾を防ぐタルスキの手法（型付きの真理論, typed truth

---

[1] 例えば，フレーゲは自らの論理体系において証明できる言明が真であるということを自然言語によって説明している．しかしそのフレーゲですら，そうした真理概念を論理体系の中で扱うことは試みていない．（フレーゲの記法の中では，いわゆる「内容線」に真理概念に近いものを読み取ることができる．）この他，ある「思想」（フレーゲの枠組みにおける真理の担い手）が真であるということは当の思想内容に何も付け加えないという洞察，また真理概念を循環なく説明することはできないという洞察などをフレーゲは，哲学的な議論の中で残している．これらは部分的に以下の議論と重なる．

theories) を紹介する．具体的には，真理述語の適用を比較的弱い対象言語に制限することによって真理述語を明示的に定義するタルスキの議論（の再構成）について述べ，さらにこの型付きの真理述語を原始記号として導入し公理化する手法について論じる．

第 11 章以降では，タルスキ流の真理論では不可能であった，真理述語の自己適用を可能にする理論（型をもたない真理論，type-free truth theories）を扱う．第 11 章では，非古典論理を採用することで真理述語の自己適用を可能にした，クリプキの真理論を取り上げ，i) ある種の不動点の構成に基づくクリプキ流の真理述語の意味論と ii) フェファーマンによるその公理化について議論する．

第 12 章では，古典論理を維持し，真理述語についての基本的な原理を弱めることによって，「真理近似的な」(truth-like) 概念を理論化する試みを取り上げる．まずモンタギュ (Montague)，マイヒル (Myhill) 等による「知識」，「非形式的な意味での証明可能性」，「必然性」といった，ある種の様相概念に関するパラドックスに関する議論と，その数学的応用（有限公理化不可能性定理）の内容を紹介する．次に，クリプキ以後の哲学的真理論を代表する「真理の改訂理論」を意味論的な立場から扱う．最後に，真理と「非形式的な意味での証明可能性」の間に位置する概念の理論化とされる，フリードマン－シェアドの公理系を導入し，それが真理の改訂理論と深い関係をもつという定理を証明する[2]．

---

[2]謝辞：第 4 部の原稿を作成するにあたり，科学研究費助成金（研究課題番号：15J05414）から援助を得た．また，飯田隆，岡本賢吾，菊池誠，串田裕彦，倉橋太志，酒井拓史，山田竹志の各氏より原稿に有益なコメントをいただいた．その他，筆者が参加している証明論の研究会において原稿を検討する機会を設けていただいた．ここでは御芳名をすべて挙げることはできないが，合わせて感謝したい．もちろん，この章における誤りの最終的な責任はすべて筆者にある．

第10章

真理に関するタルスキの定理と型付きの真理述語

10.1 真理述語に関する問題提起：タルスキの定理

　真理という概念が哲学，論理学の中で重要な役割を果たすことについてはおそらく異論はないであろう．しかし「真理とは何か？」という問題はここで真正面から扱うにはあまりにも大きな哲学的問題である．そこでこの講義では，特に論理学の中で真理という概念に関して問題にされることに焦点を絞る．具体的には，まず述語「… は真である」を導入した上で[3]，その述語が真理を表現するための条件を考察し，その論理的な性質について考えるという形で議論を進める．

　そうした議論に入るための準備として，ここでは論理的真理論が「何を問題にするのか」について手短に説明する．そのためにまず，論理的真理論が「何を問題としないか」について述べておこう．それは，個別の言明について，その真と偽の区別の規準を与えることは論理的真理論の問題ではないということである．例えば，「$2+3=5$」（あるいは「雪は白い」）のような個別の真理について，それがなぜ（偽ではなく）真であるのかを説明することは，その文の内容に関する実質的な理論（例えば，算術の理論や色彩，結晶の理論）の課題であり，真理論の課題ではないのである．

　論理的な真理論の課題とは，「真である」という述語（**真理述語**）について

---

[3]「真である」という述語は何についての述語なのかという哲学的問題が真理についての議論ではしばしば議論される．ここでは命題や思想ではなく，文（のコード）であるという立場を採る．この点について十分に議論をする紙幅の余裕はないが，この選択は，論理的な議論において真理述語を導入する（この後議論する）動機の観点からみておそらくは最も理にかなったものである．

できるだけ明瞭な論理的特徴づけから出発し，その論理的帰結について研究することである．いわば「真理の論理形式」を考えるのが論理的な真理論なのである[4]．ここではじめに議論する真理の特徴づけ自体は決して複雑ではなく，むしろ単純である．しかしながら，その極めて簡潔かつ明瞭な特徴づけの問題点はパラドックスを引き起こしてしまうことにある．その結果として，我々が問題にする真理の特徴づけには強い制約が課される．ここではそうした制約の中で，論理的真理論においていかなる理論構成が可能なのかについて議論する．

しかし，そもそもなぜ「述語」として真理概念を論理学に導入する必要があるのか，という疑問をもつ者がいるかもしれない．その理由の一つは，一般に概念そのものよりも（述語として扱うかどうかという問題以前に）その概念を表す何らかの言語表現の振る舞いを調べる方が，明晰に議論できることが多いということである．ではなぜ，真理概念を（他の言語表現ではなく）「述語」によって表現するのか？ それに関しては，ここでは我々が普段使っている言語において真理はまず何よりも「述語」として表されるという事実を指摘するにとどめておく[5]．

とはいえ，他の可能性が皆無というわけではない．例えば，真理の概念を文オペレータとして導入するというのはどうか？ つまり，「φ」という文（閉論理式）について，「真理」に対応する様相オペレータのようなものを考え，「$\Box \varphi$」を「φ は真である」と読ませるのである．真理概念をこのように「真理オペレータ」という形で扱う場合，文についての量化が扱いにくいという問題がある[6]．真理述語を導入することによって表現可能になるのは，「ある形式体系（例えばPA）で証明可能な式はすべて真である」といった形式体系の健全性に関する言明，あるいは「ある形式言語の文はすべて真であるか偽である

---

[4]このことは，こうした形で議論される論理的な真理論が哲学的な帰結をもたないということを意味しない．以下の10.3節で議論される真理論と関係のある哲学的問題については [6],[34] を参照．（これらの論文は，10.3節で言及されているデフレ主義 (deflationism) という立場を巡る議論よりも広い問題圏に関係しているため，敢えてここで言及しておく．）

[5]これが真理を「述語」として導入するという立場への最終的な正当化になるわけではない．（日常言語における文法的なカテゴリーが，文の論理形式を必ずしも反映しないということは，分析哲学のパラダイムと呼ばれたラッセルの記述理論の洞察であったことに注意．）他にも考えられるいくつかの立場と比較した上で，真理を「述語」として表現する手法が，真理という概念が果たすべき役割を十分表現し得ているかどうか，あるいは他の立場からの哲学的な批判に耐えうるかどうかを吟味しなければならない．そうした議論をここで展開する紙幅の余裕はないため，10.3節で再び触れる「文オペレータ」の場合だけ以下で手短に扱う．

[6]技術的にはこれは必ずしも不可能というわけではない．二階の量化命題論理を採用すれば，それに近い表現が得られる．しかし，ここでは論理は一階の述語論理に限定して話を進める．

かである」という「二値原理」と呼ばれる原理，等[7]といった言語表現への量化を含む言明である．これらは無限連言を使わないと表現できない内容を文に関する量化と真理述語によって表現している．こうした表現を可能にするように我々の形式言語に「・・・は真である」という述語を導入したいというのは，現代論理学の観点からは自然な動機である．

(I) 真理述語の導入

では，「真理述語」のどのような特徴づけをとりあえずの出発点としたらよいのだろうか？　言うまでもなく「・・・は真である」という字面だけから，これが真理概念を表す述語になるわけではない．どのようにすれば，無限連言の代わりにもなるという意味で論理学的な観点からみて必要にして十分な（我々が実際に使っている[8]）真理概念の内容をこの述語によって表わせるだろうか？

この点について検討するために，問題のあるアプローチをまず取り上げて，それがなぜうまくいかないのかをみてみよう．真理の特徴づけの候補として，「文が真であるのは，それが存在する事態を表示するときである」という定式化を考えてみることができる（大雑把に言って，これは伝統的な「真理の対応説」に基づく真理の特徴づけといえる）．しかし，この定式化は「存在する事態」といった不明瞭な表現を含んでおり，この表現そのものについて説明を与えることができなければ，それが論理的な真理論の基礎になりうるかどうかは明らかでない[9]．

ところが「存在する事態」のような表現を使わずに真理述語の内容を特徴づけることができれば，この問題は解消する．タルスキは，真である文そのものを使うことによって，こうした表現の使用を回避することを提案する．例え

---

[7]意味論的帰結関係（「$\Gamma \models \varphi$」，つまり，「どのモデルにおいても，Γ がそのモデルで真ならば，φ もそのモデルで真である」）の特徴づけをここで「真理述語」を導入する動機の一つとして挙げることもできないわけではない．実際，タルスキ自身が真理に関する論文の後に，意味論的帰結関係についての論文 [44] を書いており，この二つは確かに密接に関係している．しかし，この概念の標準的な特徴づけが使用しているのは「モデルにおいて真である」という述語であり，この述語が表す概念とこの講義のトピックである「真である」という述語とは（密接に関係しているものの）一応別のものである．そのため，「真理述語」が必要とされる理由としては，意味論的帰結関係を表現することは間接的なものとなる．

[8]これについては，以下の脚注 19 を参照．

[9]こうした議論は完全に放棄されてしまったわけではない．真理の概念を真理述語の定義あるいは公理化といった観点からでなく，「真理メーカー (truth-maker)」という観点から特徴づけるという試みはまだ存在する．ただし，パラドックスに関するこの観点からの分析は，筆者の知る限りほとんど存在しない．

10.1 真理述語に関する問題提起：タルスキの定理

ば，「雪は白い」が真であるのは，まさに雪は白いときかつそのときのみに他ならず，この文に関する限りその他の概念をこの述語の特徴づけに関して使う必要はない．この方針に従って考えると，ある言語に関する真理述語を特徴づけるためには，

$$\text{「}S\text{」が真であるのは }S\text{ ときそのときのみである}$$

という形の文[10]（ある文の名前に真理述語を適用して得られる文と当の文が"if and only if"で結ばれる文）が，当の言語の文すべてについて成り立てば十分ということになるだろう[11]．我々の目的が論理学に必要な限りでの真理述語の特徴づけにあることを考慮するならば，これは真理に要求される条件を満たす，それなりに理にかなった出発点であるように思われる．実際，この特徴づけに異論があるなら，これよりも明瞭な具体的提案をすべきであるという主旨の議論をタルスキ[42]は与えている．以下で述べるその後の論理的真理論の展開は，「真理述語」の用法に関するタルスキによるこの分析から始まる[12]．

こうした述語を導入するとして，それで真理に関して一体何が問題となるのだろうか？　問題は，この真理述語は自然で，しかもわずかこれだけの条件を満たすのみであるにもかかわらず，真理述語を不用意に形式言語の中に導入すると，極めて弱い条件の下で「嘘つきのパラドックス」に似た矛盾を構成できてしまうということなのである．

---

[10]「S とき」という表現は，S に日本語の文（例えば，「雪は白い」）を代入したときに作られる例が日本語の文として意味をなすようにするための工夫である．また，タルスキ[42]は自らの理論を真理の対応説に基づくものであると述べているが，実のところ，ここで述べている特徴づけのみに話を絞るならば，これは哲学的には中立的であり得る．

[11]これは例えば，「…でない」（否定），「あるいは」（選言）といった言葉との類比を考えれば理解しやすいだろう．これらの言葉は日常用語では論理的用法の他にも様々なニュアンスをもつが，少なくとも真理表による特徴づけなどがあれば我々はこれらの概念を論理学的な目的のために使うことができる．ここで述べられているのは，（これらは普通，論理結合子として扱われるため，述語として扱われる「…は真である」とは事情が多少異なるという違いはあるものの）それと似た意味において，「真である文の名前に真理述語を述語づけたものは，当の文が成り立つときそのとき成り立つ」という原理によって真理述語を特徴づけられるということである．

[12]タルスキによるこの分析，および後述する「規約 T」に基づく真理定義が，分析哲学で普通に使われるいわゆる「概念分析」とどのように異なるかについては，[35]を参照せよ．歴史的な経緯についての説明を含む興味深い議論がなされている．

以下で形式的な議論に入る前に，言語，記法，用語法，等について，ここで注意しておく．この章では，算術については古典論理の上での形式化を前提する．ここで使用する算術についての形式言語（「算術の言語」$\mathcal{L}$）は次のようなものとする．i) 論理に関する記号：$\neg, \vee, \exists, =$ を原始記号として含む．$\wedge, \forall, \rightarrow, \leftrightarrow$ は定義されたものとする．ただし，古典論理上では（あまりにも煩雑なため）$\rightarrow$ を原始記号と同様に扱う場合もある．ii) 論理外の記号としては，$0, S, +, \times$ を考える．iii) $\mathcal{L}$，あるいはそれに「$T(x)$」を加えた $\mathcal{L}_T$ の論理式 (well-formed formula) を特に理由がない限り，ここでは単に「式」と呼ぶ．また，閉論理式のことを「文」と呼ぶ．iv) 以下では，再帰的に公理化された論理式の集合のことを「形式体系」，（必ずしも論理的帰結関係について閉じているわけではない）論理式の集合を「理論」と呼ぶことにする．「理論」については，テクニカル・タームでない使い方もしているが，どちらを使っているかは文脈により明らかであろう．

次のような記法上の規約を採用する．1) 数 $n \in \omega$ について，$\overline{n}$ は n に対応する数記号（あるいは数字，numeral．具体的には 0 に S を n 回適応したもの）を表す．また，「ψ」は ψ のコード（ゲーデル数）を表すものとする（以下，地の文の引用符「」は適宜省略する）．このため，以下の多くの場合に関して，「ψ」と書かれているものは本来，$\overline{\ulcorner\psi\urcorner}$，つまり ψ のゲーデル数の数記号となるはずである．しかし記法があまりにも複雑になるので，議論の内容上必要になるとき以外は，この上線は省略する．2) 論理記号，および算術の言語（あるいは以下で扱うその有限な拡張）における論理外記号の各々について，それに ＿ を付加したもの（例えば $\neg, \vee, \exists, =$ に対応して，$\underline{\neg}, \underline{\vee}, \underline{\exists}, \underline{=}$，等）はそれぞれ，その記号の適用される式（あるいは項）のコードが入力されたときに，これらの記号が適用された式（あるいは項）全体のコードを返す原始帰納関数を表す記号である．例えば，「$\underline{\neg}x$」は「$\ulcorner\varphi\urcorner$」を入力された場合，$\underline{\neg}\ulcorner\varphi\urcorner = \ulcorner\neg\varphi\urcorner$ のようになる．（一般に，h が原始帰納的なオペレーションであるとき，$\underline{h}$ はそれに対応する関数記号であるとする．特に，$x\underline{\rightarrow}y$ は $(\underline{\neg}x)\underline{\vee}y$ を表す．）3)（コード上の）代入関数は次のように表わされる．$x(\ulcorner s\urcorner/\ulcorner t\urcorner)$ はある式（のコード）x において，ある項（のコード）「s」を別の項（のコード）「t」で置き換えた結果である．4) $\mathcal{L}$ における閉項の集合は，Cltm(x) という式で表わされる．5) [19] に倣い，評価関数 (evaluation function) を表すメタ言語的な表現 ∘ を次のように使う．t を言語 $\mathcal{L}$ における閉項とする．そうすると t の値を与える評価関数は原始帰納関数となる．また，t°

は値の計算が終わった後の t の値を表す．6) 自然数を入力としてとり，その数記号 (numeral) のコードを出力する関数を˙によって表す．これを使うと $\forall xT(\ulcorner\varphi(\dot{x})\urcorner)$ を $\forall xT(\ulcorner\varphi\urcorner(\ulcorner x\urcorner/\dot{x}))$ の短縮形とみなすことができる．この文の直観的な意味は「φ の変項 x に x の数記号を代入したものは真である」ということ，言い換えると「$\varphi(\overline{n})$ という形の文はすべて真である」ということになる．7) 言語 $\mathcal{L}$, $\mathcal{L}_T$ における文の（コードの）集合を $\mathrm{Sent}(x)$, $\mathrm{Sent}_T(x)$ という式でそれぞれ表現する．このとき，例えば $\mathrm{Sent}(x \underline{\wedge} y)$ は $\mathrm{Sent}(x) \wedge \mathrm{Sent}(y)$ と同値であることは PA で証明できる．(他の命題結合子の場合も同様．) 8) $\forall x, y((\mathrm{Cltm}(x) \wedge \mathrm{Cltm}(y)) \to \varphi(x, y))$ のような文は，$\forall s \forall t \varphi(s, t)$ と短縮する．その場合，t, s は項のコードに対応するが，言わば仮項 (virtual terms) のようなものとなるので，コードの表記法は採らないことにする（これらの s, t に関する ˙ の扱いは，通常の項の場合と同様とする．つまり，項のコードからその値への関数とする）．9) $\ulcorner\varphi\urcorner(\ulcorner x\urcorner/\ulcorner t\urcorner)$ において，どの変項が t のコードで置き換えられているかが明らかであり，かつこの項 t が上の略記法で量化されている場合，これを $\ulcorner\varphi(\underline{t})\urcorner$ と書くことがある．この表記によれば，例えば $\forall tT(\ulcorner\varphi(\underline{t})\urcorner)$ は「$\varphi(x)$ の x を任意の閉項 t （のコード）で置き換えた結果は真である」を意味することになる．(いくつかの重要な点で異なった表記上の規約を採用しているが，これらの記法上の規約は主に [19] に従う．)

(II) 真理述語を算術の形式体系 Q に付加

　ここで前述の矛盾について議論を始める．その矛盾の問題についてできるだけ明瞭に，また数学的に厳密に語るため，我々は真理述語を含むある形式言語を取り上げ，その上で特定の（できるだけ弱い）形式体系を定式化し，その体系が矛盾することを示す．

　a) まず算術の言語 $\mathcal{L}$ を考え，それに真理述語にあたる原始述語「$T(x)$」を加えて言語を $\mathcal{L}_T$ に拡大し，またゲーデル数の定義も「$T(x)$」を含むように拡張する．

　b) 算術の弱い公理系 Q を考え，これを我々の公理系の算術的基礎とする．

　c) 「$T(x)$」という述語が「真理述語」であるといえるための条件を整える．まず 10.1 節 (I) で真理述語について非形式的に述べた条件を述語「$T(x)$」に関して形式的に表現したスキーマを考え，それを「**素朴な T スキーマ**」(naive T-schema) と呼ぶ．そうすると真理述語は次の条件を満たすことにな

る．

　素朴なTスキーマ：$\mathcal{L}_T$ の任意の文 φ について，$T(\ulcorner\varphi\urcorner) \leftrightarrow \varphi$ が成り立つ
真理論と呼ぶに値する形式体系を構成するため，この素朴なTスキーマを $\mathcal{L}_T$ 上の公理スキーマとして Q の公理系に付加する．こうして構成される公理系を $Q \cup \{T(\ulcorner\varphi\urcorner) \leftrightarrow \varphi| \varphi \in \mathcal{L}_T\}$ と書くことにしよう．

　ところで，なぜここで算術の体系が出てくるのかという疑問をもつ読者もいるであろう．（論理学についてすでに知識のある読者はなぜQを持ち出すのかという疑問をもつかもしれない．）これについては以下の点を指摘しておきたい．

　1) ここで我々が欲しいのは第一不完全性定理において使われるのと同程度の，理論の構文論のコーディングが使える理論である．そのためには再帰関数の表現可能性が証明できれば十分である．Qを使うのは，Qがこの条件を満たす理論の中で最も弱い算術の理論の一つ[13]だからである．Qという極めて「弱い」算術の体系を使う（Qは数学的帰納法の公理を含まない）のは，以下で証明する否定的な結果を出来るだけ強い形で述べるためである．

　2) コーディングが可能であればどんな体系でも構わないので，ここでQを用いる必然性はない．あるいはそもそも理論の構文論のコーディングをするためには，必ずしも算術の体系を使用する必要はない．（例えば，集合論でも構わない[14]．）実際，タルスキ自身は理論の構文論のコーディングをするのに算術ではなく，構造記述名の理論とその構造記述名に現れる記号を操作するための「連結の理論」(theory of concatenation) という理論を使ったが，それを使っても構わない．ちなみに，この理論においてQは解釈可能である．その意味では，理論の構文論をコードできる理論は算術と少なくとも同じ程度の演繹力をもつ．

　3) にもかかわらず「算術」の体系が多く用いられるのは，次のような事情によるものと思われる．a. 不完全性定理以来，算術の公理系が自らの構文論のコーディングを扱える体系の代表と考えられており，多くの人々が算術の

---

[13] 他に R と呼ばれる理論もあるがそれよりは Q の方が普通に使われている．

[14] ただし，集合論に基づいた公理的真理論を展開する場合には，「充足述語」(satisfaction predicate) を使わなければならない．集合は非可算無限あるが，我々は可算言語しか取り扱わないためである．算術の言語，形式体系に基づいて議論する場合には，個体領域中の個体はすべて名前をもつということを仮定して構わないので，充足述語を使う必要がなく，より簡潔な取り扱いが可能である．

公理系に慣れている．b. 公理系が理論化しているもの（自然数）と構文論のコーディングを分けなくてよい．c. 歴史的な事情を含む様々な理由から，算術の体系は後述する公理的真理論の基礎になる公理系として重要である（e.g., 公理的真理論と二階算術の間には深い関係がある）．

(III) パラドックス

ここでは，この形式体系 $Q \cup \{T(\ulcorner\varphi\urcorner) \leftrightarrow \varphi | \varphi \in \mathcal{L}_T\}$ から矛盾が導かれることを示す．まず，次の**対角化定理**が Q において証明可能であることを述べておこう．

定理 10.1.1 $\mathcal{L}_T$ の任意の述語 $\rho(x)$ について，ある文 ψ が存在し，$Q \vdash \psi \leftrightarrow \rho(\ulcorner\psi\urcorner)$．

10.1 節 (II) の条件 a) により新しく付加された述語「$T(x)$」から「$\neg T(x)$」を作り，この述語に関してこの定理を適用すると，次の式 (2) が拡張された言語で定式化された Q で証明できる[15]．

$$(2) \quad Q \vdash \psi \leftrightarrow \neg T(\ulcorner\psi\urcorner)$$

この (1), (2) より，古典論理上で真理に関する**不可能性定理**が証明できる[16]．

定理 10.1.2（タルスキ [43]） 言語 $\mathcal{L}_T$ で定式化された，$Q \cup \{T(\ulcorner\varphi\urcorner) \leftrightarrow \varphi | \varphi \in \mathcal{L}_T\}$ を含むいかなる形式体系（理論）も矛盾する[17]．

---

[15] 対角化定理に登場するこの ψ に真理述語を適用するということは，実は暗黙のうちに真理述語の自己適用を許していることに注意．

[16] 証明は異なるが，同様の矛盾は直観主義論理でも証明できる．多くのいわゆる意味論的（および集合論的）パラドックスは，古典論理を直観主義論理に弱めるだけでは解消しない．

[17] 真理述語は，別の形でその導入を動機づけることもできる．その場合，証明される不可能性定理もここで提示されているものは異なることになるため，以下で手短にその路線における不可能性定理の概略を紹介しておく．

不完全性定理の証明の準備をみると，算術の言語 $\mathcal{L}$ における論理式のコード（この注では以下，この但し書きは省く）の集合を定義する式，論理式のある列がある論理式の証明であることを表現する論理式，ある論理式が PA で証明可能であるという概念を定義する式など，様々な構文論的概念を算術の言語で定義することができる．では，算術の標準モデルにおいて真であるような文の集合を定義するような算術の言語における式が存在するだろうか？ つまり，

証明 (1), (2) より，容易に $\neg T(\ulcorner\psi\urcorner) \leftrightarrow T(\ulcorner\psi\urcorner)$ が導かれる．ここから古典論理により，$T(\ulcorner\psi\urcorner) \wedge \neg T(\ulcorner\psi\urcorner)$ が導かれる．これは矛盾である． □

この定理で使われる (2) が表す直観的な内容は，「嘘つきのパラドックス」（「この文は偽である」）に極めて近い[18]．そのことを考慮すると，この定理の意義は次のように説明できる．真理概念を自分自身の構文論のコーディングを可能とするのに十分強い形式体系の中で定式化し，かつ真理概念を「述語」の形で表現することは，10.1 節の導入で議論された真理に関する要求を満たす場合にはほとんど必須であり，その述語に 10.1 節 (II) で述べた素朴な T スキーマのような条件を要請することは自然なことである．しかしながら，真理を述語と考えることは対角化定理の適用を可能にし，弱い算術の単純な拡張において「嘘つきのパラドックス」のような矛盾を引き起こしてしまう．このことにより，「この体系の定理は真である」といったような内容の言明を矛盾を含むことなく形式的に表現しようとする試みは，極めて弱い算術の体系に関してすら頓挫してしまう．これは真理の概念には何か根本的な困難が存在していることを示しているように思われる．（しかし，それがどのような困難なのかということは，ある程度この矛盾を回避する手段が与えられるまでは判然としない．問題の本質は，ある意味で解答によって初めて与えられるのである．）

とはいえ，この結果は真理述語は形式言語において全く使用不可能である

$TA = \{\ulcorner\varphi\urcorner \mid \mathbb{N} \models \varphi\}$ を定義する算術の式は存在するだろうか？ この問いへの答えは否定的である．そのような算術の言語における式 τ が存在する，つまり，$\mathbb{N} \models \tau(\ulcorner\varphi\urcorner)$ iff $\ulcorner\varphi\urcorner \in TA$ と仮定する．このとき，対角化定理を標準モデルの上で示すことで，$\mathbb{N} \models \neg\tau(\ulcorner\psi\urcorner)$ iff $\mathbb{N} \models \psi$ を示すことができ，そのため $\mathbb{N} \models \neg\tau(\ulcorner\psi\urcorner)$ iff $\mathbb{N} \models \tau(\ulcorner\psi\urcorner)$ が証明される．ところがこれは不可能である．これにより，算術的真理は算術の言語では定義できないという結果が得られる．この結果はしかし算術の言語の表現力の限界を示すものであり，しかも算術の標準モデルの概念を前提とする．

タルスキによる**真理の定義不可能性定理**として頻繁に言及されるのは，この定式化である．しかしながら，ここではいくつかの理由から，あえてこの定式化は本文では使用しなかった．その理由の中には，タルスキの原論文が何を証明しているのかについて筆者には不明瞭に思われる点があったということ（これについては [35] を参照），また歴史的な経緯とは別に，内容的にも真理の概念を自然な仕方で導入することが不可能であることを述べるのに「定義可能性」の観点がどこまで必要なのかがやはり明瞭でなかったということが含まれる．

[18] このパラドックスの原因をいわゆる「自己言及文」の存在「のみ」に求めることはあまりにも狭隘な見方であり，一般には正しいとはいえない．ゲーデルはこれの証明可能性述語版を使って，不完全性定理を証明しているのである．自己言及そのものを禁止することは，こうした証明方法を放棄することになる．いわゆる「自己言及」の中味をはじめとして，パラドックスの原因として考慮すべき要因は少なくないのである．（11.1 節の自己言及についての議論も参照せよ．）

ということを示しているわけではない．そのことについては次節以降で述べる[19]．

(IV) 問題への対処法

上で議論したような矛盾に対して可能な対処法を考えると次のようになる．

A. 我々のもつ真理の概念は矛盾をはらんでいることを受け入れる．
B.「矛盾」を導く真理概念は拒否し，無矛盾な真理概念を探究する．

前者の可能性も完全に閉ざされているわけではないが (cf. [5], [36])，ここではBにのみ議論を集中する．その場合，矛盾した理論（あるいは形式体系）から無矛盾な下位理論（体系）を取り出すことが目標となる．その目標を達成するため，矛盾の導出で無制約に使われていた前提，原理などに制約をかける．このような目標設定の下では，できるだけ弱い制約の下で，できるだけ強い下位理論を得ることが「パラドックス」の解消（あるいは解決）とみなされることになる．

---

[19] 不完全性定理の証明で使われる「証明可能性述語」とは別の意味で，「真理述語」については概念的問題が存在する．「真理」について数学的に厳密な概念化を試みる際，我々が日常的に使っている前理論的 (pre-theoretical) な意味での言葉の用法を全く無視して完全にゼロから「真理」という言葉の意味を約定的 (stipulative) に定めるということには意味がない．そのようなことをした場合，そうした「真理」という言葉は我々のもつ真理という概念とは無関係なものになってしまう．

このあたりの事情は，計算の概念を巡る「チャーチの提唱」の話と重なる．計算の概念というのも，我々が直観的に理解している計算という概念が基本になっており，数学的に厳密に定義できるものではない．そのため，部分再帰関数のクラスと計算可能な関数のクラスを同一視するチャーチの提唱をチャーチの定理と呼ぶことはできない．真理の場合にも，真理の概念というのは基本的に直観的な理解に基づく概念であり，単に規約的にその概念を定めた上でそれについて数学的な定理を証明するということはできない．（チャーチの提唱とタルスキによる真理概念についての議論の比較はあまり論じられていないが，[41] に議論がある．）

自らの数学的な成果に関する哲学的コメントにおいて，タルスキは次のように言う．

> ここで求められている定義は，新しい観念を指示するために，すでに通用している語に対して改めて意味を特定することを目指しているのではない．その反対に，古くからある観念の実際の意味を捉えることを目指しているのである．得られた定義が実際にこのことに成功しているか否かが，誰にでも判定できるほどに，この観念が精確に規定される必要がある．（タルスキ [42]，飯田隆訳 p.55）

これは論理学における「真理概念」の分析がどのようなものであるべきかを的確に表現している．

何に制約を課すべきかを体系的に検討するため，前節で導かれた矛盾の「原因」についてあらゆる可能性を考慮し，それらを列挙してみる．

i) 古典論理（あるいは直観主義論理）
ii) 算術の体系 Q の公理
iii) コーディングを真理述語 $T(\cdot)$ に拡張すること
iv) 素朴な T スキーマ (naive T-schema)

こうして列挙された結果から，我々はパラドックスに対する可能な対処法の候補を想定できる．算術の公理の制限はここでは問題にしないことにする．(Q という体系はそれ自体極めて弱いので「真理」について語るために，算術を制限するという選択肢をとることは難しい．) そのため，ここで制約をかけるものの可能性は三つに絞ることができる．フェファーマン [8] に倣い，これらを次のように整理する．

B1) 無制約な形式言語の使用 (iii) に問題がある．したがって，言語を制限する．
B2) 真理の理論を定式化する論理 (i) に問題がある．したがって，論理を改訂する．
B3) 真理に関する公理，推論規則 (iv) に問題がある．したがって，それを制限する．

例えば，素朴な T スキーマのうち片方だけを考えるというのは B3) であり，タルスキが採用した，これから述べる戦略は B1) である[20]．その他に，古典論理を弱い論理に変えるという選択が考えられる[21]．以下の論述は，大まかに言って，第 10 章が B1 に，第 11 章が B2 に，第 12 章は B3 に各々対応している．また，各章は，ほぼ a) パラドックスに関する，あるいは概念分析に関する議論，b) 意味論的な真理論の提示，c) その意味論的な真理論の公理化を扱うという形で構成されている．

---

[20] タルスキ [42] は，(大雑把にまとめると) 自らの表現を指示することができ，かつ自分自身についての真理述語（あるいはその他の意味論的語彙）を自らのうちにもつ言語を「意味論的に閉じた言語 (semantically closed languages)」と呼び，意味論的に閉じた言語を採用することがパラドックスの原因であるとする．
[21] 矛盾許容論理 (cf. [36]) の場合も，すべての式が証明されるという状況を回避するという点では同じ．ただし理論の詳細と哲学的立場は大きく異なる．矛盾許容論理を採る立場は A になる．

10.2 型付き真理述語の明示的定義

(I) 真理の十全な (adequate) 定義とは何か？

タルスキは真理述語に関するこの困難に対し，上で挙げた素朴なTスキーマに関する条件に変更を加えることで，真理述語の導入が矛盾を引き起こさないための条件を与えた．具体的には，上述のB1の対処法を採り，言語に制限を加えることによって（対象言語とメタ言語の区別）矛盾を回避し，さらに真理述語を明示的に定義することによって「消去する」ことを目指した．この10.2節では，満足のいく真理の定義とはいかなるものかに関するタルスキの議論を紹介し，実際にタルスキ流の真理の（二階算術における）明示的定義を一階算術の言語について与える．

まず第一に，矛盾を含まずに真理述語の導入を試みる際，最も重要なのが**対象言語**と**メタ言語**を区別し，真理述語の適用を対象言語の文に制限するという着想である．大雑把に言えば，対象言語とは語られる対象になる言語，メタ言語とは対象言語について語る言語である．算術の言語 $\mathcal{L}$ に関する真理述語を導入する場合，真理述語は $\mathcal{L}$ の文にのみ適用されるというような制限を加える．

この区別と制限を基本にした上で，タルスキは真理述語に対して「形式的に正しく，**実質的に十全** (materially adequate) な定義」を与えることを目標とし，そうした定義が満たすべき具体的な条件を提案している．「形式的に正しい」という条件は無矛盾性に対応し，「実質的に十全である」という条件は次のようになる．

規約 T　対象言語 $\mathcal{L}$ のすべての文 φ について，$T(\ulcorner\varphi\urcorner) \leftrightarrow \varphi$ をメタ言語において定式化された形式体系（あるいは理論）において導出できる．

この規約 T と先程の素朴な T スキーマとの違いは，1) 先程の素朴な T スキーマの場合と異なり，代入例となる文が言語 $\mathcal{L}$ のみに属すること（以下で，制約された言語についての T スキーマは単に，「T スキーマ」と呼び，T スキーマの個々の代入例を「T 文」と呼ぶ），また 2) 規約 T の場合にはすべての文について，こうした T 文を「導出できる[22]」と述べていることにある．

---

[22]「導出できる」というとき，タルスキは，有限に公理化された公理系からの導出を暗黙のうちに想定していたように思われる．そうすると，T スキーマの無限個の例をそのまま公理の代入例として扱うということはできず，真理についての何らかの帰納的特徴づけに訴えざるを得な

（タルスキは各々の T 文を真理の「部分定義」(partial definitions) と呼ぶ．)

(II) タルスキによる真理の明示的定義

ここでは，この十全性条件を満たす真理の**明示的定義** (explicit definition) を与える（以下の議論は [30] による）．この明示的定義は次の形をしている．

$$\forall x (T(x) \leftrightarrow \tau(x))$$

真理の「明示的」定義は，i) 定義されるべき述語 $T(x)$ が定義の左辺にのみ現れ，右辺には被定義項が現れないという通常の定義の条件だけでなく，この $\tau(x)$ は意味論的な語を含まないという条件を満たし，かつ ii) 定義 $\forall x(T(x) \leftrightarrow \tau(x))$ が，規約 T の意味で実質的に十全な真理の定義になるという条件を満たさねばならない．

ここで，自由変項をもたない項の表示（指示）を特徴づける $D(x,y)$（直観的には「x は y を表示（指示）する」（「x denotes y」）を意味する）の明示的定義をまず与える．ここで，$S, +, \times$ については次のような条件が成り立つものとする．

1. $\underline{S}(\ulcorner t \urcorner) = \ulcorner S(t) \urcorner$. 　2. $\ulcorner t \urcorner \underline{+} \ulcorner s \urcorner = \ulcorner t + s \urcorner$. 　3. $\ulcorner t \urcorner \underline{\times} \ulcorner s \urcorner = \ulcorner t \times s \urcorner$.

定義 10.2.1　　$D(x,y) =_{df.} \exists Q$ (Q は順序対の有限集合である $\land$
$\forall v \forall w (\langle v, w \rangle \in Q \to (\text{Cltm}(v) \land ((v = \ulcorner 0 \urcorner \land w = 0)$
$\lor \exists t \exists u (\langle t, u \rangle \in Q \land v = \underline{S}(t) \land w = S(u))$
$\lor \exists q \exists r \exists t \exists u (\langle q, r \rangle \in Q \land \langle t, u \rangle \in Q \land v = q \underline{+} t \land w = r + u)$
$\lor \exists q \exists r \exists t \exists u (\langle q, r \rangle \in Q \land \langle t, u \rangle \in Q \land v = q \underline{\times} t \land w = r \times u)))) \land \langle x, y \rangle \in Q)$.

この $D(x,y)$ を使って，真理述語 $T(x)$ は次のように明示的に定義できる．

定義 10.2.2　　まず以下の式を $\gamma(R)$ と呼ぶことにする．
$\forall y (R(y) \to \text{Sent}(y)) \land$

いことになる．(最終的には，それを豊かなメタ理論によって明示的な定義に変換することになる．) これはタルスキが規約 T の採用と T スキーマを採用することを区別しているようにみえることと整合する．またタルスキが [43] の中で扱っていた理論はかなり弱いものであったことにも注意．(10.2 節 (II) における DT と呼ばれる公理系に関する議論も参照せよ．)

$\forall y \forall z \ ((\text{Cltm}(y) \land \text{Cltm}(z)) \to (R(y\underline{=}z) \leftrightarrow \exists v \exists w (D(y,v) \land D(z,w) \land v = w))) \land$

$\forall y \forall z \ (\text{Sent}(y) \land \text{Sent}(z) \to (R(y\underline{\lor}z) \leftrightarrow (R(y) \lor R(z)))) \land$

$\forall y \ (\text{Sent}(y) \to (R(\underline{\neg}y) \leftrightarrow (\neg R(y)))) \land$

$\forall v \ (\text{Var}(v) \to \forall y (R(\underline{\exists}vy) \leftrightarrow \exists t (R(y(v/t)))))$

この式 $\gamma(R)$ は「真である」という述語の満たすべき条件を帰納的に特徴づけたものに相当する．この式を使って，一階算術の言語 $\mathcal{L}$ に関する真理述語 $T(x)$ は次のように明示的に定義される．

$T(x) \leftrightarrow \forall R(\gamma(R) \to R(x))$ (またこれと同値な，$\leftrightarrow \exists R(\gamma(R) \land R(x))$)

この定義を使って次のような命題が証明できる．

命題 10.2.3（規約 T の充足） 算術の言語 $\mathcal{L}$ のいかなる文 φ についても，この定義の下で二階算術から，$T(\ulcorner\varphi\urcorner) \leftrightarrow \varphi$ が導出できる．

タルスキは，$\mathcal{L}$ に関するすべての T 文（T スキーマ）をそのまま公理とする真理の理論（これをここでは DT (disquotational truth) と呼ぶことにする）について言及しているものの，これはアド・ホックであると考え，真理の明示的定義を与えることを目標とした．言うまでもなく，この DT はトリヴィアルな形で規約 T を満たす．では，DT のような理論と明示的な定義では何が違うのだろうか？ まずはじめに指摘しておきたいのは，真理述語を明示的に定義する場合，その明示的定義を与えている二階算術が無矛盾ならば，真理述語を導入したことによって矛盾が発生することはあり得ないということを証明したことになるということである．真理述語に関する問題点がパラドックスであったことを考えれば，これは重要な結果ということになる[23]．それに加えて，次のことを指摘することができる．上の真理定義からは，次のような無限

---

[23] 1930 年代にタルスキの周辺で論理学を研究していた哲学者たちは（ルヴォフ＝ワルシャワ学派，ウィーン学派等）「真理」の概念を含む意味論的概念は（「定義可能」，「指示」，「意味」，等も含めて）過度に形而上学的であり，論理学に関する科学的探究から排除すべきものであると考えていた．このことの背景には，こうした概念を用いたパラドックスの存在が影響していると考えられる．

個の文についての量化を含む文（これらは真理述語を導入する動機と密接に結びついていた）を導出できる.

T1) $\forall x(\mathrm{Sent}(x) \to T(x) \vee T(\neg x))$
T2) $\forall x(\mathrm{Sent}(x) \to (\mathrm{Pr}_{\mathrm{PA}}(x) \to T(x)))$

しかしTスキーマの無限個の例（つまりDT）からこれらの言明を導出することは不可能なのである（T2に関するこの事実の証明については，[22], p.104 あるいは [34] を参照．また10.3節における議論と比較せよ）．タルスキは，真理述語の十全性条件の中にこうしたことが証明できることを明示的に含めてはいない．しかしこうした命題が証明できることは，DTと比較した場合の，明示的定義の利点となるとタルスキは考えていたと思われる．

　明示的定義をすることにより（二階算術の無矛盾性を仮定して）無矛盾性の「証明」をしたということは，単に矛盾を回避したという以上のことを意味している．そのため，この点は一応区別して考えると，真理述語を導入しながら矛盾を回避することにタルスキが成功した理由の本質は，対象言語・メタ言語の区別，およびそれに基づく真理述語の適用制限にあった．この言語の区別は容易に有限回の反復にまで拡張できる．$\mathcal{L}_1 =$ 算術の言語についての真理定義を $\mathcal{L}_2$ において，$\mathcal{L}_2$ についての真理定義を $\mathcal{L}_3$ において与え，これを一般の場合に拡張すればよい．（一般に有限の場合には $\mathcal{L}_n$ についての真理定義は $\mathcal{L}_{n+1}$ において与えられる）．このように言語の階層（また真理述語の階層）を導入することによって，真理の理論化をするアプローチを「**型付きの真理論**」(typed truth theory) という．

10.3　型付き真理述語に関する理論の公理化

　タルスキは [43] の中で明示的定義を採用しているが，1) $\mathcal{L}$ の文に制限されたTスキーマによる公理化 (DT)，および 2) 真理述語を原始述語として導入し，再帰的定義に現れる条項をそのまま公理として採用する可能性，という二通りの公理化について議論している．DTは端的に批判されているが，2) については型付きの真理論を採った上でなお明示的な定義が不可能な場合（この節の終わりの注意10.3.8を参照）に採用すべき選択とされている．こうした公理的真理論は，このタルスキの議論を出発点して発展することになる．この

10.3 型付き真理述語に関する理論の公理化

10.3節では，メタ言語と対象言語の区別というタルスキの着想に基づく，公理論的な真理論を扱う．特に，2) に属する公理系の中でさらになされる，型付きの真理述語を扱う公理系に関する重要な区別について説明する．

2) の手法に基づく公理化は実のところ上述の明示的定義の定義項（右辺）の中に出てくる前件 $\gamma(R)$ とほとんど同じ形をしており，1) 原子文に関する真理述語の振る舞い，2) 真理述語と論理定項の可換性の二つの点に焦点を当ててなされている．真理述語の公理化において，ある文の真理がその部分の真理にいかにして依存しているかを特徴づける公理のことを**合成的公理** (compositional axioms) という．ここで提示する型付き真理論の公理系 (CT↾) は，ペアノ算術 PA の公理系に，こうした合成的公理を付加することによって得られる．(PA については第 4 章を参照せよ．以下，PA_i ($i = 1, \ldots, 7$) は PA の帰納法の公理スキーマ以外の公理を指す．CT↾ の公理化は，$\mathcal{L}$ の文にその適用を制限された，本来はメタ言語に属するはずの「T(x)」を加えた言語（これを $\mathcal{L}_T^-$ と呼ぶ）の上でなされていることに注意．)

定義 10.3.1 (CT↾)
  CT0. ($\mathcal{L}$ における) PA の公理
  CT1. $\forall s \forall t (T(s\underline{=}t) \leftrightarrow s^\circ = t^\circ)$
  CT2. $\forall x (\text{Sent}(x) \rightarrow (T(\underline{\neg}x) \leftrightarrow \neg T(x)))$
  CT3. $\forall x \forall y (\text{Sent}(x\underline{\vee}y) \rightarrow (T(x\underline{\vee}y) \leftrightarrow (T(x) \vee T(y))))$
  CT4. $\forall v \forall x (\text{Sent}(\underline{\exists}vx) \rightarrow (T(\underline{\exists}vx) \leftrightarrow \exists t T(x(v/t))))$

この (CT↾) は「算術上の」公理的真理論の定式化に現れる新しい原理をすべて含んでいる．例えば，この理論では次の命題が証明できる．

命題 10.3.2 算術の言語 $\mathcal{L}$ におけるいかなる式 $\varphi(x_1, \ldots, x_n)$ についても，
$$(\text{CT}↾) \vdash \forall t_1, \ldots, t_n (T(\ulcorner \varphi(\underline{t_1}, \ldots, \underline{t_n}) \urcorner) \leftrightarrow \varphi(t_1^\circ, \ldots, t_n^\circ)).$$

これは算術の言語 $\mathcal{L}$ に関する規約 T に対応しており，その意味でこの公理化は，タルスキの規約 T は満たしている．しかし，上述の T2) のような原理は，DT ばかりでなく，この形式体系においても証明できない．タルスキが明示的定義に拘った理由の一端はここにもあるように思われる（注意 10.3.8 を参照）．

(CT↾) が例えば T2) を証明することができないということは次の命題からの直接の帰結である．ここで以下の命題を述べるために必要な定義を与えよう．

定義 10.3.3（保存的拡張，conservative extension）
$\mathcal{L}_1 \subseteq \mathcal{L}_2$ であるような言語 $\mathcal{L}_1, \mathcal{L}_2$，またそれらの言語の上で定式化された形式体系（あるいはもっと一般に理論でもよい）T_1, T_2 を考える．
ここで言語 $\mathcal{L}_1$ に属する任意の式 φ について，$T_2 \vdash \varphi$ ならば $T_1 \vdash \varphi$ が成り立つとき（かつそのときのみ）T_2 を T_1 の**保存的拡張**という．

命題 10.3.4 (CT↾) は PA の保存的拡張である．

この事実については，再帰的飽和モデルを使うモデル論的な証明とカット除去定理を使った証明論的な証明が知られている．しかし，そのどちらもかなり込み入った証明なので，本稿では証明は省略する[24]．
これに対し，(CT↾) を若干拡張して得られる体系は PA の非保存的拡張になることが知られている．ここではその体系 CT を導入し，その体系において T2) を証明することにより，CT が PA の非保存的拡張になることを証明しよう．

定義 10.3.5 CT = CT↾ +

$\mathcal{L}_T$ の任意の式 φ について，$\varphi(0) \wedge \forall x(\varphi(x) \to \varphi(x+1)) \to \forall x \varphi(x)$.

これは，CT とは CT↾ に加えて，数学的帰納法の公理スキーマに真理述語を含む例が現れることを許容することによって得られる体系であるということを意味する．この体系において，T2) に相当する次の命題を証明しよう．

命題 10.3.6 CT においては，PA 上の「**包括的反映原理** (global reflection principle)」と呼ばれる次の言明を証明することができる．

$$\forall x(\text{Sent}(x) \wedge \text{Pr}_{\text{PA}}(x) \to T(x)).$$

---

[24]関連文献は，モデル論的な証明については [24]，証明論的な証明は [17], [27]．[17] の証明にはギャップが見つかり，[27] においてそのギャップが埋められた．

10.3 型付き真理述語に関する理論の公理化

証明（概略）[25] 証明は PA の証明の長さに関する帰納法による．1) 基礎となる場合 (base case): PA のすべての公理が真であることをまず証明し，2) 帰納的な場合 (inductive case): 推論規則が真理保存的であることを証明する．

まず 1) の基礎となる場合からみてみよう．無限個の代入例をもつ帰納法の公理スキーマ以外の PA の公理に関しては，上で導出された T スキーマと PA_i $(i=1,\ldots,7)$ より，$(CT{\upharpoonright}) \vdash T(PA_i)$ $(i=1,\ldots,7)$ がいえる（論理の公理も同様）．しかし，帰納法のスキーマについては以下の準備が必要とされる．まず公理スキーマの例

$$T(x(v/\ulcorner 0 \urcorner)) \wedge \forall y(T(x(v/\dot{y})) \to T(x(v/\dot{Sy}))) \to \forall y T(x(v/\dot{y}))$$

を考える．

i) $PA \vdash x(v/\dot{Sy}) = x(v/\underline{S}\dot{y})$ と，ii) $CT \vdash \forall v \forall x \forall s \forall t (\text{Sent}_T(\underline{\forall}vx) \wedge s^\circ = t^\circ \to (T(x(v/s)) \leftrightarrow T(x(v/t))))$ より（これは [19] で，正則性補題 (regularity lemma) と呼ばれている．証明は略す．），

$$T(x(v/\ulcorner 0 \urcorner)) \wedge \forall t(T(x(v/t)) \to T(x(v/\underline{S}t))) \to \forall t T(x(v/t)).$$

ここで $\to$ を $\neg$, $\vee$ で書き換え，$\neg$ には CT2，$\vee$ には CT3 を適用し，また CT4（と CT2 と定義）によって全称量化子を $T(x)$ の中に移す．これにより次が証明される．

$$\text{Sent}(\underline{\forall}vx) \to (T(x(v/\ulcorner 0\urcorner)) \wedge \forall t(T(x(v/t)\underline{\to}x(v/\underline{S}t))) \to T(\underline{\forall}vx)).$$

さらに，公理 CT2, CT3, CT4 によって T を前に出し，次の命題を証明する．

$$\text{Sent}(\underline{\forall}vx) \to T(x(v/\ulcorner 0\urcorner)\underline{\wedge}\underline{\forall}v(x\underline{\to}(x(v/\underline{S}v)))\underline{\to}\underline{\forall}vx).$$

これで，PA の公理がすべて真であるという言明が CT において証明された[26]．

ここで 2) の帰納的な場合 (inductive case)，つまり推論規則が真理保存的であることの証明に移る．まずはじめに，$\text{Pr}_{PA}(y,x) =_{df.} \exists z(|z| \leq x \wedge \text{Prf}_{PA}(y,z))$ という述語を導入する．ここで $|z|$ は証明 z の長さを表し，$\text{Prf}_{PA}(y,z)$ は標準的な証明述語とする．そのため，$\text{Pr}_{PA}(y,x)$ は直観的には

---

[25] 以下では PA の公理はすべて文であるとする．自由変項を含む場合は，その全称閉包を考える．
[26] CT の原始記号は $\neg$, $\vee$, $\exists$ であるため，本来は通常のヒルベルト式の体系をこの言語に翻訳して議論を進めるべきである．

「y という式が x 以下の長さで証明できる」ということになる．また，$\mathrm{ucl}(x)$ を式（のコード）x の全称閉包（のコード）を x に割り当てる関数とする．我々は PA の定理の全称閉包はすべて真であるという言明を証明するので，帰納法のスキーマの次の代入例を使う．

1) $\forall y(\mathrm{Pr}_{\mathrm{PA}}(y,0) \to T(\mathrm{ucl}(y))) \wedge$
2) $\forall x(\forall y(\mathrm{Pr}_{\mathrm{PA}}(y,x) \to T(\mathrm{ucl}(y))) \to \forall y(\mathrm{Pr}_{\mathrm{PA}}(y,Sx) \to T(\mathrm{ucl}(y))))$
$\to \forall x(\forall y(\mathrm{Pr}_{\mathrm{PA}}(y,x) \to T(\mathrm{ucl}(y))))$.

1 は上で示した（長さ 0 で証明可能とは，公理であるということである）．2 の言明は帰納ステップになる．ここではヒルベルト式の公理系を考えれば十分なので，モーダス・ポネンスと全称汎化の規則をチェックすればよい．（詳細は読者に委ねる．） □

この定理から CT と CT↾ の違いに関する重要な系を導くことができる．

系 10.3.7 CT は PA の保存的拡張ではない．

証明 $\mathrm{CT} \vdash \forall y(\mathrm{Pr}_{\mathrm{PA}}(y) \to T(\mathrm{ucl}(y)))$ であるから，その $0 = 1$ による例化について，$\mathrm{CT} \vdash \mathrm{Pr}_{\mathrm{PA}}(\ulcorner 0 = 1 \urcorner) \to T(\ulcorner 0 = 1 \urcorner)$．ところが，$\mathrm{CT} \vdash 0 \neq 1$ であるから，$\mathrm{CT} \vdash T(\ulcorner 0 \neq 1 \urcorner)$（CT1 より）．すなわち，$\mathrm{CT} \vdash T(\ulcorner \neg 0 = 1 \urcorner)$ $\mathrm{CT} \vdash \neg T(\ulcorner 0 = 1 \urcorner)$（CT2 より）したがって，$\mathrm{CT} \vdash \neg \mathrm{Pr}_{\mathrm{PA}}(\ulcorner 0 = 1 \urcorner)$．
この文は $\mathcal{L}$ の文であり，かつ $\mathrm{PA} \not\vdash \neg \mathrm{Pr}_{\mathrm{PA}}(\ulcorner 0 = 1 \urcorner)$．（第二不完全性定理による．もちろん，PA が無矛盾であるということは仮定する．）したがって，PA で証明できない $\mathcal{L}$ の文を CT は証明できる．ゆえに，CT は PA の保存的拡張ではない． □

前節では，DT と明示的定義の対比をし，T1), T2) が DT からは導けないと述べたが，T2) に関しては，タルスキが重要とみなした違いは，DT と明示的定義の違いよりも，さらにキメの細かい公理化の違いに対応することが明らかにされたわけである．

注意 10.3.8 最近の真理に関する議論では必ずしも強調されていないが，上

で短く言及したように，タルスキは明示的な定義が不可能な場合を想定して公理化の可能性を論じていた．タルスキの論文 [43] では，意味論的カテゴリーの概念に基づくある種のタイプ理論が考察され，その中で真理の階層理論が導入される．その上で真理の明示的定義が可能になる場合と，不可能な場合の条件が述べられている．対象言語の階層（オーダー，order）に高々有限の上界が存在する場合には真理の明示的定義が可能であり，対象言語のオーダーに有限の上界がない場合には，真理の明示的定義は不可能であるという定理をタルスキは証明している．後者の場合には明示的定義が不可能であるため，真理の概念は公理化される他はない[27]．

ところが現在の真理論で公理的アプローチが採られる場合，こうした言わば究極の定義不可能性がその理由として強調されることはむしろ稀であり，その他にいくつかの理由が挙げられることが多い．

a. そのうちの一つは哲学的な理由である．現在の分析哲学における真理論では，真理概念は不要であるとする立場（真理の余剰説）に対し，少なくとも最小限の内容をもつ真理概念は必要であり，有用であるという議論を与えていく（そしてそれ以上の真理概念はいらない）という形で，そして「我々にはどこまで実質的な内容をもった真理概念が必要なのか」という問いに答える形で議論がなされることが多い．

例えば，真理というのはそもそも実質的な内容をもたないが論理的デバイスとしての真理は必要という立場（真理に関する**デフレ主義** deflationism[28]）に立ち，ここで議論された保存拡張性はむしろ望ましい性質であると考えるか，あるいは保存的拡大性をこれらの真理論の決定的な弱さとみなすか[29]という問

---

[27] ここでの不可能性証明の基本的な着想は，次のように説明できる．タルスキは [43] において，充足列 (satisfaction sequence) を使って真理を定義しているが，その充足列は集合論的な対象としてメタ理論で定義され，対象言語の表現がもつオーダーよりも狭義に (strictly) 高いオーダーをもたなければならない．そのため，対象言語のオーダーが有界でない場合には，充足列をメタ理論において定式化することができず，したがって真理の定義が不可能になるのである．なお，[44] の後書きでは超限のオーダーを導入すれば，対象言語のオーダーが有界でない場合についても明示的な定義が可能になるという議論をしている．しかしながら，超限的な階層を導入したとしても，明示的定義を与えようと試みる以上はどこかで「本質的に豊かな」メタ言語を想定しなければならないため，我々はその言語については，もはやメタ言語による真理定義を与えることのできない限界に突き当たらざるを得ない．その意味では，公理的なアプローチはどこかで必要とされる手法だといえる．

[28] 真理述語の役割は，i) 引用符の除去 (disquotation)，ii) 無限連言の代わり，といった論理的なものに尽きるという哲学的立場．(cf. [10], [22].)

[29] 真理論の非保存的拡大性を使った，デフレ主義への批判としては，[40], [23] 等がある．

題がしばしば議論される．

ここではそれらの議論の検討をする余裕はないが，こうした哲学的論争の内容に深く踏み込まなくても，デフレ主義と，二階論理や集合論的なメタ理論を使う意味論的真理論の相性が良いとはといえないことは容易に理解できよう．これに対し公理的なアプローチをとれば，算術の理論に真理述語を付加する場合などは理論の拡張は確かにそれほど大きなものにはならない．そのため，この公理的なアプローチは真理述語による体系の拡張がどれほど実質的なものかを巡る最近の哲学的な議論を定式化するための背景理論としてより適しているといえる．

ちなみにタルスキはすでに，対象言語によって定式化された形式体系（e.g., 算術の公理系など）の無矛盾性を彼の真理定義から証明できることは，その「真理定義」の利点であることを強調していた（ただし，タルスキはこの無矛盾性証明の認識論的な意義は大きくないことを認めている）．

b. また技術的な観点からは，次のような点を指摘することができる．最近の真理論の研究では，二階算術の下位体系（例えば，可述的解析の体系，算術的包括原理 (ACA) をもつ体系，また逆数学の中で研究されてきたその下位体系 ACA_0，等）や，一階算術に反映原理 (reflection principles) を付加した体系と公理的真理論の関係について，その無矛盾性の強さに関する順序解析 (ordinal analysis) を含めて議論されることが多い (cf. [18], [19])．こうした真理論についての証明論的な研究は公理論的アプローチを採ることによって得られたものといえるだろう．

第11章

クリプキの真理論
—型をもたない真理論(1)—

11.1 クリプキの基本的な着想（非古典論理と型をもたない真理）

　この節では，クリプキの真理論 [26] の動機，およびその真理論においてある種の非古典論理が採用された理由について議論する．
　型付きの真理論（定義あるいは公理化）の根本的な問題点とは端的に言ってその表現力の弱さにある．例えば，次のような文を我々は直観的に正しい言明として受け入れることができるように思われる．

$$T(\ulcorner \neg T(\ulcorner 0 = 1 \urcorner) \urcorner).$$

しかし型付きの真理論では，真理述語は対象言語にのみ適用され，対象言語は（メタ言語におけるそれと同一の）真理述語をもたないため，こうした真理述語の自己適用を含む言明を真であるとすることはできない．算術的に明らかに正しい文に有限回真理述語を適用した場合には，これらの真理述語の適用については何も問題はないため，これらの例を適切に扱えないのはこの理論の弱点である．
　また自然言語[30]に真理述語の適用を拡げた場合，型付きの真理論には次のような問題点があることがクリプキ [26] によって指摘されている．
　1) 真理述語の自己適用を禁止するというのがタルスキによるパラドックスの解決のアイディアであったが，ある文が自己言及的であるかどうかということは経験的に知られる状況によって決まることもある．

---

[30] タルスキは自然言語の形式的意味論の可能性には否定的だったが，クリプキが真理論を発表した 1975 年には，すでにモンタギュ，デイヴィドソン等による自然言語の意味論の試みがあった．

例：「本書の p.242 1 行目の文は偽である．」

こうした場合には，真理述語を含む文が確定記述句によって偶然指示されることがあり得る．そのため，真理述語の自己適用を予め排除する試みには限界がある（[10] も参照）．

2) また型付き理論には別の問題点もある．対角化定理の適用例として，$\tau \leftrightarrow T(\ulcorner \tau \urcorner)$ という文を考える．これを「本当つき文」と呼ぶことにする（自然言語でこれに対応するのは「この文は真である」という文である）．

嘘つき文とは異なり，この文は矛盾を導かない．また，この文の証明可能性述語版はレーブの定理の証明の歴史に深く関係しているので，単に些細な例とはいえない．しかしながら，こうした文は例えば「$2+2=4$」といった文とは明らかに異なった意味論的振る舞いを示す．これは，「$2+2=4$」のような場合とは異なり，この文がその真理値を非意味論的な事実に基づいて決めることができないためである．こうした観察に基づき，文に関する分類を次のように考えることができる．

1) 非意味論的な事実に基づく（e.g., $2+2=4$）．
2) 非意味論的な事実に基づかない．
2.1) 矛盾を導く（e.g., 嘘つき文）．
2.2) 矛盾を導かない（e.g., 本当つき文）．

こうした直観的な分類に数学的な特徴づけを与え得るかどうかというのは興味深い問題であろう．しかしながら，型付きの真理論のみを考慮に入れていると，2.1) と 2.2) の違いは初めから問題にすることができない．型付きの真理論ではこれらは両方とも真理述語の誤った自己適用を含むものに過ぎないからである．型付きの真理論のこうした問題点を，無矛盾な「**型のない真理論**」(type-free truth theory) を構築することで解消することはクリプキの真理論の目的の一つであった．

しかしながら，タルスキの定理により，古典論理（あるいは直観主義論理）の上で真理述語を自己適用することは矛盾を引き起こさざるを得ない．そこでクリプキはある種の非古典論理を採用することで，真理の自己適用が可能になる真理述語の解釈を採用したのである．その基本的なアイディアは，嘘つき文などの文は真でも偽でもない（あるいは真理値ギャップをもつ）ということを

11.1 クリプキの基本的な着想 (非古典論理と型をもたない真理)

認めることである．これは非古典論理を使った解釈なので，先述のフェファーマンの分類では B2 の「論理」を改訂することによってパラドックスを回避する仕方の一つということになる．より具体的には，「部分性 (partiality)」を論理に導入する手法といえる．（その意味で，クリプキの真理論を「部分解釈意味論」と呼ぶことができよう．）

クリプキは，ある条件を満たす非古典論理の付値関数 (valuation) であれば同様の結果が得られる（超付値 (supervaluation) 等）という一般的な議論をし，その上で**クリーニ強三値論理** (Kleene strong three-valued logic, SK) が特に自然であるとしている．SK の（命題）論理定項の解釈は，この三値論理の真理値を T, F, U とすると，次の真理表で与えられる[31]．

p	$\neg p$
T	F
U	U
F	T

$\vee$	T	U	F
T	T	T	T
U	T	U	U
F	T	U	F

嘘つきのパラドックスの解決において真理値ギャップ（三値論理）を使うという着想はクリプキ以前にも存在した．しかしながらクリプキの議論は，算術の解釈を拡張したモデル論的な解釈を真理述語に数学的に厳密な仕方で与えるという点でそれ以前の非古典論理を使った真理論とは決定的に異なる[32]．

このクリプキの意味論的真理論の特徴は以下のようにまとめられる．

i) 真理述語には階層はなく，真理述語 $T(x)$ が一つだけ算術 $\mathcal{L}$ に付加されており，真理述語の自己適用が可能である．

---

[31]U の直観的な解釈については意見が割れている．クリプキ自身はこれを第三の真理値ではなく，真理値を欠くと捉えるべきであり，自分の真理論は古典論理からの本質的な逸脱ではないと主張している．クリーニ強三値論理のもともとの着想は計算論に由来し，U は計算が収束しない場合を表す「undefined」（「値をもたない」）から来ている．この意味でクリプキの議論にも一理あるとはいえる．しかし，他の論者はむしろクリプキの理論を非古典論理を使った真理論の代表例と捉えることが多い．ここではこうした見方に従う．

[32]第 10 章の脚注 7 で「モデルにおいて真である」と「真である」の区別について論じた．ここでモデルにより解釈されている真理述語はもちろん「モデルにおいて真である」を意図しているわけではない．むしろ，その意図された解釈とはとりあえず別に，その外延がモデルに相対的に与えられているに過ぎない．この点で，クリプキの試みはモデル論的な数学的構造を使って，自己適用を許す「真である」という述語を（そしてそれを通じて「真」という概念を）理解しようとする試みといえる．

ii) $\mathcal{L}_T$ のうち，真理述語を含まない部分 $\mathcal{L}$ の解釈は算術の標準モデルによる．
iii) $T(x)$ の解釈は，以下のように「**外延**」(extension) と「**反外延**」(anti-extension) によって与えられる．（φ は $\mathcal{L}_T$ の文とする．）

    a. $T(\ulcorner\varphi\urcorner)$ が成り立つ　iff φ （のコード）が $T(x)$ の外延のうちにある．
    b. $\neg T(\ulcorner\varphi\urcorner)$ が成り立つ　iff φ （のコード）が $T(x)$ の反外延のうちにある．

ここでは外延と反外延の和集合が $\mathcal{L}_T$ の文のコードの集合と一致する必要はないということが重要である．算術については完全に古典的な解釈をとりながら，この点でクリプキの真理述語の解釈は非古典的な性質をもつ．外延と反外延のギャップに文が入る場合が当の文が真でも偽でもない場合に対応する．

こうしてクリプキは非古典論理を採用することで，タルスキ以来不可能とみなされていた真理述語の自己適用を可能にする理論を作ったのである．真理論の歴史を振り返ると，少なくとも哲学的な観点からは，クリプキの真理論における最大の貢献は，結局のところこの点にある．1970 年代以降の真理論の展開はこのクリプキの画期的な貢献なしには考えられない．

ここで真理述語を含む言語 $\mathcal{L}_T$ の解釈となる構造の定義をする．その準備として，次の「**式の正の複雑さ**」を帰納法の尺度として導入しておく．

定義 11.1.1（**式の正の複雑さ (positive complexity), p.c.**）論理式の正の複雑さ (p.c.) を次のように定義する．

1. 原子式とその否定の p.c. は 0 とする．
2. φ の p.c. を n とすると，$\neg\neg\varphi, \exists x\varphi, \neg\exists x\varphi$ の p.c. は $n+1$ である．
3. φ, ψ の p.c. を各々，n, m とすると，$\varphi \vee \psi, \neg(\varphi \vee \psi)$ の p.c. はそれぞれ $max(n,m)+1$ である．

ここでは，**基底モデル**（ground model, $T(x)$ を除いた $\mathcal{L}$ の解釈を与える）を算術の標準モデル $\mathbb{N}$ とし，真理述語の解釈となる「外延」，「反外延」をそれぞれ S_1, S_2，その組を (S_1, S_2) とし，それらの組からなる構造 $(\mathbb{N}, (S_1, S_2))$ を考える．このとき，この構造と言語の関係（$\models_{\mathrm{SK}}$）を次のように（帰納的

11.1 クリプキの基本的な着想（非古典論理と型をもたない真理）

に）定義する．

定義 11.1.2 $S_1, S_2 \subseteq \omega$ である S_1, S_2 に関して，$\mathcal{L}_T$ のすべての閉項 s, t, $\mathcal{L}_T$ の文 φ, ψ，また（x のみを自由変項とする）$\mathcal{L}_T$ の式 $\chi(x)$ について，構造 $(\mathbb{N}, (S_1, S_2))$ と $\mathcal{L}_T$ の関係 $\models_{\text{SK}}$ は（p.c. に関する帰納法に基づいて）次のように定義される．

1. $(\mathbb{N}, (S_1, S_2)) \models_{\text{SK}} s = t$ iff s, t の値が一致する．
2. $(\mathbb{N}, (S_1, S_2)) \models_{\text{SK}} \neg s = t$ iff s, t の値が異なる．
3. $(\mathbb{N}, (S_1, S_2)) \models_{\text{SK}} T(t)$ iff t は S_1 の中にある $\mathcal{L}_T$ の文のコードを値としてもつ閉項である．
4. $(\mathbb{N}, (S_1, S_2)) \models_{\text{SK}} \neg T(t)$ iff t は S_2 の中にある $\mathcal{L}_T$ の文のコードを値としてもつ閉項であるか，あるいは $\mathcal{L}_T$ の文のコードを値としてもたない閉項である．
5. $(\mathbb{N}, (S_1, S_2)) \models_{\text{SK}} \neg\neg\varphi$ iff $(\mathbb{N}, (S_1, S_2)) \models_{\text{SK}} \varphi$.
6. $(\mathbb{N}, (S_1, S_2)) \models_{\text{SK}} \varphi \vee \psi$ iff $(\mathbb{N}, (S_1, S_2)) \models_{\text{SK}} \varphi$ あるいは $(\mathbb{N}, (S_1, S_2)) \models_{\text{SK}} \psi$.
7. $(\mathbb{N}, (S_1, S_2)) \models_{\text{SK}} \neg(\varphi \vee \psi)$ iff $(\mathbb{N}, (S_1, S_2)) \models_{\text{SK}} \neg\varphi$ かつ $(\mathbb{N}, (S_1, S_2)) \models_{\text{SK}} \neg\psi$.
8. $(\mathbb{N}, (S_1, S_2)) \models_{\text{SK}} \exists x \chi(x)$ iff ある $n \in \omega$ について，$(\mathbb{N}, (S_1, S_2)) \models_{\text{SK}} \chi(\overline{n})$.
9. $(\mathbb{N}, (S_1, S_2)) \models_{\text{SK}} \neg\exists x \chi(x)$ iff どの $n \in \omega$ についても，$(\mathbb{N}, (S_1, S_2)) \models_{\text{SK}} \neg\chi(\overline{n})$.

この定義は先程の真理表の拡張である．否定，選言の振る舞いについては，先程の真理表によって，直観的な理解が得られるだろう．（ちなみに，否定は二重否定と，ド・モルガンの法則 (de Morgan's laws) によって特徴づけられていることに注意．古典論理に現れる否定の特徴づけとは異なるものになっているというところがポイントである．）真理述語については，外延，反外延についての上での説明がそのまま当てはまる．ただし，解釈の領域は自然数なので，$T(x)$ が述語づけられる自然数 n が言語 $\mathcal{L}_T$ の文（のコード）になっていない場合があり，その場合には，$\neg T(\overline{n})$ はこの解釈で自動的に成り立つ．以下，この帰納的定義の項目と似たものが何度か登場するが発想は基本的にこれ

と同じである．次の言明はこの定義からの帰結である．

$\mathcal{L}_T$ の文のコードとなる n について，

1) $(\mathbb{N}, (S_1, S_2)) \models_{\text{SK}} T(\overline{n})$ iff $n \in S_1$
2) $(\mathbb{N}, (S_1, S_2)) \models_{\text{SK}} \neg T(\overline{n})$ iff $n \in S_2$
3) $n \notin S_1 \cup S_2$ ならば，$(\mathbb{N}, (S_1, S_2)) \not\models_{\text{SK}} T(\overline{n})$ かつ $(\mathbb{N}, (S_1, S_2)) \not\models_{\text{SK}} \neg T(\overline{n})$

なお，我々は特に三値論理について考えるので，$S_1 \cap S_2 = \emptyset$ とする[33]．

11.2　クリプキの不動点意味論

これまでは構造の満たすべき一般的制約条件について議論してきたが，この 11.2 節では，それに加えて真理述語の解釈のもつべき制約条件を満たす S_1, S_2 を実際に構成する．具体的には，ある種の不動点の存在を証明し，その不動点意味論によって真理述語を解釈できることを示す．

まず，(S_1, S_2) に関するオペレータ $\Lambda: (S_1, S_2) \mapsto (S'_1, S'_2)$ を次のように定義する．（NSent は「$\mathcal{L}_T$ の文ではない」という性質をもつ記号列（のコード）の集合．）

$\Lambda(S_1, S_2) := (\{\ulcorner \varphi \urcorner \mid \varphi \in \mathcal{L}_T$ かつ $(\mathbb{N}, (S_1, S_2)) \models_{\text{SK}} \varphi\}, \text{NSent} \cup \{\ulcorner \varphi \urcorner \mid \varphi \in \mathcal{L}_T$ かつ $(\mathbb{N}, (S_1, S_2)) \models_{\text{SK}} \neg \varphi\})$

以下，$(S_1, S_2) \subseteq (S'_1, S'_2)$ とは，これらに現れる集合が 1, 2 の各々に関して（coordinatewise に）部分集合になっていることとする．ここで重要な概念を導入する．

定義 11.2.1　$\Lambda(S_1, S_2) = (S_1, S_2)$ となる (S_1, S_2) を Λ の**不動点**という．

定理 11.2.2（**不動点の存在定理**）　Λ の不動点が存在する．

---

[33] $S_1 \cap S_2 \neq \emptyset$ とした場合，このモデルは四値論理に対応することになる．そうした立場で議論することは可能であるが，嘘つき文は真かつ偽という扱いになる．

11.2 クリプキの不動点意味論

以下では，この定理の証明の概略を与える．ここでその存在を示す Λ の不動点は，タルスキ - クナスター (Tarski-Knaster) の不動点定理と呼ばれる，より一般的な不動点定理 (cf. [11]) の特殊ケースである．クリプキは，真理述語をもたない言語に段階的に真理述語を導入していくという直観的な描像を使って自らのアイデアを説明している．まず「真である」という述語を含まない文の中で（我々の場合には算術的に）正しい文には当の文に，正しくない文にはその否定に「真である」という述語が適用され，真と評価される．その次の段階では，真理述語を一回適用した文を含めて同じことをする．以下，同様．このようにしていくと，もはや「真である」という述語が新しく適用される文が存在しない段階に至る．それが不動点ということになる．[11] に基づく以下の証明では，求めるべき真理の解釈を順序数上に並べられた集合で近似していくことによって，最終的に真理の解釈となる不動点の存在を示すという風に議論が展開する．このように見ると，この証明はクリプキの直観的アイデアに近い形で不動点の存在を証明しているといえる．

証明 （定理 11.2.2）まず，超限帰納法により，(S_1^α, S_2^α) を定義する．

1) $\alpha = 0$ のとき，$(S_1^0, S_2^0) = (\emptyset, \emptyset)$
2) α が後者順序数 (a successor ordinal, $\alpha = \beta + 1$) のとき，
   $(S_1^{\beta+1}, S_2^{\beta+1}) = (\{\ulcorner\varphi\urcorner | \ \varphi \in \mathcal{L}_T \text{ and } (\mathbb{N}, (S_1^\beta, S_2^\beta)) \models_{SK} \varphi\}, \text{NSent} \cup \{\ulcorner\varphi\urcorner | \ \varphi \in \mathcal{L}_T \text{ and } (\mathbb{N}, (S_1^\beta, S_2^\beta)) \models_{SK} \neg\varphi\})$, i.e. $(S_1^{\beta+1}, S_2^{\beta+1}) = \Lambda(S_1^\beta, S_2^\beta)$.
3) α が極限順序数 (a limit ordinal) のとき，$(S_1^\alpha, S_2^\alpha) = (\bigcup_{\beta<\alpha} S_1^\beta, \bigcup_{\beta<\alpha} S_2^\beta)$.

ここで次のような用語法を導入する．$(S_1^\alpha, S_2^\alpha) \subseteq \Lambda(S_1^\alpha, S_2^\alpha)$ という条件を満たす (S_1^α, S_2^α) を **健全** (sound) であるといい，$(S_1^\gamma, S_2^\gamma) \subseteq (S_1^\delta, S_2^\delta)$ ならば，$\Lambda(S_1^\gamma, S_2^\gamma) \subseteq \Lambda(S_1^\delta, S_2^\delta)$ という条件を満たすとき，Λ は **単調** (monotonic) であるという．

主張 1 ((S_1^0, S_2^0) は健全である) $(S_1^0, S_2^0) \subseteq \Lambda(S_1^0, S_2^0)$

証明 $(S_1^0, S_2^0) = (\emptyset, \emptyset)$ により，明らか． □（主張 1）

主張 2（単調性） $(S_1^\gamma, S_2^\gamma) \subseteq (S_1^\delta, S_2^\delta)$ ならば，$\Lambda(S_1^\gamma, S_2^\gamma) \subseteq \Lambda(S_1^\delta, S_2^\delta)$

証明 式の p.c. に関する帰納法による[34]． □（主張 2）

このとき，このペアの列 (S_1^α, S_2^α)（α は順序数）を考えると，次の命題が成り立つ．

主張 3 すべての順序数 α について $(S_1^\alpha, S_2^\alpha) \subseteq (S_1^{\alpha+1}, S_2^{\alpha+1})$

証明 超限帰納法による．$\alpha = 0$ のとき，上の主張より $(S_1^0, S_2^0) \subseteq (S_1^1, S_2^1)$．
α が後者順序数 $\alpha = \beta + 1$ のとき．$(S_1^\beta, S_2^\beta) \subseteq (S_1^{\beta+1}, S_2^{\beta+1})$ を仮定する．単調性より，$\Lambda(S_1^\beta, S_2^\beta) \subseteq \Lambda(S_1^{\beta+1}, S_2^{\beta+1})$．しかしこれは，$(S_1^{\beta+1}, S_2^{\beta+1}) \subseteq (S_1^{\beta+2}, S_2^{\beta+2})$．
α が極限順序数のとき，任意の $\beta < \alpha$ について，$(S_1^\beta, S_2^\beta) \subseteq (S_1^{\beta+1}, S_2^{\beta+1})$．そうした β を一つとって議論する．極限順序数の場合の定義より（和集合），$(S_1^\beta, S_2^\beta) \subseteq (S_1^\alpha, S_2^\alpha)$ for $\beta < \alpha$．ゆえに，$\Lambda(S_1^\beta, S_2^\beta) \subseteq \Lambda(S_1^\alpha, S_2^\alpha)$．したがって，$(S_1^{\beta+1}, S_2^{\beta+1}) \subseteq (S_1^{\alpha+1}, S_2^{\alpha+1})$．IH により，$(S_1^\beta, S_2^\beta) \subseteq (S_1^{\alpha+1}, S_2^{\alpha+1})$．ここで，$\beta$（$\beta < \alpha$）は任意であったから，$(\bigcup_{\beta<\alpha} S_1^\beta, \bigcup_{\beta<\alpha} S_2^\beta) \subseteq (S_1^{\alpha+1}, S_2^{\alpha+1})$．したがって，$\alpha$ が極限順序数の場合，$(S_1^\alpha, S_2^\alpha) \subseteq (S_1^{\alpha+1}, S_2^{\alpha+1})$．

□（主張 3）

しかし，この列（クラス）は狭義増加 (strictly increasing) ではあり得ない．実際，S_1^α, S_2^α は，1) 単調，2) 非狭義増加 (non-strictly increasing) な順序数サイズの「列」（クラス）である．

S_1^α, S_2^α は高々可算個の要素しかもたない（それぞれ ω の部分集合である）から，順序数 α のどこかで S_1^α, S_2^α は新しく増える要素をもたないことになる．したがって，$\Lambda(S_1^\alpha, S_2^\alpha) = (S_1^\alpha, S_2^\alpha)$ となるような α が存在する． □

こうした形で，空集合からオペレータの適用によって構成された，単調，非狭義増加列の不動点として構成された不動点は，自然数の部分集合の上で定義されたオペレータの不動点の中では最小 (the least) となる．クリプキによれば，Λ の不動点となる (S_1^*, S_2^*) は素朴な T スキーマの類比物といえる次の性

---

[34] 直観的には，ある文が T, F と評価された場合にはそれが変わることがないという，SK の性質から帰結すると考えるとわかりやすい．

質を満たす.これにより,この不動点は真理述語の解釈となっていると主張される[35].

定理 11.2.3 $(\mathbb{N}, (S_1^*, S_2^*)) \models_{SK} T(\ulcorner\varphi\urcorner)$ iff $(\mathbb{N}, (S_1^*, S_2^*)) \models_{SK} \varphi$.

証明　$(\mathbb{N}, (S_1^*, S_2^*)) \models_{SK} T(\ulcorner\varphi\urcorner)$ iff $\ulcorner\varphi\urcorner \in S_1^*$　　　　($\models_{SK}$ の定義)
　　　　　　　　　　　　　iff $\ulcorner\varphi\urcorner \in D_1(\Lambda(S_1^*, S_2^*))$　　((S_1^*, S_2^*) は Λ の不動点)[36]
　　　　　　　　　　　　　iff $(\mathbb{N}, (S_1^*, S_2^*)) \models_{SK} \varphi$　　　　(Λ の定義)　　□

クリーニ強三値論理を使って不動点の存在を証明する場合には,不動点は(上述の最小不動点以外にも)無限個存在することが知られている.例えば「本当つき文」のように,矛盾を導くわけではないが標準モデルで真にも偽にもならない文は上の最小不動点モデルで真でも偽でもない.しかし,「本当つき文」(のコード) を $S_1^{0\prime}$ に予め入れておいて,上のようなモデルの構成をすれば,$S_1^* \subset S_1^{*\prime}$ となる別の不動点 $(S_1^{*\prime}, S_2^{*\prime})$ を構成できる.

それに対し,嘘つき文は最小不動点モデルで真にも偽にもならないというばかりでなく,どのような不動点をとるモデルにおいても,矛盾を引き起こさずにその外延,反外延の要素になることはできない.このことから,先程論じた文の直観的な分類には正確な数学的定義を与えることが可能になる.

定義 11.2.4　1. φ が**基底的** (grounded) であるのは文 φ の真・偽が基底モデル (ground model) の文の真・偽によって決まるとき (かつそのときのみである).

2. 文 φ が**非基底的** (ungrounded) のはそうでない場合である.

3. 文 φ が**逆説的** (paradoxical) であるのはどの不動点についても,φ (のコード) がその要素にならないとき (かつそのときのみに) である.

---

[35] ただし,これは言語上のある制約の下での議論となっており,ここで成り立つのは規約 T そのものでない.クリプキの言語 $\mathcal{L}_T$ は,含意記号 → を原始記号としてもたず,そのため規約 T と同じ文はこの言語上で表現できないのである.SK の上で否定と選言から定義された含意(これを ⊃ と書くことにする) については,それがまともな含意であるといえるかどうかについては議論の余地がある.例えば,λ を嘘つき文とした場合,トートロジーの一例である,$\lambda \supset \lambda$ が真でも偽でもなくなること,またこの含意についてはカリーのパラドックスが成り立つこと等,がしばしば問題にされる (cf. [10]).

[36] ここで,D_1 は一項目をとる射影関数 (projection function) である.

この分類によれば，嘘つき文は逆説的な文であり，本当つき文は非基底的だが逆説的でない文，「$T(\ulcorner 2+2=4 \urcorner)$」は基底的な文の例ということになる（この文の真・偽は「$2+2=4$」が標準モデルで真であることによって決まっている）．

11.3 クリプキの意味論的真理論の公理化

この節ではクリプキの部分解釈意味論の公理化について述べる．クリプキの意味論的真理論にはいくつかの異なった公理化が存在する．フェファーマン [9]（カンティーニ [4]）によるもの，M. クレマー [25] によるもの，ハルバッハとホーステン（Halbach と Horsten）[20] によるもの，である．後者二つはクリーニ強三値論理に基づいた意味論をこの論理の上で公理化された体系によって直接公理化している．それに対して，フェファーマンによる公理化は「閉め出し」(closing-off) と呼ばれる手法（一度，三値論理に基づいて不動点をとった上で，外延に入る文を真理集合と呼ばれる集合に入れ，それら以外のものをその補集合に入れる，cf. 補題 11.3.4）によって，解釈を一度古典的な意味論の上に載せてから間接的に公理化を行う．ここでは「閉め出し」により構成されたモデルに基づく，フェファーマンの公理系 KF についてみていく．次のクリプキ真理集合というのは，「閉め出し」をすることで，SK 上での不動点モデルで (S_1, S_2) というペアのもつ性質を一つの集合 S で表すようにしたものと考えてよい．

定義 11.3.1 集合 $S \subseteq \omega$ が「**クリプキ真理集合**」であるのは，それが次の条件を満たすとき，かつそのときのみである．$n \in S$ iff

1. n が「$\ulcorner t = s \urcorner$」で t の値は s の値と同一である $\mathcal{L}_T$ の閉項 t, s が存在するか，
2. n が「$\ulcorner \neg t = s \urcorner$」で t の値は s の値と異なる $\mathcal{L}_T$ の閉項 t, s が存在するか，
3. n が「$\ulcorner \neg \neg \varphi \urcorner$」で，「$\ulcorner \varphi \urcorner \in S$ である $\mathcal{L}_T$ の文 φ が存在するか，
4. n が「$\ulcorner \varphi \lor \psi \urcorner$」で，「$\ulcorner \varphi \urcorner \in S$ あるいは「$\ulcorner \psi \urcorner \in S$ である $\mathcal{L}_T$ の文 φ, ψ が存在するか，
5. n が「$\ulcorner \neg (\varphi \lor \psi) \urcorner$」で，「$\ulcorner \neg \varphi \urcorner \in S$ かつ「$\ulcorner \neg \psi \urcorner \in S$ である $\mathcal{L}_T$ の文 φ, ψ が存在するか，

6. n が「$\exists v\psi$」で，ある閉項 t について「$\psi(v/t)$」$\in S$ である $\mathcal{L}_T$ の文 $\exists v\psi$ が存在するか，
7. n が「$\neg\exists v\psi$」で，どの閉項 t にも「$\neg\psi(v/t)$」$\in S$ である $\mathcal{L}_T$ の文 $\exists v\psi$ が存在するか，
8. n が「$T(t)$」で，そのコードが S の中にある，ある $\mathcal{L}_T$ 文を値とする閉項 t が存在するか，あるいは，
9. n が「$\neg T(t)$」で，t の値が $\mathcal{L}_T$ の文でないか，そのコードが「$\neg\xi$」$\in S$ となる $\mathcal{L}_T$ 文 ξ を値としてもつ閉項 t が存在するか，である．

ここでさらに，先程の $S_1 \cap S_2 = \emptyset$ に対応する S の条件（無矛盾性条件）：

$$\varphi, \neg\varphi \in S \text{ となるような } \mathcal{L}_T \text{ の文は存在しない}$$

を満たすクリプキ真理集合は，「無矛盾なクリプキ真理集合」である．
次の補題はクリプキ真理集合を特徴づけるが，この証明は定義から明らか．

補題 11.3.2（クリプキ真理補題，Kripke Truth Lemma） ある集合 $S \subseteq \omega$ がクリプキ真理集合であるのは，次の条件が満たされるときかつそのときのみである．（以下で t, s は $\mathcal{L}_T$ の閉項，$\varphi, \psi, \forall v\chi$ は $\mathcal{L}_T$ の文である．）

1. 「$s = t$」$\in S$ iff t と s の値が一致する．
2. 「$\neg s = t$」$\in S$ iff t と s の値が異なる．
3. 「$\neg\neg\varphi$」$\in S$ iff 「φ」$\in S$
4. 「$\varphi \vee \psi$」$\in S$ iff 「φ」$\in S$ あるいは 「ψ」$\in S$
5. 「$\neg(\varphi \vee \psi)$」$\in S$ iff 「$\neg\varphi$」$\in S$ かつ 「$\neg\psi$」$\in S$
6. 「$\exists v\chi$」$\in S$ iff ある n について 「$\chi(\overline{n})$」$\in S$
7. 「$\neg\exists v\chi$」$\in S$ iff すべての n について 「$\neg\chi(\overline{n})$」$\in S$
8. 「$T(t)$」$\in S$ iff t の値が S の中の $\mathcal{L}_T$ 文のコードである．
9. 「$\neg T(t)$」$\in S$ iff t の値がその否定が S の中の $\mathcal{L}_T$ 文のコードである $\mathcal{L}_T$ 文であるか，あるいは t の値が $\mathcal{L}_T$ 文でないか，である．

先程と同様，これらの条件に加えて上の無矛盾性条件が成り立つとき，かつそのときのみ S は無矛盾なクリプキ真理集合となる．
上の S の定義の右辺を $\zeta(n, S)$ と書く．このとき，S は正の出現

(occurrence) しかもたない（否定の奇数個の出現のスコープ (scope) に入らない）．このことから，この S という集合の満たす性質について調べるために正の帰納的定義 (positive inductive definition) に関する理論を使うことができることがわかる[37]．

このため，$\zeta(n, S)$ から，オペレータ $\Phi : \mathcal{P}(\omega) \longrightarrow \mathcal{P}(\omega)$ を $\Phi(S) := \{n | \zeta(n, S)\}$ のように定義すると，次のような命題が成り立つ．

命題 11.3.3 S がクリプキ真理集合となるのは，S が Φ の不動点になるとき，かつそのときのみである．

証明 $\Rightarrow$) S がクリプキ真理集合であるとする．このとき，クリプキ真理集合の定義条件より，$n \in S$ iff $\zeta(n, S)$ が成り立つ．したがって，$n \in S$ iff $n \in \Phi(S)$.
$\Leftarrow$) S が $S = \Phi(S)$ という条件を満たすとき，$n \in S$ iff $n \in \Phi(S)$ iff $\zeta(n, S)$ を満たす．したがって，明らかにこの S はクリプキ真理集合となる． □

この Φ の不動点と先述の Λ の不動点には次のような関係がある．

補題 11.3.4　1. (S_1, S_2) が Λ の不動点ならば，S_1 は Φ の不動点である．
2. S_1 が Φ の不動点であり，かつ $S_2 := \text{NSent} \cup \{\ulcorner \varphi \urcorner | \varphi \in \mathcal{L}_T \ \& \ \ulcorner \neg \varphi \urcorner \in S_1\}$ とするならば，(S_1, S_2) は Λ の不動点となる．

証明　1. (S_1, S_2) が Λ の不動点であると仮定する．
上の命題より，S_1 がクリプキ真理集合であることを証明すれば十分である．そのためには補題 11.3.2 の条件を満たせば十分．このことを証明するために，次の主張を文の「正の複雑さ」についての帰納法により証明する．

$\mathcal{L}_T$ におけるすべての φ について，$\ulcorner \varphi \urcorner \in S_1$ iff $\ulcorner \varphi \urcorner \in \Phi(S_1)$.

（帰納法による証明の詳細はほぼ機械的なチェックのみなので，読者に委ねる．）
これにより，S_1 はクリプキ真理集合であることを示すことができる．ゆえに，命題 11.3.3 より，$\Phi(S_1) = S_1$ となる．（無矛盾性条件については脚注を参照[38]．）

---

[37]帰納的定義の理論については例えば，[1] を参照せよ．
[38]部分意味論の無矛盾性条件 $S_1 \cap S_2 = \emptyset$ から，S_1 の無矛盾性条件は（対偶を示すことで）次のように導かれる．$\exists \varphi$, s.t. φ は $\mathcal{L}_T$ の文であり，$\ulcorner \varphi \urcorner, \ulcorner \neg \varphi \urcorner \in S_1$ とする．これか

2. 逆に，次の条件を満たす (S_1, S_2) を考える．i) S_1 が $\Phi(S_1) = S_1$ という条件を満たし（これにより S_1 はクリプキ真理集合となる），ii) S_2 を $\mathrm{NSent} \cup \{\ulcorner \varphi \urcorner | \varphi \in \mathcal{L}_T$ かつ $\ulcorner \neg \varphi_1 \urcorner \in S_1\}$ と定義する．このとき，$\Lambda(S_1, S_2) = (S_1, S_2)$ となることを示す．

まず $\Lambda(S_1, S_2)$ を (S_1', S_2') とおく．ここから，S_1, S_2 の条件により，$S_1' = S_1$ かつ $S_2' = S_2$ を示せば十分．これを示すために，すべての $\mathcal{L}_T$ 文について，

1. $\ulcorner \varphi \urcorner \in S_1'$ iff $\ulcorner \varphi \urcorner \in S_1$，および
2. $\ulcorner \varphi \urcorner \in S_2'$ iff $\ulcorner \varphi \urcorner \in S_2$

を（φ の正の複雑さに関する帰納によって）証明する．（帰納法の詳細は読者に委ねる．）この議論により，$\Lambda(S_1, S_2) = (S_1, S_2)$ が示される[39]． □

ここで $(\mathbb{N}, (S_1, S_2))$ によって与えられる意味論に「閉め出し」(closing-off) という手法を適用して得られる意味論（つまり $\Phi(S_1) = S_1$ を満たす，S_1 の意味論）を公理化して得られる**クリプキ - フェファーマン** (Kripke-Feferman, KF) と呼ばれる体系を導入しよう．それは S_1 に関する上述の補題 11.3.2 を公理の形に書き換えることによって得られる．

定義 11.3.5[40]

KF0. $(\mathcal{L}_T$ における) PA の公理

KF1. $\forall s \forall t (T(s \underline{=} t) \leftrightarrow s^\circ = t^\circ)$

KF2. $\forall s \forall t (T(\underline{\neg} s \underline{=} t) \leftrightarrow s^\circ \neq t^\circ)$

KF3. $\forall x (\mathrm{Sent}_T(x) \rightarrow (T(\underline{\neg\neg} x) \leftrightarrow T(x)))$

KF4. $\forall x \forall y (\mathrm{Sent}_T(x \underline{\vee} y) \rightarrow (T(x \underline{\vee} y) \leftrightarrow (T(x) \vee T(y))))$

ら，$\ulcorner T(\ulcorner \varphi \urcorner) \urcorner \in S_1$ かつ $\ulcorner \neg T(\ulcorner \varphi \urcorner) \urcorner \in S_1$ が導かれる．(S_1 はすでにクリプキ真理集合であることが示されているから，補題の条件より．) $(\mathbb{N}, (S_1, S_2)) \models_{\mathrm{SK}} T(\ulcorner T(\ulcorner \varphi \urcorner) \urcorner)$ かつ $(\mathbb{N}, (S_1, S_2)) \models_{\mathrm{SK}} T(\ulcorner \neg T(\ulcorner \varphi \urcorner) \urcorner)$. 不動点の性質より，$(\mathbb{N}, (S_1, S_2)) \models_{\mathrm{SK}} T(\ulcorner \varphi \urcorner)$ かつ $(\mathbb{N}, (S_1, S_2)) \models_{\mathrm{SK}} \neg T(\ulcorner \varphi \urcorner)$. したがって，$\ulcorner \varphi \urcorner \in S_1$ かつ $\ulcorner \varphi \urcorner \in S_2$. ゆえに，$S_1 \cap S_2 \neq \emptyset$.

[39] なお，S_1 の無矛盾性条件から，他方の無矛盾性条件 $S_1 \cap S_2 = \emptyset$ は対偶を示すことで証明される．

[40] $\forall, \rightarrow, \leftrightarrow$ は，ここでの言語の原始記号ではないが，これらを使わないと公理があまりに複雑になる．そのため慣例に倣い，ここでは KF の公理系の提示に使用する．

KF5. $\forall x\forall y(\text{Sent}_T(x\underline{\vee}y) \to (T(\underline{\neg}(x\underline{\vee}y)) \leftrightarrow (T(\underline{\neg}x) \wedge T(\underline{\neg}y))))$
KF6. $\forall x(\text{Sent}_T(\underline{\exists}vx) \to (T(\underline{\exists}vx) \leftrightarrow \exists t T(x(v/t))))$
KF7. $\forall x(\text{Sent}_T(\underline{\exists}vx) \to (T(\underline{\neg\exists}vx) \leftrightarrow \forall t T(\underline{\neg}x(v/t))))$
KF8. $\forall t(T(\underline{T}(t)) \leftrightarrow T(t^\circ))$
KF9. $\forall t(T(\underline{\neg T}(t)) \leftrightarrow (T(\underline{\neg}t^\circ) \vee \neg\text{Sent}_T(t^\circ)))$

なお，フェファーマンによる元の公理系は以下に述べる CONS という公理をもっていた．ここでは [19] に倣い，これを落とした公理系を KF, CONS を付加した公理系を KF+CONS と呼ぶ．（ここでもわかりやすさのため，$\wedge$ を敢えて使う．）

$$\text{CONS} \quad \forall x(\text{Sent}_T(x) \to \neg(T(x) \wedge T(\underline{\neg}x))).$$

この公理系 KF は次の意味でクリプキ真理集合を公理化しているといえる．以下で，$(\mathbb{N}, S)$ を算術の標準モデルとクリプキ真理集合の組からなる構造とする．

定理 11.3.6（KF の十全性, the adequacy of KF） どのような $S \subseteq \omega$ についても，$(\mathbb{N}, S) \models \text{KF} + \forall t(T(t) \to \text{Sent}_T(t))$ iff $\Phi(S) = S$ が成り立つ[41]．

証明 $\Leftarrow$) $\Phi(S) = S$ と仮定する．このとき KF の各公理がモデル $(\mathbb{N}, S)$ で成り立つこと，また $\forall t(T(t) \to \text{Sent}_T(t))$ が成り立つことを確認すればよい．

$\Rightarrow$) $(\mathbb{N}, S)$ が KF のモデルとなるとき，KF の公理を使って $T(x)$ の外延である S がクリプキ真理集合となることを確認すれば，命題 11.3.3 より，S は Φ の不動点となる（詳細は読者に委ねる．） □

この性質は，「無矛盾な Φ の不動点」に拡張することができる（定理 11.3.8）．

補題 11.3.7 $\text{KF} + \text{CONS} \vdash \forall t(T(t) \to \text{Sent}_T(t))$.

証明 CONS より，$\neg(T(\underline{T}(t)) \wedge T(\underline{\neg T}(t)))$．したがって，$T(\underline{\neg T}(t)) \to \neg T(\underline{T}(t))$．

---

[41] この不動点は最小不動点ではなく，任意の不動点であることに注意．最小不動点を使った際の公理化は，最近バージェス (Burgess) [3] によって与えられた．

11.3 クリプキの意味論的真理論の公理化

KF8 により，さらに，$\neg T(\underline{T}(t)) \rightarrow \neg T(t)$．したがって，$\forall t (\neg \mathrm{Sent}_T(t) \rightarrow \neg T(t))$．ゆえに，$\forall t(T(t) \rightarrow \mathrm{Sent}_T(t))$． □

定理 11.3.8 $S \subseteq \omega$ とする．S が Φ の無矛盾な不動点である（$S = \Phi(S)$ であり，かつ $\mathrm{Sent}_T(\ulcorner \varphi \urcorner)$ かつ $\ulcorner \varphi \urcorner, \ulcorner \neg \varphi \urcorner \in S$ である φ が存在しない）のは，$(\mathbb{N}, S) \models \mathrm{KF} + \mathrm{CONS}$ であるとき，かつそのときのみである．

証明 上の定理と補題による． □

なお，CONS は KF 上で，$T(\cdot)$ が $\rightarrow$ に関して分配されるという言明と同値になる．（証明は省略する．）

補題 11.3.9 $\mathrm{KF} \vdash \mathrm{CONS} \leftrightarrow \forall x \forall y (\mathrm{Sent}_T(x \underline{\rightarrow} y) \rightarrow (T(x \underline{\rightarrow} y) \rightarrow (T(x) \rightarrow T(y))))$．

KF + CONS は古典論理に基づくため，古典的自然数論，等との相性がよい反面，直観的に受け入れ難い帰結をいくつかもつ．例えば，λ を「嘘つき文」$\lambda \leftrightarrow \neg T(\ulcorner \lambda \urcorner)$ とすると，次の命題が成り立つ．

命題 11.3.10 $\mathrm{KF} + \mathrm{CONS} \vdash \lambda$ かつ $\mathrm{KF} + \mathrm{CONS} \vdash \neg T(\ulcorner \lambda \urcorner)$．

証明 まず次の補題を示す．

補題 11.3.11 $\mathrm{KF} + \mathrm{CONS} \vdash \forall \vec{t} (T(\ulcorner \varphi(\underline{\vec{t}}) \urcorner) \rightarrow \varphi(\vec{t}^\circ))$．

証明 p.c. に基づく帰納法による．（詳細は読者の練習問題とする．） □（補題）

そうすると，次のように議論できる．
$\mathrm{KF} + \mathrm{CONS} \vdash T(\ulcorner \lambda \urcorner) \rightarrow \lambda$ （補題 11.3.11）
$\mathrm{KF} + \mathrm{CONS} \vdash \neg T(\ulcorner \lambda \urcorner) \vee \lambda$
$\mathrm{KF} + \mathrm{CONS} \vdash \neg T(\ulcorner \lambda \urcorner) \vee \neg T(\ulcorner \lambda \urcorner)$
$\mathrm{KF} + \mathrm{CONS} \vdash \neg T(\ulcorner \lambda \urcorner)$
ゆえに，$\mathrm{KF} + \mathrm{CONS} \vdash \lambda$． □

しかし，KF + CONS は推論規則 $\dfrac{\text{KF} + \text{CONS} \vdash \varphi}{\text{KF} + \text{CONS} \vdash T(\ulcorner \varphi \urcorner)}$ を導出可能な規則としてもたないので，KF + CONS $\vdash T(\ulcorner \lambda \urcorner)$ は証明されず，形式的な意味での矛盾は導かれない．とはいえ，ある文とその文が真であるという言明の否定が両方とも証明される形式体系というのは奇妙であろう．

このことから，KF そのものは古典論理に準拠することで，クリプキ真理集合に関する定理の導出を容易にさせる，いわば「道具的」な性格をもつ体系「外的論理 (external logic)」に過ぎず，クリプキの部分解釈意味論の実質的な内容はむしろ KF の「**内的論理** (internal logic)」($\{\varphi \in \mathcal{L}_T | \text{KF} \vdash T(\ulcorner \varphi \urcorner)\}$) によって表現されるとラインハルト [39] は主張した．

これに対しハルバッハとホーステンは，KF の内的論理が KF と独立に特定され，かつ KF がその内的論理のある種の保存的拡張のような性質を満たす，という二つの条件が成立しない場合には，ラインハルトのいう道具的性格の内容は必ずしも正確に特定できないとしてラインハルトの議論を批判した．

彼らは実際，古典論理を経ない，クリプキの意味論的真理論の直接の公理化 (PKF) について [20] で証明論的研究を行い，それが KF の内的論理とは本質的に異なる体系であることを示し，KF の内的論理をこの方法で特定することは困難であると主張している．この議論についてここでこれ以上詳しく論じる余裕はないが，興味をもった読者は関連文献にあたって考えてみて欲しい．

証明論との関係ということで言えば，そもそもフェファーマン [9] が KF を取り上げた動機の一つは，超限数列 (transfinite progression)[42] の一種を使って得られた可述的解析学の体系に関する証明論的な特徴づけ（順序数解析による無矛盾性の強さの特徴づけ）を，そうした道具立てを使わないで得ることにあった．KF は実際そうした特徴づけを与えている．

伝統的な証明論との関係としては，もう一つ以下の事実に言及しておく (cf. [19])．自然数の冪集合上に定義された正の (positive) オペレータが不動点をもつという言明を証明できる帰納的定義の理論を $\widehat{\text{ID}_1}$ と呼び，同じく最小不動点をもつという言明を証明できる帰納的定義の理論を ID_1 という．KF の証明論的な強さは $\widehat{\text{ID}_1}$ と，「閉め出し」(closing-off) に基づくクリプキ風の真理論において最小不動点を真理述語の解釈とするものを公理化した体系 [3] の証明論的な強さは ID_1 とそれぞれ等しくなる．

---

[42]数理論理学では，この表現は反映原理を PA などの算術の公理系に，特殊なコーディングを用いて超限回付加することにより得られる理論を指す．

第12章

真理から様相へ
―型をもたない真理論(2)―

12.1 知者のパラドックス・様相述語・有限公理化不可能性定理

　第11章では，非古典論理を採用することによって，真理概念の自己適用を可能にするアプローチについて議論したが，ここでは再び古典論理を維持するアプローチに戻る．ただし，タルスキのように言語を制限するのではない仕方で真理概念を理論化する手法を取り上げることに眼目がある．

　ところが古典論理を放棄せずに型のない真理論を展開しようとすると，素朴なTスキーマに代表される真理概念の特徴づけとなる公理を採用することが（パラドックスにより）不可能になる．このため，フェファーマンの分類でいうB3（真理に関する公理あるいは推論規則を弱くする可能性）を問題にすることになる．

　こうした研究はクリプキの前にも後にも存在した．しかしながら，クリプキの真理論とこうした研究は以下の点で異なっていた．i) こうした研究の主な目的は必ずしも無矛盾な体系を見つけるというものに限られない．そのため，こうした研究に目を向けることは論理学におけるパラドックスに関する研究の意義について，これまでよりも視野を拡大することになる．またそればかりでなく，ii) こうして構成された公理系は（矛盾しているか，$\mathcal{L}$については規約Tを，あるいは$\mathcal{L}_T$については素朴なTスキーマを満たさないため）「真理」についてのものかどうかが必ずしも明瞭でなくなるという性格をもたざるを得ない．そのため，こうした理論化はしばしば，真理というよりも「**真理近似的** (truth-like) **概念**」についての公理化であるとみなされる．また，そうした概念は（少なくともある種の）様相概念と極めて深い関係にあると考えられている．（あるいはむしろ，真理に関する原理を「弱め」，概念的制約を強くすると

我々は単なる真理ではなく「必然的な真理」のような様相概念に出会うのだと言ったほうがよいのかもしれない.)

この節では，こうして真理に関する公理，推論規則を弱めた結果得られる形式体系を扱う．特に，真理についての公理を弱めても出てくるパラドックスについて議論し，そのパラドックスから観点を変えることによって得られる数学的定理（有限公理化不可能性）について述べる．

(I) 知者のパラドックスと様相述語

真理近似的な述語について議論するため，真理を弱めて得られる典型的な様相概念をみておこう．次の公理と推論規則は様相論理 S4 のものである．

公理　K　$\Box(\varphi \to \psi) \to (\Box\varphi \to \Box\psi)$
　　　T　$\Box\varphi \to \varphi$
　　　4　$\Box\varphi \to \Box\Box\varphi$

推論規則　N　$\dfrac{\vdash \varphi}{\vdash \Box\varphi}$

まず確認しておきたいのは，素朴な T スキーマにあたる $\Box\varphi \leftrightarrow \varphi$ が成立しているとすると，これらの公理と推論規則はすべて導出可能であるということである．その意味で，ここに現れる様相というのは，確かに真理の概念よりも弱いものといえる．

モンタギュ [31]，モンタギュとカプラン [32]，また（彼らとは独立に）マイヒル [33] はそれぞれ，知識あるいは非形式的な意味での証明可能性 (informal provability, cf. Gödel [13]) に関する理論として，様相オペレータの代わりに，そうした（知識，証明可能性）様相に関する「述語」をもつ公理系を考えた[43]．それらの体系において様相述語に関する公理と推論規則は，S4（あるいはその下位体系）に対応している．ここで扱うのは真理論に密接に関係する，そうした様相述語をもつ公理系である．

真理よりも弱いにも関わらず，S4（あるいはそのいくつかの下位体系）の様相オペレータを述語と読み替えることによって得られる体系は，対角化定理を証明するのに十分な強さをもつ算術と組み合わされると，嘘つきのパラドッ

---

[43]本稿では，算術の言語などで定義される形式的な意味での証明可能性と，非形式的な意味での証明可能性を区別する．

クスの類似物が証明可能になり，矛盾する[44]ということが彼らの体系において示された．モンタギュとカプラン [32] は「知識」「様相」の概念に関する矛盾を[45]，マイヒルは（非形式的な意味での）「証明」の概念に関する矛盾を彼らの体系を使って分析しているのだが，これらの矛盾を導く原理はそれぞれの概念を表現するにあたって十分直観的な正しさをもつように思われるので，これらの矛盾はパラドックスと呼ばれる資格を十分にもつといえる．

矛盾の導出に入る前に，ここでまず「知識」や「非形式的な意味での証明可能性」という概念についてもう少し詳しく考えておこう．しばしばプラトン以来と言われる[46]伝統的な知識概念は，「正当化された，真なる信念」(justified, true belief) と分析されるため，「知識」の条件は次のようなものを含む．

1) 真であること．（知られていることは真でなければならない．）
2) 正当化（証明）されていること．またそのことによって信じる理由が与えられていること．

これら二つの条件は，上の S4 の体系の公理 T および，推論規則 N にそれぞれ対応していると考えられる．1) 真であることが必要条件なので，素朴な T スキーマのうち片方がこれに対応しており（ここで使われるのは知識を表す述語だけであり，真理述語は使われていないことに注意），2) については，与えられた体系である式が証明された場合，その式が正当化とみなされることになるという規則になっている[47]．

非形式的な意味での証明可能性の概念を公理化した体系を考える場合，公理 K, 4 と推論規則 N にあたるものは不完全性定理の証明に使われる導出可能性条件 (derivability conditions) に対応しており，形式的な意味での証明可能性と共通である．S4 の様相が非形式的な意味での証明可能性に対応していると言われるのは，公理 T によっている．これは「証明可能ならば真」という

---

[44] 後にみるように，矛盾を導くためには K と 4 は必要でない．これらは S4 が知識，証明可能性という概念と関係した体系であることを示すために必要とされている．

[45] モンタギュは単著の [31] において，「様相」概念についての矛盾を検討している．

[46] この教説をプラトンに帰すことができるかについてはここでは態度を留保する．

[47] 信念については微妙な問題があるが，合理的信念の理想化された理論化という意味であれば，正当化された言明は信じるに足る理由をもつといってよいだろう．ちなみに，「信念」の概念に基づくパラドックスも存在する．こうした一連のパラドックスについては [7] を参照．[7] では「知者のパラドックス」と証明可能性論理 (GL) の関係も論じられている．なお，知識に関する哲学的な議論の中では（KK 原理 (KK principle) と呼ばれる）公理 4 が疑問に付されることが多いが，少なくともここではパラドックスの導出において何の役割も果たしていない．

内容を真理述語を使わずに表していると普通考えられている．形式的な意味での証明可能性を表す「証明可能性述語」を使ってこうした言明を定式化した場合，例えば $\mathrm{Pr_{PA}}(\cdot)$ を使った場合，$\mathrm{Pr_{PA}}(\varphi) \to \varphi$ は φ が PA で証明されない限り PA では証明されない．これはレーブの定理の内容そのものであった (cf. 第4章)．形式的な意味での証明可能性を算術の言語で定義された証明可能性述語によって表すのではなく，非形式的な意味での証明可能性を原始的な述語記号を使って表すところが，ここでの議論と不完全性定理との違いである．以下の議論では，矛盾に必要な公理と推論規則についてしか明示的には取り上げないが，条件 1), 2) に対応する公理 T，推論規則 N にあたるものは，非形式的な意味での証明可能性の満たすべき必要条件であるため，これらから導かれたパラドックスは非形式的な意味での証明可能性についてのパラドックスでもあるといってよいはずである．

ではここで，このパラドックスの説明に入ろう．まず形式言語 $\mathcal{L}_K$ を考える．これは算術の言語 $\mathcal{L}$ に一項述語 $K(x)$ を加えたものである．（コーディングも適切に拡張されているものとする．）この言語の上で，算術の形式体系 Q を考え，それに 1), 2) に対応する次の公理と推論規則を付加した体系 M を考える．

公理　　1. Q の公理
　　　　2. $K(\ulcorner\varphi\urcorner) \to \varphi$

推論規則　Nec　$\dfrac{\mathrm{M} \vdash \varphi}{\mathrm{M} \vdash K(\ulcorner\varphi\urcorner)}$

この体系 M について，次の定理が成り立つ．

定理 12.1.1　体系 M は矛盾する．

証明　体系 M において，対角化定理より，$\mathrm{M} \vdash \gamma \leftrightarrow \neg K(\ulcorner\gamma\urcorner)$ が証明できる．

1. $\gamma \to \neg K(\ulcorner\gamma\urcorner)$　（対角化）
2. $K(\ulcorner\gamma\urcorner) \to \gamma$　（公理）
3. $K(\ulcorner\gamma\urcorner) \to \neg K(\ulcorner\gamma\urcorner)$　(1, 2, 命題論理)
4. $\neg K(\ulcorner\gamma\urcorner)$　(3, 命題論理)

12.1 知者のパラドックス・様相述語・有限公理化不可能性定理

5. γ
6. $K(\ulcorner\gamma\urcorner)$ （Nec） □

ここでは，素朴な T スキーマの（右から左への含意にあたる）$\varphi \to K(\ulcorner\varphi\urcorner)$ の代わりに推論規則の形で，Nec という推論規則が使われている．一般に公理よりもそれに対応した推論規則の方が演繹的な力は弱くなる．知識の概念が演繹的な科学の中で真理の概念ほど強く必要とされるかどうかはよくわからないが，真理の場合よりも弱い前提に基づく矛盾であるという意味では，この体系における矛盾はタルスキの結果よりも強い結果といえる．なお，ここで矛盾を導く議論は，「この文は知られていない」という形で知られる日常言語で表現されるパラドックスの形式的な対応物であるといえるため，これを「**知者のパラドックス**」(the paradox of the knower) と呼ぶことにする[48]．

また，モンタギュはこれよりも直観的にさらに弱く見える体系において矛盾を導いている[49]．その体系 M' は（論理の公理と推論規則に加えて）以下の通りである．ただし，ここでは推論規則としてモーダス・ポネンスだけをもつ一階述語論理の定式化を使う．(cf. [37])

公理 1. Q の公理
2. $K(\ulcorner\varphi\urcorner) \to \varphi$
3. $K(\ulcorner K(\ulcorner\varphi\urcorner) \to \varphi\urcorner)$
4. $K(\ulcorner\varphi \to \psi\urcorner) \to (K(\ulcorner\varphi\urcorner) \to K(\ulcorner\psi\urcorner))$

推論規則 $\dfrac{\vdash \varphi}{M' \vdash K(\ulcorner\varphi\urcorner)}$ （φ は論理的公理）．

論理のみで導出可能ということを $\vdash_L$ と書くと，次が証明できる．

主張 1 $\dfrac{\vdash_L \varphi}{M' \vdash K(\ulcorner\varphi\urcorner)}$

証明 φ の論理的導出の証明の長さに関する帰納法．（M' の公理 4 と推論規則を使う．） □（主張 1）

---

[48] この非形式的なパラドックスにおける直観的な矛盾の導出は，読者の練習問題としておく．

[49] 言うまでもなく，どちらも矛盾しているのだから，形式的には二つの体系は同値である．ここでは算術を含まない断片が直観的に言ってどれだけの強さをもつかということを問題にしている．

定理 12.1.2（モンタギューのパラドックス） 体系 M′ は矛盾する．

証明 Q の公理の連言を χ と書くと，まず対角化定理より，次の言明が得られる．$Q \vdash \gamma \leftrightarrow K(\ulcorner \chi \to \neg\gamma \urcorner)$．$\vdash_L \chi \to (\gamma \leftrightarrow K(\ulcorner \chi \to \neg\gamma \urcorner))$．

主張 2 $\vdash_L (K(\ulcorner \chi \to \neg\gamma \urcorner) \to (\chi \to \neg\gamma)) \to (\chi \to \neg\gamma)$．

証明 この言明の証明は読者の演習問題とする． □（主張2）

ところで，$M' \vdash K(\ulcorner K(\ulcorner \chi \to \neg\gamma \urcorner) \to (\chi \to \neg\gamma) \urcorner)$（公理3）．したがって，$M' \vdash K(\ulcorner (\chi \to \neg\gamma) \urcorner)$．公理2と合わせて，$M' \vdash \chi \to \neg\gamma$．ところで，対角化定理より，$M' \vdash K(\ulcorner (\chi \to \neg\gamma) \urcorner) \to \gamma$．$M' \vdash K(\ulcorner (\chi \to \neg\gamma) \urcorner) \to \neg\chi$．したがって，$M' \vdash \neg\chi$．しかし当然，$M' \vdash \chi$． □

この定理で注目すべき論点は次の二つであると考えられる．

1. Q の有限公理化可能性を利用して，論理だけで導出できる言明とそれを超える言明の区別をし，かつそれぞれの言明の果たす役割を明確にしている．（これが次節の有限公理化不可能性定理の証明に本質的に効いている．）
2. 矛盾の導出に必要な Nec の特定の例を公理 3 の形で取り出している．これは推論規則 Nec を使うよりもかなり弱い条件であるといえる．しかし矛盾を導くにはこれで十分なのである．（これは K を証明可能性述語とみなした場合，局所的反映原理 (local reflection principle) に証明可能述語を一つ付加した式であることに注意．）

注意 12.1.3 1. **モンタギューのパラドックス**（定理 12.1.2）と上で言及した [33] におけるマイヒルのパラドックスは形式的には著しい類似性をもつが，彼らの「解決」は，パラドックスがどのような概念に関する問題を示しているかについての彼らの考えを反映して全く異なったものになっている．

2. マイヒルは「知者のパラドックス」とほぼ同じパラドックスを，非形式的な「証明」の概念を探究する過程で，S4 の体系における様相オペレータ $\Box\varphi$ を様相述語 $K(\ulcorner \varphi \urcorner)$ に置き換えることによって定式化した．

12.1 知者のパラドックス・様相述語・有限公理化不可能性定理

マイヒルはこのパラドックスの原因を様相述語が現れる文に様相述語が自己適用されることに求めている（そのため様相述語の中には算術的言明（のコード）のみが現れるように述語の適用を制限するというのがパラドックスの解決になる）．自己適用が全面的に禁止されるというこうした制約はタルスキによる型付けの議論と本質的に同じものである．（実際，マイヒルは [33] において，非形式的な意味での証明可能性の自己適用を考える場合には，「より高いオーダー」の非形式的な意味での証明可能性を表す述語が必要であると述べている．）確かにそうした自己適用を排除することは矛盾を回避するのに十分である．しかしながら，クリプキ以後の真理論という背景の下ではこの制約は強すぎるようにみえる．ちなみに，「知者のパラドックス」については，真理論におけるクリプキのそれのように圧倒的な影響力をもつ議論というのはこれまでのところ存在していない．

3. モンタギューはマイヒルとは全く異なった角度からこのパラドックスについて議論している．その論点について述べるには 1960 年代（様相論理に関するクリプキ・モデルの流行する前）における様相論理を巡る論争状況をある程度理解しておかなくてはならない．特に，クワイン (Quine) の**様相論理批判** [38] には言及しておくべきである．クワインはこの中で様相概念に関する三つの異なった定式化を取り上げている．

a. 様相述語を文（閉論理式）の名前に適用するもの
b. 様相オペレータを文（閉論理式）に適用するもの
c. 様相オペレータを自由変項をもつ論理式に適用するもの

クワインは c が問題であると言う．$\Box A(x)$ のような式（x は自由変項）が与えられた場合，この外側から存在量化子をかけて $\exists x \Box A(x)$ のような式（あるいは文）を構成することができる．この存在量化子の解釈は，「必然的に $A(x)$ であるような x が存在する」となり，存在者が必然的にもつ性質ということになる．このためクワインはこれをアリストテレス的本質主義の復活であるとして批判した．

クワインのこうした様相論理批判を受け，モンタギューはクワインが無害とみなした a の場合でもそれが算術と組み合わされる場合には問題となり得ることを示したのである[50]．

---

[50] 様相述語の使用が問題であるというモンタギューの立場が正しいかどうかは，結局のところ様

このことから推察すると，モンタギュの関心は様相述語の使用自体にあるように思われる．パラドックスの解消（あるいは解決）という観点から敢えて分類するなら，これはフェファーマンの分類でいう B1 に対応するようにもみえるかもしれない．しかしながら，モンタギュは矛盾した体系の無矛盾な下位体系を定式化するという，通常の意味でのパラドックスの解消（あるいは解決）にではなく，パラドックスから数学的定理を「取り出す」ための議論に主に関心をもっている（次節を参照）．これはパラドックスに対する態度の一つとして興味深いものといえる．

(II) 有限公理化不可能性

モンタギュ等の様相（知識，非形式的な意味での証明可能性）述語についてのパラドックスは，必ずしも様相，知識，非形式的な意味での証明可能性といった概念に論理的な制約を与えるだけでなく，算術を含む，ある種の形式的体系の**有限公理化不可能性**についての定理への応用をもつ．この節の目標はその定理を証明することである．

その定理を述べるため，まず必要な定義を与える．

定義 12.1.4 X を自然数の集合，T を理論（通常は形式体系のみ），1), 2) では φ を T の言語 ($\supseteq \mathcal{L}$) における（唯一の変項 x をもつ）式とする．このとき

1) $n \in X$ のときにはいつでも $T \vdash \varphi(\overline{n})$ が成立するなら，φ は X を T において超算出する (supernumerate) という．

2) $n \in X$ であるのは $T \vdash \varphi(\overline{n})$ であるとき，かつそのときのみであるならば，φ は X を T において算出する (numerate) という．

3) f を自然数上の関数とする．x, y のみを変項としてもつ T の言語の式 φ で，任意の自然数 n について，$T \vdash \varphi(\overline{n}, y) \leftrightarrow y = \overline{f(n)}$ が成り立つものが存在するとき，f は T において関数的に算出可能 (functionally numerable) という[51]．

ここでまず次の定理を述べておこう．（これはその次の定理の証明に使われる．）

相述語，様相オペレータの定式化次第であるという風に現在では考えられている (cf. [7])．

[51] 2), 3) は第 4 章の「弱表現可能」，「関数 f が表現可能」とそれぞれ本質的に同じ概念である．

定理 12.1.5 T を次のような条件を満たす無矛盾な形式体系, $P(x)$ を次の条件を満たす (x を唯一の変項としてもつ) T の言語の式とする.

1) T は Q の拡張である ($Q \subseteq T$).
2) $P(x)$ は T において証明可能な文を超算出する.

このとき, 次のような文 φ が存在する: $T \nvdash P(\ulcorner \varphi \urcorner) \to \varphi$.

証明 T の言語の任意の文について, $T \vdash P(\ulcorner \varphi \urcorner) \to \varphi$ が成り立つとすると, この定理の仮定は, 定理 12.1.1 の条件を満たすため, 無矛盾ではあり得ない. □

このとき, この節の核心となる次の定理が成り立つ.

定理 12.1.6 (有限公理化不可能性) T を次の条件の成り立つ形式体系とする. x を唯一の変項としてもつ T の言語の式 $P(x)$ について,

1) T は Q の拡張である.
2) $P(x)$ は論理的に妥当な式の集合を T で超算出する ($\vdash_L \varphi \Rightarrow T \vdash P(\ulcorner \varphi \urcorner)$).
3) (T の言語の各文 φ について) $T \vdash P(\ulcorner \varphi \urcorner) \to \varphi$.

このとき, T が無矛盾ならば, T は有限公理化不可能である.

証明 この定理の証明の着想は先述の理論 M′ の矛盾の導出に基づく. T が有限公理化可能であり, χ をその有限個の公理の連言とする.

補題 12.1.7 T が Q の拡張であるとする. そのとき, すべての一項再帰関数は関数的に算出可能 (functionally numerable) である.

補題の証明 [2] をみよ. □ (補題)

この補題と条件 1 からある二項式 R が存在して, $T \vdash R(\ulcorner \varphi \urcorner, y) \leftrightarrow y = \ulcorner \chi \to \varphi \urcorner$ が成り立つ. このとき $S(x)$ を $\exists y(R(x,y) \land P(y))$ という式とする. この $S(x)$ は T で証明可能な文を T において超算出する. なぜなら, 条件 2 および S の定義より, $\{\varphi | T \vdash \varphi\} \subseteq \{\varphi | \vdash_L \chi \to \varphi\} \subseteq \{\varphi | T \vdash P(\ulcorner \chi \to$

$\varphi\urcorner)\} = \{\varphi | T \vdash S(\ulcorner\varphi\urcorner)\}$ となるからである．

ここで我々が考えている形式体系 T, 述語 S は定理 12.1.5 の条件を満たす．そのため，$T \nvdash S(\ulcorner\psi\urcorner) \to \psi$ となるような ψ が存在する．

他方，定義より，$T \vdash S(\ulcorner\psi\urcorner) \to \exists y(R(\ulcorner\psi\urcorner, y) \land P(y))$ が成り立つ．このとき上述の R の条件より，$T \vdash R(\ulcorner\psi\urcorner, y) \leftrightarrow y = \ulcorner\chi \to \psi\urcorner$ が成り立つ．したがって，$T \vdash S(\ulcorner\psi\urcorner) \to \exists y(y = \ulcorner\chi \to \psi\urcorner \land P(y))$．$T \vdash S(\ulcorner\psi\urcorner) \to P(\ulcorner\chi \to \psi\urcorner)$．

$T \vdash S(\ulcorner\psi\urcorner) \to (\chi \to \psi)$．$T \vdash S(\ulcorner\psi\urcorner) \to \psi$．しかしこれは上の定理の適用例と矛盾．ゆえに，$T$ は無矛盾ならば，有限公理化不可能である． □

系 12.1.8 PA は有限公理化不可能である．

証明 この P として，具体的に Q に関する証明可能性述語 $\mathrm{Pr_Q}(x)$ を採ると，PA はこの定理の T の条件を満たす[52]．（$Q \subseteq \mathrm{PA}$ かつ $\mathrm{PA} \vdash \mathrm{Pr_Q}(\ulcorner\varphi\urcorner) \to \varphi$ であることに注意．） □

12.2 真理の改訂理論に基づく意味論

クリプキの意味的真理論の基本的な着想は古典論理に制限を加えることによって，真理述語の自己適用，反復適用を可能にするということにあった[53]．

この立場では，真理述語の意味というのは，ある一つのモデルにおけるギャップのある外延，反外延を真理述語の解釈とすることによって与えられると考える．これに対して各々のモデルでは古典的な意味での外延を $T(x)$ の解釈として採るけれども，真理述語 $T(x)$ の意味は一つのモデルにおける外延ではなく，真理述語の解釈を一つの外延から他の外延に「改訂」(revise) していく過程によって与えられるとするのが「**真理の改訂理論**」(the revision theory of truth) である．改訂理論は明らかに，真理の自己適用に道を開いたクリプキの理論の影響下にある理論であり，クリプキが開いた真理の自己適用を許容す

---

[52] PA の有限公理化不可能性定理にはいくつかの証明が知られているが，この証明はその中でも最も簡潔なものの一つといえる．

[53] 上の脚注 31 で述べたように，クリプキはそれが古典論理からの本質的な逸脱であることを否定している．その議論は，ある文が命題を表現しないと考えることは命題に関する二値原理を否定することを意味しないというものである．とはいえ，やはりクリプキの真理論を先述のフェファーマンのやり方で分類するとすれば，論理を変更するものに分類するのが妥当であろう．

12.2 真理の改訂理論に基づく意味論

る理論の可能性を，古典論理を保持しながら追究したところで得られた意味論的理論といえる．この節では，真理の改訂理論の基本的な考え方を説明する．なお，この意味論そのものは様相の概念とは直接関係しない[54]．様相との関係については次節で明らかになる．

「真理の改訂理論」の着想は次のように説明できる．

1) まず算術の標準モデル $\mathbb{N}$ に $T(x)$ の外延として ω の任意の部分集合 S を組み合わせた $(\mathbb{N}, S)$ を考える．(S は ω の任意の部分集合でよい．$\emptyset$ でもよい．）また，外延の意味から，

$$(\mathbb{N}, S) \models T(\ulcorner \varphi \urcorner) \text{ iff } \varphi \in S$$

が成り立つ．（ここで $\varphi \in \mathcal{L}_T$ であり，また $\models$ は単純に古典的な二値論理に基づく「...は...のモデルである」という関係である．）

2) このモデルにより $(\mathbb{N}, S) \models \varphi$ となる場合，ここで真になる文を，次に真理述語の解釈を改訂した際に得られるモデル $(\mathbb{N}, S')$ の真理述語の外延の要素とする．

3) これが真理述語の「改訂」の過程ということになる．真理の改訂理論では，当初任意に選ばれた $T(x)$ の外延が改訂され，この「改訂」(revision) が（有限回あるいは超限回）繰り返される．改訂意味論はその過程を「記述する」．（高々有限回の改訂を考える場合，「真理述語の外延となる自然数の集合からなる集合族」は，こうした改訂の過程において単調に減少する（命題 12.2.4）．それゆえ，この過程を真理述語の外延として不適切なものが排除される過程と考えることができる．）

改訂理論はグプタ (Gupta) [14] とハーツバーガー (Herzberger) [21] によって独立に構想された．高々有限回の改訂に関しては両者の定義は同一であるが（両者の理論は超限回の改訂に関する改訂規則において異なる），彼らの動機はかなり異なっている．

非古典論理を使って不動点による意味論を構築するのではなく，古典論理を維持した上で，クリプキの議論に現れる真理論の構成段階のような発想を採っ

---

[54] [15] では様相論理の意味論が改訂理論を使って与えられているが，それはまた別の話題である．

た場合，嘘つき文は段階ごとに真になったり偽になったりする．この改訂の過程を純粋に記述する理論を構成することがハーツバーガー [21] の目的であった．そのため，ハーツバーガーは自らの理論を「素朴意味論」と呼んでいる．（改訂の段階を超限回繰り返した場合，$\mathcal{L}_T$ の文が，ある段階以降，真のままである (stably true) / 偽のままである (stably false) / 真偽の変化を繰り返す (unstable) という三つのクラスに分類される．ただし，これらの概念は本稿のカバーする範囲を超える[55]．）

これに対しグプタ [15] は，普通に定義を与えようとすると循環してしまう概念について，循環的定義であっても意味をもつ定義を与えることができる一般的な枠組みとして「改訂理論」を考えた．真理の概念はそうした循環的な概念の例になる．普通，被定義項に定義項が現れるという形の循環的定義はまともな定義ではないとされている．グプタらは，こうした制約をある程度緩めることができるということを彼らの循環的定義の理論によって示した．

この節では，高々有限回の改訂において，真理述語についてどのような解釈がなされるのかに焦点を合わせる．（その理由については，12.3 節を参照．）

ここで，有限回の反復を含む改訂意味論について必要な定義を与える．

定義 12.2.1 ω の部分集合 S について，改訂オペレータ $\Gamma\colon \mathcal{P}(\omega) \longrightarrow \mathcal{P}(\omega)$ を次のように定義する．

$$\Gamma(S) := \{\ulcorner\varphi\urcorner \mid \varphi \text{ は } \mathcal{L}_T \text{ の文であり，かつ } (\mathbb{N}, S) \models \varphi\}.$$

この定義より，$\mathcal{L}_T$ の文 φ については，$(\mathbb{N}, S) \models \varphi$ iff $\ulcorner\varphi\urcorner \in \Gamma(S)$ が成り立つ．（この定義はクリプキによる段階によるモデルの構成を古典論理の上に置き直したものにほぼ相当する．ただし，任意の集合から始めてよい．また古典論理に基づくため，このオペレータに不動点は存在しない．）次の命題はこの定義の直接的な帰結である．クリプキの場合と異なり，S と $\Gamma(S)$ がズレるところがこの場合の特徴である．

命題 12.2.2 $\mathcal{L}_T$ のどの文 φ についても，$(\mathbb{N}, \Gamma(S)) \models T(\ulcorner\varphi\urcorner)$ iff $(\mathbb{N}, S) \models \varphi$.

---

[55] 超限回の改訂を含む場合の数学的な分析については，[15], [30] を参照せよ．また，超限回の改訂を含む改訂理論と，無限時間テューリング機械 (infinite time Turing machine) との間には深い関係のあることが知られている (cf. [28], [45])．

証明 $(\mathbb{N}, \Gamma(S)) \models T(\ulcorner \varphi \urcorner)$ iff $\ulcorner \varphi \urcorner \in \Gamma(S)$ （$T(x)$ の外延の条件より）
iff $(\mathbb{N}, S) \models \varphi$ （Γ の定義より） □

このオペレータ Γ の有限回の反復は次のように帰納的に定義される．
i) $\Gamma^0(S) := S$
ii) $\Gamma^{n+1}(S) := \Gamma(\Gamma^n(S))$

また真理述語 $T(x)$ の反復適用にも次のような帰納的定義を与えておく．（ここで t は $\mathcal{L}_T$ の閉項．）
i) $T^1(t) := T(t)$
ii) $T^{n+1}(t) := T(\ulcorner T^n(t) \urcorner)$

命題 12.2.3 1. オペレータ Γ が表す関数は単射である．
2. $\mathcal{L}_T$ において，どの $n \in \omega$ $(n \geq 1)$ についても，次が成り立つ．

$$(\mathbb{N}, \Gamma^n(S)) \models T^n(\ulcorner \varphi \urcorner) \text{ iff } (\mathbb{N}, S) \models \varphi.$$

3. どの $n \in \omega$ $(n \geq 1)$ についても，どの $S \subseteq \omega$ についても，$\Gamma^n(S) \neq S$.

証明 1. $S_1 \neq S_2$ と仮定する．つまり，ある自然数 n について，(w.l.o.g.) $(\mathbb{N}, S_1) \models T(\overline{n})$ かつ $(\mathbb{N}, S_2) \not\models T(\overline{n})$. したがって，$\ulcorner T(\overline{n}) \urcorner \in \Gamma(S_1)$ かつ $\ulcorner T(\overline{n}) \urcorner \notin \Gamma(S_2)$. ゆえに，$\Gamma(S_1) \neq \Gamma(S_2)$.

2. n についての帰納法による．$n = 1$ の場合．これは命題 12.2.2 そのもの．$n = k$ のときこの命題が成立すると仮定し，$n = k+1$ の場合を示す．
$(\mathbb{N}, \Gamma^{k+1}(S)) \models T^{k+1}(\ulcorner \varphi \urcorner)$ iff $(\mathbb{N}, \Gamma(\Gamma^k(S))) \models T(\ulcorner T^k(\ulcorner \varphi \urcorner) \urcorner)$ iff $(\mathbb{N}, \Gamma^k(S)) \models T^k(\ulcorner \varphi \urcorner)$ （命題 12.2.2 より）iff $(\mathbb{N}, S) \models \varphi$ (by IH).

3. 対角化定理により，$\text{PA} \vdash \gamma \leftrightarrow T^n(\ulcorner \neg \gamma \urcorner)$.
ところで，$(\mathbb{N}, \Gamma^n(S))$ は PA のモデルだから，$(\mathbb{N}, \Gamma^n(S)) \models \gamma$ iff $(\mathbb{N}, \Gamma^n(S)) \models T^n(\ulcorner \neg \gamma \urcorner)$ iff $(\mathbb{N}, S) \models \neg \gamma$. $\Gamma^n(S) = S$ とすると矛盾する．したがって，$\Gamma^n(S) \neq S$. □

$M \subseteq \mathcal{P}(\omega)$ が与えられたとき，Γ による $S \in M$ の像の集合を次のように書く．

$$\Gamma[M] := \{\Gamma(S) | S \in M\}$$

この記法の n 回の反復は $\Gamma^n[M]$ と書く．このとき次の命題 12.2.4 が成り立つ．直観的には，この命題は自然数の任意の集合から出発する場合，真理述語の外延となり得る自然数の集合からなる集合族が，改訂が進むにつれて単調に減少していくことに対応している．またその次の命題 12.2.5 は改訂の有限回の反復の極限を通じては，真理述語の外延となり得る自然数の集合は得られないということを意味する．(これは，真理述語を含むある種の形式体系は ω 矛盾するという，**マギーの定理** (McGee's theorem) [29][56]の意味論ヴァージョンにあたる．)

命題 12.2.4 どの $n, k \in \omega$ についても，$n \leq k$ ならば，$\Gamma^k[\mathcal{P}(\omega)] \subseteq \Gamma^n[\mathcal{P}(\omega)]$．

証明 $n = 0$ のとき，$\Gamma^0[\mathcal{P}(\omega)] = \mathcal{P}(\omega)$ であるから，明らかに $\Gamma[\mathcal{P}(\omega)] \subseteq \mathcal{P}(\omega)$．

(また $n = k$ のときも自明なので) $\Gamma^{n+2}[\mathcal{P}(\omega)] \subseteq \Gamma^{n+1}[\mathcal{P}(\omega)]$ の場合を示せば十分．$S_2 \in \Gamma^{n+2}[\mathcal{P}(\omega)]$ と仮定する．このとき，$\exists S_1 \in \Gamma^{n+1}[\mathcal{P}(\omega)]$, s.t. $\Gamma(S_1) = S_2$．

IH より，$\Gamma^{n+1}[\mathcal{P}(\omega)] \subseteq \Gamma^n[\mathcal{P}(\omega)]$．ゆえに，$S_1 \in \Gamma^n[\mathcal{P}(\omega)]$．これから，$\exists S_3 \in \mathcal{P}(\omega)$, s.t. $S_1 = \Gamma^n(S_3)$ が帰結する．したがって，$\Gamma(S_1) = \Gamma(\Gamma^n(S_3)) = \Gamma^{n+1}(S_3)$．

ゆえに，$\Gamma(S_1) \in \Gamma^{n+1}[\mathcal{P}(\omega)]$．$S_2 = \Gamma(S_1)$ だから，$S_2 \in \Gamma^{n+1}[\mathcal{P}(\omega)]$． □

命題 12.2.5 $\bigcap_{n \in \omega} \Gamma^n[\mathcal{P}(\omega)] = \emptyset$．

証明 $\bigcap_{n \in \omega} \Gamma^n[\mathcal{P}(\omega)] \neq \emptyset$ と仮定し，矛盾が導かれることを示す．

仮定より，$S_0 \in \bigcap_{n \in \omega} \Gamma^n[\mathcal{P}(\omega)]$ となる，ある集合 S_0 が存在する．このとき，$\Gamma(S_{n+1}) = S_n$ を満たす，$S_0, S_1, S_2, \ldots$ という無限の鎖 (chain) が存在する．(Γ は単射なので，各 $m \in \omega$ について $S_m \in \bigcap_{n \in \omega} \Gamma^n[\mathcal{P}(\omega)]$ となるか

---

[56]Q を含む形式体系 S が ω 矛盾するには，次の条件を満たせば十分である．(0) first-order consequence について閉じている．(1) $\forall x(\text{Sent}_T(x) \to (T(\neg x) \to \neg T(x)))$．(2) $\forall x \forall y(\text{Sent}_T(x \veebar y) \to (T(x \veebar y) \to (T(x) \vee T(y))))$．(3) $\forall x(\text{Sent}_T(\forall vx) \to (T(\forall vx) \to \forall t T(v/t)))$．(4) 推論規則 $\dfrac{S \vdash \varphi}{S \vdash T(\ulcorner \varphi \urcorner)}$ に関して閉じている．

12.2 真理の改訂理論に基づく意味論

ら.)

ここで矛盾を示すために,次のような二項の原始再帰関数 f を使う.この f は数 n と文 φ に適用されたとき,真理述語を n 回適用した文を構成する.つまり,

$$f(\ulcorner\overline{n}\urcorner,\ulcorner\varphi\urcorner) := \underbrace{T(\underline{T}(\cdots(\underline{T}(\ulcorner\varphi\urcorner)\cdots)}_{n \text{ 回の適用}}$$

(この原始再帰的関数は,関数記号 f を使って PA の中で表現され得る.)

対角化定理により,次の同値式が PA の公理から($\mathcal{L}_T$ において)証明される.

$$\text{PA} \vdash \gamma \leftrightarrow \exists x \neg T(\underline{f}(\dot{x},\ulcorner\gamma\urcorner)) \quad (\text{マギー文})$$

したがって,この式は PA の任意のモデルで,特にその PA のモデルを付加的な集合 S_k(任意の k)による $T(x)$ の解釈によって拡張した任意のモデルで,成り立つ.

ゆえに,任意の $k \in \omega$ について,$(\mathbb{N}, S_k) \models \gamma \leftrightarrow \exists x \neg T(\underline{f}(\dot{x},\ulcorner\gamma\urcorner))$ が成り立つ.

$(\mathbb{N}, S_k) \models \neg\gamma$ iff $(\mathbb{N}, S_k) \models \forall x T(\underline{f}(\dot{x},\ulcorner\gamma\urcorner))$
iff どの $n > k$ についても,$(\mathbb{N}, S_n) \models \gamma$(命題 12.2.3).(1)[57]
iff どの $n > k$ についても,$(\mathbb{N}, S_n) \models \exists x \neg T(\underline{f}(\dot{x},\ulcorner\gamma\urcorner))$(マギー文).
iff どの $n > k$ についても,ある $i \in \omega$ が存在し,$(\mathbb{N}, S_n) \models \neg T(\underline{f}(\ulcorner\overline{i}\urcorner,\ulcorner\gamma\urcorner))$
($\mathbb{N}$ が標準的モデルであることに注意.)
iff どの $n > k$ についても,ある $i \in \omega$ が存在し,

$$(\mathbb{N}, S_n) \models \neg T(\underbrace{\underline{T}(\cdots(\underline{T}(\ulcorner\gamma\urcorner))\cdots))}_{i \text{ 回の適用}} \quad (f \text{ の定義})$$

iff どの $n > k$ についても,ある $i \in \omega$ が存在し,$(\mathbb{N}, S_{n+i+1}) \models \neg\gamma$(命題 12.2.3)*

---

[57]ただし,この命題の証明の中の定義では $\Gamma(S_{n+1}) = S_n$ となることに注意.下の*も同様.

iff ある $n > k$ が存在し, $(\mathbb{N}, S_n) \models \neg\gamma$. (2)[58]

(1) と (2) が同値になる. これは矛盾である. したがって, $\bigcap_{n\in\omega} \Gamma^n[\mathcal{P}(\omega)]$
$= \emptyset$ が証明された. □

---

[58]最後のステップの証明の詳細は再構成が必ずしも容易でないかもしれないため, その詳細を書いておく. $\forall n > k, \exists i \in \omega, (\mathbb{N}, S_{n+i+1}) \models \neg\gamma$ iff $\exists n > k, (\mathbb{N}, S_n) \models \neg\gamma$ を証明する.

$\Longrightarrow$) $\forall n > k, \exists i \in \omega, (\mathbb{N}, S_{n+i+1}) \models \neg\gamma$ と仮定する. n として特定の値 $k+1$ をとる. $k+1 > k$ だから, $\exists i \in \omega, (\mathbb{N}, S_{(k+1)+i+1}) \models \neg\gamma$. また明らかに $(k+1)+i+1 > k$ だから, $\exists n > k, (\mathbb{N}, S_n) \models \neg\gamma$.

$\Longleftarrow$) $\exists n > k, (\mathbb{N}, S_n) \models \neg\gamma$ かつ $\neg\forall n > k, \exists i \in \omega, (\mathbb{N}, S_{n+i+1}) \models \neg\gamma$ と仮定し, 矛盾を導く. 後者は, $\exists n > k, \forall i \in \omega, (\mathbb{N}, S_{n+i+1}) \models \gamma$ と同値. 二つの存在言明のそれぞれについて, 自然数の値 n_1, n_2 をとって議論を進める. これにより, a) $(\mathbb{N}, S_{n_1}) \models \neg\gamma$ と, b) $\forall i \in \omega, (\mathbb{N}, S_{n_2+i+1}) \models \gamma$ が得られる. ここで, n_1 と n_2 の大小により, 三つの場合を考える.

1) $n_1 > n_2$. この場合には, i として $n_1 - n_2 - 1$ をとればよい ($n_1 > n_2$ より, そのような自然数は常に存在する). このとき, b) より, $(\mathbb{N}, S_{n_2+(n_1-n_2-1)+1}) \models \gamma$. ところが, この言明は $(\mathbb{N}, S_{n_1}) \models \gamma$ と同値である. したがって, 矛盾.

2) $n_1 = n_2$. この場合には, γ の不動点としての性質を使い, 次の二つの言明が得られる. a) より, c) $(\mathbb{N}, S_{n_1}) \models \forall x T(\underline{f}(\dot{x}, \ulcorner\gamma\urcorner))$. b) より, $\forall i \in \omega, (\mathbb{N}, S_{n_2+i+1}) \models \exists x \neg T(\underline{f}(\dot{x}, \ulcorner\gamma\urcorner))$. これは次のように同値変形できる. $\forall i \in \omega, \exists j > 0, (\mathbb{N}, S_{n_2+i+1}) \models \neg T^j(\ulcorner\gamma\urcorner)$ iff $\forall i \in \omega, \exists j > 0, (\mathbb{N}, S_{n_2+i+1}) \not\models T^j(\ulcorner\gamma\urcorner)$ iff $\forall i \in \omega, \exists j > 0, (\mathbb{N}, S_{n_2}) \not\models T^{j+i+1}(\ulcorner\gamma\urcorner)$ (S_n のとり方より, $(\mathbb{N}, S_{n+1}) \models \varphi$ iff $(\mathbb{N}, S_n) \models T(\ulcorner\varphi\urcorner)$ が成り立つ). これを d) と呼ぶ. d) について, i を一つ決め (i_1), それに依存した j を決めて (j_{i_1}) 議論する. $(\mathbb{N}, S_{n_2}) \not\models T^{j_{i_1}+i_1+1}(\ulcorner\gamma\urcorner)$. また c) より $(\mathbb{N}, S_{n_1}) \models T^{j_{i_1}+i_1+1}(\ulcorner\gamma\urcorner)$. $n_1 = n_2$ だから, これは矛盾.

3) $n_2 > n_1$. この場合にも b) の同じ例 $(\mathbb{N}, S_{n_2}) \not\models T^{j_{i_1}+i_1+1}(\ulcorner\gamma\urcorner)$ を考える. c) の x の値を $n_2 - n_1 + j_{i_1} + i_1$ のようにとると, $(\mathbb{N}, S_{n_1}) \models T(\ulcorner T^{n_2-n_1+j_{i_1}+i_1}(\ulcorner\gamma\urcorner)\urcorner)$. 上と同様の議論により, これは次のように同値変形できる. $(\mathbb{N}, S_{n_1}) \models T^{n_2-n_1+j_{i_1}+i_1+1}(\ulcorner\gamma\urcorner)$ iff $(\mathbb{N}, S_{n_1+(n_2-n_1)}) \models T^{j_{i_1}+i_1+1}(\ulcorner\gamma\urcorner)$ iff $(\mathbb{N}, S_{n_2}) \models T^{j_{i_1}+i_1+1}(\ulcorner\gamma\urcorner)$. これは矛盾.

以上の議論により, 初めの仮定は矛盾することが示された.

12.3　フリードマン – シェアドの公理系と改訂意味論

ここで取り上げるのは，**フリードマン – シェアド** (Friedman-Sheard, FS) という公理系とその部分体系である．FSと呼ばれている体系は，先述のフェファーマンによるパラドックスの解消の分類で B3 に属する．彼らはクリプキの理論の影響のもとに，自己適用の可能な真理述語に関しての公理系を構成した．しかしクリプキの場合とは異なり，古典論理を前提にした上で真理に関する公理，推論規則に制限を加えることで，真理述語の自己適用を許容しながら矛盾を回避したのである．この節ではこの公理系について説明し，真理の改訂理論とこの体系の関係について述べる．

もともと FS という体系は，[12] において定式化されたいくつかの公理系のうちの一つであった．この論文において，フリードマン (Friedman) らは真理に関して直観的に正しく見える公理と推論規則をリストアップし，それらの（古典論理上の）極大無矛盾な組合わせを作り，いわば brute force によっていくつかの公理的真理論を定式化した．これらの理論においては，真理について直観的に正しいと通常考えられている原理（例えば，素朴なTスキーマ）よりは狭義に (strictly) 弱い原理，推論規則により公理化がなされている．このため，彼ら自身が論文 [12] の中で述べているように，フリードマンらの理論は真理についてのものというよりも，むしろ真理と非形式的な意味での証明可能性 (informal provability) の間の概念を公理的に扱ったものと考えられる．この意味でここで扱われている述語には様相的な側面があると言える．そうしたいくつかの体系の中で代表的な体系が現在では FS と呼ばれ，古典論理に基づく，タイプなしの，かつ（後に述べる）「対称的」という条件を満たす[59]公理的真理論の中で最もよく知られたものの一つとなっている．

ここでは，ハルバッハ [16], [19] によって後に再構成された，フリードマンらによる元の体系と同値な公理系（およびその部分体系）を紹介する．

ハルバッハによって再構成された体系は次のような特徴をもつ．

1. 10.3 節で議論した真理に関する合成性 (compositionality) に基づいて定式化されているタイプ付きの体系 CT の自然な拡張となっている[60]．

---

[59]KF+CONS は古典論理に基づくように変更を加えた上で公理化された，型をもたない理論だが，この「対称性」という条件を満たさない．

[60]ただし，$T(\ulcorner \varphi \urcorner) \to \varphi$ をもたないという点ではモンタギュの体系よりも弱い．後述のよう

2. 素朴な T スキーマを推論規則の形に弱めた次の二つの推論規則をもつ体系である．

$$\text{Nec } \frac{\text{FS} \vdash \varphi}{\text{FS} \vdash T(\ulcorner\varphi\urcorner)} \qquad \text{Conec } \frac{\text{FS} \vdash T(\ulcorner\varphi\urcorner)}{\text{FS} \vdash \varphi}$$

定義 12.3.1 推論規則 Nec, Conec をもつ体系を「**対称的** (symmetric)」という．

この公理系は，1) $\mathcal{L}$ の文については CT と同じ T 文を導出でき，かつ 2) 素朴な T スキーマを推論規則に弱めたものをもつ．この 2 点において，$\mathcal{L}$ についてはタルスキの十全性条件を満たし，$\mathcal{L}_T$ についても，タルスキの十全性条件に近いものを満たしているといえる．また，この対称性をもつことで，FS では外的論理／内的論理が一致する（KF の場合と比較せよ）．なお，以下で示す結果から，素朴な T スキーマを推論規則の形に弱めて算術の公理系に加えた体系は矛盾しないことが含意される．

FS を導入するにあたり，まず Nec, Conec をもたない FS の下位体系を導入する．ここで PAT とは，帰納法のスキーマに，$T(x)$ を含む代入例が現れ得るように PA を拡張したものである．

定義 12.3.2 FSN という体系は次のように定義される．

FS0. PAT の公理
FS1. (= CT1) $\forall s \forall t (T(s\underline{=}t) \leftrightarrow s^\circ = t^\circ)$.
FS2. $\forall x (\text{Sent}_T(x) \rightarrow (T(\underline{\neg}x) \leftrightarrow \neg T(x)))$
FS3. $\forall x \forall y (\text{Sent}_T(x\underline{\vee}y) \rightarrow (T(x\underline{\vee}y) \leftrightarrow (T(x) \vee T(y))))$
FS4. $\forall x (\text{Sent}_T(\underline{\exists}vx) \rightarrow (T(\underline{\exists}vx) \leftrightarrow \exists t T(x(v/t))))$

定義 12.3.3 FS とは FSN の公理をもち，それに Nec, Conec という二つの推論規則について閉じているという性質を付け加えることによって得られる体系である．

命題 12.3.4 FSN に次の式を付加した理論は矛盾する．

に FS は無矛盾なので（メタ理論の無矛盾性を仮定してだが），矛盾した体系より弱いのは当然である．

12.3 フリードマン-シェアドの公理系と改訂意味論

$$\text{Tsym: } \forall t(T(\underline{T}(t)) \leftrightarrow T(t^\circ))$$

証明 嘘つき文 γ のコードを表す閉項を t とする．このとき，PA $\vdash t = \ulcorner\gamma\urcorner$．
これにより，PAT $\vdash \gamma \leftrightarrow \neg T(t)$．ゆえに，PAT + Tsym $\vdash \gamma \leftrightarrow \neg T(\ulcorner T(\ulcorner\gamma\urcorner)\urcorner)$．

PAT + Tsym + FS2 $\vdash \gamma \leftrightarrow T(\ulcorner\neg T(\ulcorner\gamma\urcorner)\urcorner)$．
PAT + Tsym + FS2 $\vdash \gamma \leftrightarrow T(\ulcorner\gamma\urcorner)$．

$\gamma \leftrightarrow \neg T(\ulcorner\gamma\urcorner)$ は PA (in $\mathcal{L}_T$) で証明可能なので，FSN + Tsym は矛盾． □

Tsym は KF8 と同一なので，これも KF と FS の違いをよく表している[61]．

命題 12.3.5 FS $\vdash \forall x(\text{Sent}_T(x) \land \text{Pr}_{\text{PAT}}(x) \rightarrow T(x))$．

証明 PA に関する包括的反映原理 (global reflection principle) と同様． □

さて，FS の体系はもともと上述のように，古典論理を保持しつつ素朴な T スキーマを制限することによって，自己適用可能な真理述語の理論を展開するという動機をもっており，真理の改訂理論とは全く独立に構想されたものであった[62]．（共通するのは，真理の自己適用を認め，古典論理を保持するという

---

[61] この同値言明の片方ずつ付け足した場合には矛盾しないことが知られている (cf. [19])．
[62] 念のために FS のオリジナルな体系をここに記載しておく．様相論理との関係を見て取ることは，こちらの体系で比較した場合の方が容易である．（例えば，U-Inf とバーカン式の類似に注意．）

i) 公理 Base$_T$ ($\mathcal{L}_T$ における帰納法をもつ) PA の公理
 $\forall x \forall y(\text{Sent}_T(x) \land \text{Sent}_T(y) \rightarrow (T(x\underline{\rightarrow}y) \rightarrow (T(x) \rightarrow T(y))))$
 PAT-Refl $\forall x(\text{Sent}_T(x) \land \text{Pr}_{\text{PAT}}(x) \rightarrow T(x))$
 T-Cons $\forall x(\text{Sent}_T(x) \rightarrow \neg(T(x) \land T(\underline{\neg}x)))$
 T-Comp $\forall x(\text{Sent}_T(x) \rightarrow (T(x) \lor T(\underline{\neg}x)))$
 U-Inf $\forall v \forall x(\text{Sent}_T(\underline{\forall}vx) \rightarrow (\forall t T(x(v/t)) \rightarrow T(\underline{\forall}vx)))$
 E-Inf $\forall v \forall x(\text{Sent}_T(\underline{\exists}vx) \rightarrow (T(\underline{\exists}vx) \rightarrow \exists t T(x(v/t))))$

ii) 推論規則
 T-Intro $\varphi/T(\ulcorner\varphi\urcorner)$ (Nec)   T-Elim $T(\ulcorner\varphi\urcorner)/\varphi$ (Conec)
 $\neg$T-Intro $\neg\varphi/\neg T(\ulcorner\varphi\urcorner)$ $\neg$T-Elim $\neg T(\ulcorner\varphi\urcorner)/\neg\varphi$

ことである.）しかしながら意外なことに，FSの体系に適切な制限を加えたものは，改訂の回数が高々有限的な場合の改訂理論の公理化になっているということがハルバッハ [16] によって証明された．ここではその興味深い結果を紹介する．

まず，その制限された体系 FS_n を導入することから始める．

定義 12.3.6 [FS_n]

$FS_0 := PAT$（帰納法のスキーマには $\mathcal{L}_T$ の式を代入例として認める．）

$FS_1 := FSN + PAT$ に関する包括的反映原理 (global reflection principle for PAT) : $\forall x(\mathrm{Sent}_T(x) \land \mathrm{Pr}_{PAT}(x) \to T(x))$.

FS_n （$n > 1$ の場合）は次の点を除いて，FSと同じ体系である：

Nec は高々 $n-1$ 個の互いに異なった文に適用され得るのみである．

Conec についても同様である．

次の定理は上述の改訂意味論 $\Gamma^n[\mathcal{P}(\omega)]$ と FS_n の関係について述べている．

定理 12.3.7 いかなる $S \subseteq \omega$ についても，$S \in \Gamma^n[\mathcal{P}(\omega)]$ iff $(\mathbb{N}, S) \models FS_n$.

証明 1) $n = 0$. この場合には，$T(x)$ の外延にはいかなる制約も加えられない．どのような集合（$\subseteq \omega$）でも FS_n のモデル $(\mathbb{N}, S)$ の S となる（その逆も成立）．

2) $n = 1$ の場合

$\Rightarrow$) $S \in \Gamma^1[\mathcal{P}(\omega)]$ と仮定する．$\Gamma^1[\mathcal{P}(\omega)]$ の定義より，これは $S \in \{\Gamma(S') | S' \in \mathcal{P}(\omega)\}$. つまり，$\exists S' \in \mathcal{P}(\omega), S = \Gamma(S')$. この S' については，$(\mathbb{N}, S') \models PAT$. したがって，($\mathrm{Sent}_T(\ulcorner\varphi\urcorner)$ が成り立つ）すべての PAT の定理 φ について，$(\mathbb{N}, \Gamma(S')) \models T(\ulcorner\varphi\urcorner)$ が成り立つ．ゆえに，$(\mathbb{N}, \Gamma(S')) \models \forall x(\mathrm{Sent}_T(x) \land \mathrm{Pr}_{PAT}(x) \to T(x))$. すなわち，$(\mathbb{N}, S) \models \forall x(\mathrm{Sent}_T(x) \land \mathrm{Pr}_{PAT}(x) \to T(x))$. （これで PAT に関する包括的反映原理が成り立つことが示された[63]．）個々の公理に関する詳細は省く．

$\Leftarrow$) $(\mathbb{N}, S) \models FS_1$ と仮定する．$S' := \{k | (\mathbb{N}, S) \models T(\ulcorner T(\overline{k})\urcorner)\}$ ($= \{k | \ulcorner T(\overline{k})\urcorner \in S\}$) と定義する．次に，$\Gamma(S') = S$ を $\mathcal{L}_T$ の式の正の複雑さに関す

---

[63] 上の定式化では，テクニカルな理由から FS_1 の場合にのみ，PAT に関する包括的反映原理が付加されているため，改訂意味論がこの式を真にすることを証明しなければならない．

12.3 フリードマン - シェアドの公理系と改訂意味論

る帰納法によって証明する．(帰納法の詳細は読者に委ねる[64]．)

3) $n > 1$ の場合．

$\Rightarrow$) $S \in \Gamma^{n+1}[\mathcal{P}(\omega)]$ と仮定する．$(\mathbb{N}, S) \models \mathrm{FS}_{n+1}$ を証明することがここでの目標である．

$\Gamma^1[\mathcal{P}(\omega)]$ はすでに FSN のモデルであり，$n \leq k$ のとき $\Gamma^k[\mathcal{P}(\omega)] \subseteq \Gamma^n[\mathcal{P}(\omega)]$ となる．ゆえに，$S \in \Gamma^{n+1}[\mathcal{P}(\omega)]$ ならば $S \in \Gamma^n[\mathcal{P}(\omega)]$ であり，IH によって，$(\mathbb{N}, S) \models \mathrm{FS}_n$ がすでに成り立っていることがわかる．したがって，FS_{n+1} が Nec, Conec の $n+1$ 回目の適用について閉じていることを $(\mathbb{N}, S)$ が正当化することができれば十分．

Nec の場合：$\mathrm{FS}_n \vdash \varphi$ を仮定して $(\mathbb{N}, S) \models T(\ulcorner \varphi \urcorner)$ を示すことが目標．$S = \Gamma(S')$ となる S' を考える．$\mathrm{FS}_n \vdash \varphi$ は，$(\mathbb{N}, S') \models \varphi$ を含意する．したがって，$(\mathbb{N}, \Gamma(S')) \models T(\ulcorner \varphi \urcorner)$，これにより，$(\mathbb{N}, S) \models T(\ulcorner \varphi \urcorner)$．

Conec の場合：$\mathrm{FS}_n \vdash T(\ulcorner \varphi \urcorner)$ を仮定する．どの $S' \in \Gamma^n[\mathcal{P}(\omega)]$ についても，$(\mathbb{N}, S') \models T(\ulcorner \varphi \urcorner)$ (IH $\Rightarrow$)．したがって，どの $S'' \in \Gamma^{n-1}[\mathcal{P}(\omega)]$ についても，$(\mathbb{N}, S'') \models \varphi$ (命題 12.2.2)．ところで，$\Gamma^{n+1}[\mathcal{P}(\omega)] \subseteq \Gamma^{n-1}[\mathcal{P}(\omega)]$ かつ $S \in \Gamma^{n+1}[\mathcal{P}(\omega)]$ であるから，$S \in \Gamma^{n-1}[\mathcal{P}(\omega)]$ も成り立つ．ゆえに，$(\mathbb{N}, S) \models \varphi$．

$\Leftarrow$) $(\mathbb{N}, S) \models \mathrm{FS}_{n+1}$ と仮定する．このとき $S' := \{k | \ulcorner T(\bar{k}) \urcorner \in S\}$ ($n = 1$ の場合と同様に) とおく．S' には文（のコード）のみが含まれていることを示すことができるため，S' は次の性質を満たす．

$$S' = \{\ulcorner \varphi \urcorner | T(\ulcorner \varphi \urcorner) \in S\} = \{\ulcorner \varphi \urcorner | (\mathbb{N}, S) \models T(\ulcorner T(\ulcorner \varphi \urcorner) \urcorner)\}$$

これが次のような性質を満たすことを証明するのがここでの目標となる．

i) $S' \in \Gamma^n[\mathcal{P}(\omega)]$ かつ ii) $S = \Gamma(S')$．

（なぜなら，これが証明できれば，$\exists S^* \in \mathcal{P}(\omega), S = \Gamma^{n+1}(S^*)$ を示すのに十分であり，$S \in \{\Gamma^{n+1}(S^*) | S^* \in \mathcal{P}(\omega)\}$，すなわち $S \in \Gamma^{n+1}[\mathcal{P}(\omega)]$ を証明できるから．）

ii) の証明は本質的に $n = 1$ の場合と同じであるので，ここでは詳細を省く．以下 i) を次のように証明する．$\mathrm{FS}_n \vdash \varphi$ から $\mathrm{FS}_{n+1} \vdash T(\ulcorner \varphi \urcorner)$ を推論で

---

[64]なお，この証明の中では「$k \in S'$ iff $\ulcorner T(t) \urcorner \in S$ かつ $\mathbb{N} \models t^\circ = k$ となるような閉項 t が存在する」という命題が使われることに注意．

きる．仮定より，$(\mathbb{N}, S) \models T(\ulcorner \varphi \urcorner)$．つまり，$(\mathbb{N}, \Gamma(S')) \models T(\ulcorner \varphi \urcorner)$．ゆえに，$(\mathbb{N}, S') \models \varphi$（命題 12.2.2）．したがって，$(\mathbb{N}, S')$ は FS_n のモデルである．IH により，$S' \in \Gamma^n[\mathcal{P}(\omega)]$． □

系 12.3.8 FS は無矛盾である．

証明 FS のどの証明も高々有限の Nec, Conec の適用を含むのみ．したがって，どの n についても FS_n の無矛盾性を示せば，FS の無矛盾性を示すのに十分．

任意の $S \subseteq \omega$ をとり，$(\mathbb{N}, \Gamma^n(S))$ を構成すれば，$(\mathbb{N}, \Gamma^n(S))$ は FS_n のモデルとなる（上の議論より）．したがって，任意の n について，FS_n は無矛盾である． □

例えば，嘘つき文 λ については，FS は Nec, Conec をもつ体系なので，FS $\not\vdash \lambda$ かつ FS $\not\vdash \neg\lambda$ となる．（KF+CONS の場合と比較せよ）．

系 12.3.9 FS は標準モデルをもたない．すなわち，$(\mathbb{N}, S) \models$ FS となる $S \subseteq \omega$ は存在しない．

証明 $\bigcap_{n \in \omega} \Gamma^n[\mathcal{P}(\omega)] = \emptyset$ であるため，FS は標準モデルをもたない． □

系 12.3.10 FS は算術に関して健全である．すなわち，任意の $\mathcal{L}$ の文 φ について，FS $\vdash \varphi$ ならば，$\mathbb{N} \models \varphi$．

証明 $\mathcal{L}$ の文 φ が FS で証明可能であるとする．このとき，$\mathrm{FS}_n \vdash \varphi$ となる n が存在する（証明は有限だから）．定理 12.3.7 より，$\forall S \subseteq \omega, S \in \Gamma^n[\mathcal{P}(\omega)] \Rightarrow (\mathbb{N}, S) \models \mathrm{FS}_n$．

ところが，明らかに $\Gamma^n(S) \in \Gamma^n[\mathcal{P}(\omega)]$ である．ゆえに，$(\mathbb{N}, \Gamma^n(S)) \models \mathrm{FS}_n$．したがって，$\varphi \in \mathcal{L}$ に関しては，$\mathbb{N} \models \varphi$． □

注意 12.3.11 FS が対称性を満たし，また FS_n が全く独立に構想された（有限回の）改訂理論的な意味論の公理化になっているということは，FS の大きな魅力になっている（特に前者の論点は KF+CONS と比較した場合重要な利点といえる）．

それに対し，FS が標準モデルをもたない（真理述語の解釈には，非標準的な文のコードが入らざるを得ない）という結果は，FS がタイプなしの真理論における標準理論として受け入れられることを妨げている．（ただし，FS は算術的断片については健全であるという事実が，この理論に対する評価をさらに難しくしているということを付け加えておくべきだろう．）

タルスキ的なタイプ付きの真理論という高度に制約された領域を超えたところで，どのような理論が標準的な真理論となり得るかという問題については，まだ決定的な議論は存在していないというのが現状であると言ってよいように思われる．

第4部 参考文献

[1] P. Aczel. An introduction to inductive definitions. In K. Jon Barwise, editor, *Handbook of Mathematical Logic*, pages 739–782. North-Holland, 1977.

[2] G. Boolos, J. Burgess, and R. Jeffrey. *Computability and Logic*. Cambridge University Press, 2007.

[3] J. P. Burgess. Friedman and the Axiomatization of Kripke's Theory of Truth. unpublished, https://www.princeton.edu/ jburgess/ anecdota.htm.

[4] A. Cantini. Notes on Formal Theories of Truth. *Zeitshrift für Mathematische Logik Und Grundlagen der Mathematik*, 35(1):97–130, 1989.

[5] Ch. Chihara. The Semantic Paradoxes: A Diagnostic Investigation. *Philosophical Review*, 88(4):590–618, 1979.

[6] M. Dummett. The philosophical significance of Gödel's theorem. In *Ratio*, volume 5, pages 186–214. Duckworth, 1963.

[7] P. Égré. The knower paradox in the light of provability interpretations of modal logic. *Journal of Logic, Language, and Information*, 14(1):13–48, 2005.

[8] S. Feferman. Toward useful type-free theories, I. *Journal of Symbolic Logic*, 49(1):75–111, 1984.

[9] S. Feferman. Reflecting on incompleteness. *JSL: Journal of Symbolic Logic*, 56, 1991.

[10] H. Field. *Saving Truth from Paradox*. Oxford University Press, 2008.

[11] M. Fitting. Notes on the mathematical aspects of Kripke's theory of truth. *Notre Dame Journal of Formal Logic*, 27(1):75–88, 1986.

[12] H. Friedman and H. Sheard. An axiomatic approach to self-referential truth. *Annals of Pure and Applied Logic*, 33(1):1–21, 1987.

[13] K. Gödel. Zum intuitionistischen Aussagenkalkül. *Anzeiger Akademie der Wissenschaften Wien, mathematisch-naturwiss. Klasse*, 32:65–66, 1932.

[14] A. Gupta. Truth and paradox. *Journal of Philosophical Logic*, 11(1):1–60, 1982.

[15] A. Gupta and N.D. Belnap. *The Revision Theory of Truth*. A Bradford book. MIT Press, 1993.

[16] V. Halbach. A system of complete and consistent truth. *Notre Dame Journal of Formal Logic*, 35(1):311-27, 1994.

[17] V. Halbach. Conservative theories of classical truth. *Studia Logica*, 62(3):353-370, 1999.

[18] V. Halbach. Truth and reduction. *Erkenntnis*, 53(1-2):97-126, 2000.

[19] V. Halbach. *Axiomatic Theories of Truth*. Cambridge University Press, 2011.

[20] V. Halbach and L. Horsten. Axiomatizing Kripke's theory of truth. *Journal of Symbolic Logic*, 71(2):677-712, 2006.

[21] H. G. Herzberger. Naive semantics and the liar paradox. *Journal of Philosophy*, 79(9):479-497, 1982.

[22] L. Horsten. *The Tarskian Turn. Deflationism and Axiomatic Truth*. Mit Press, 2011.

[23] J. Ketland. Deflationism and Tarski's paradise. *Mind*, 108(429):69-94, 1999.

[24] H. Kotlarski, S. Krajewski, and A. H. Lachlan. Construction of satisfaction classes for nonstandard models. *Bulletin canadien de mathématiques = Canadian Mathematical Bulletin*, 24(3):283-294, 1981.

[25] M. Kremer. Kripke and the logic of truth. *Journal of Philosophical Logic*, 17(3):225-278, 1988.

[26] S. A. Kripke. Outline of a theory of truth. *Journal of Philosophy*, 72(19):690-716, 1975.

[27] G. E. Leigh. Conservativity for theories of compositional truth via cut elimination. *CoRR*, abs/1308.0168, 2013.

[28] B. Löwe. Revision sequences and computers with an infinite amount of time. *J. Log. Comput.*, 11(1):25-40, 2001.

[29] V. McGee. How truthlike can a predicate be? A negative result. *Journal of Philosophical Logic*, 14(4):399-410, 1985.

[30] V. McGee. *Truth, Vagueness, and Paradox : An Essay on the Logic of Truth*. Hackett Pub., 1990.

[31] R. Montague. Syntactical treatments of modality, with corollaries on reflection principles and finite axiomatizability. *Acta Philosophica Fennica*, 16:153-167, 1963.

[32] R. Montague and D. Kaplan. A paradox regained. *Notre Dame Journal of Formal Logic*, 1:79–90, 1960.

[33] J. Myhill. Some remarks on the notion of proof. *Journal of Philosophy*, 57(14):461–471, 1960.

[34] C. Parsons. Informal axiomatization, formalization and the concept of truth. *Synthese*, 27(1-2):27–47, 1974.

[35] D. Patterson. *Alfred Tarski: Philosophy of Language and Logic*. Palgrave Macmillan, 2012.

[36] G. Priest. *In Contradiction: A Study of the Transconsistent*, volume 25. Oxford University Press, 2006.

[37] W. V. Quine. *Mathematical Logic*. Cambridge, Harvard University Press, 1951.

[38] W. V. O. Quine. Three grades of modal involvement. In *Journal of Symbolic Logic*, number 2, pages 168–169. North-Holland Publishing Co., 1953.

[39] W. N. Reinhardt. Some remarks on extending and interpreting theories with a partial predicate for truth. *Journal of Philosophical Logic*, 15(2):219–251, 1986.

[40] S. Shapiro. Proof and truth: through thick and thin. *Journal of Philosophy*, 95(10):493–521, 1998.

[41] C. Smoryński. *Logical number theory I: An Introduction*. Springer-Verlag, 1991.

[42] A. Tarski. The semantic conception of truth and the foundations of semantics. *Philosophy and Phenomenological Research*, 4:341–375, 1944. 邦訳：飯田隆 訳．真理の意味論的観点と意味論の基礎．坂本百大 編，現代哲学基本論文集 II，勁草書房．1987.

[43] A. Tarski. The concept of truth in formalized languages. In Alfred Tarski, editor, *Logic, Semantics, Metamathematics*, pages 152–278. Oxford University Press, 1956. Translated by J.H. Woodger.

[44] A. Tarski. On the concept of logical consequence. In Alfred Tarski, editor, *Logic, Semantics, Metamathematics*, pages 409–420. Oxford University Press, 1956. Translated by J.H. Woodger.

[45] P. D. Welch. On revision operators. *J. Symb. Log.*, 68(2):689–711, 2003.

索 引

□ 記号
Γ 健全 101
Γ 反映原理 105
Γ 翻訳 210
σ の F による解釈 180
Λ カノニカルモデル 41
Λ 矛盾 37
Λ 無矛盾 37

□ 英字
complex 代数 87
forcing 158
forcing extension 158
forcing relation 158
F の w に関する木展開 56
F の w に関する推移木展開 56
Jankov-Fine 論理式 207
KF の十全性 254
Modal Logic of Forcing 163
M ジェネリックフィルター 181
M の Σ による濾過モデル 48
M の w に関する木展開 56
M の w に関する推移木展開 56
n 変数関数記号 9
n 変数述語記号 9
p の下で稠密 190
$\mathbb{P}$ 名称 180
p モルフィズム 54
R 無限上昇列 27

S_n^m 定理 20
(S_1^0, S_2^0) は健全である 247
S 名称 171
T 解釈 114
w により生成されている 54
X により生成された 54

□ あ行
アッカーマン関数 17
一様代入則 5
一般化 12
一般化された完全性定理 8
一般再帰的関数 17
意味論 2
意味論的に帰結可能 6, 11
宇宙 170
演繹定理 6
演算子 87
演算子付きブール代数 87
押されていない 205
押されている 205
オフ 205
重さ 73, 76
終カット図式 73
オン 205

□ か行

外延　244
開集合　86
拡張カット規則　73
拡張カット式　73
可算鎖条件　211
可算集合　174
下式　68
可証再帰的　103
可証性述語　13
型付きの真理論　234
型のない真理論　242
カット式　68
関数　167
関数記号　9
関数的完全性　3
完全　7, 14
完全性定理　7

基礎モデル　159, 183
基底的　249
基底モデル　244
帰納的　17
帰納的関数　17
規約 T の充足　233
逆説的　249
強完全　37, 38
強完全性定理　7, 12
強制概念　179
強制概念の積　203
強制拡大　158, 159, 183
強制関係　158
強制される　190
強制する　190
強制法　158
強制法の基本定理　191
強制様相論理　162, 163, 199
強選言特性　135

極大 Λ 無矛盾　37

クラス　169
クラス強制法　189
クラス二項関係　170
クリーニ強三値論理　243
クリプキ健全　143
クリプキ真理集合　250
クリプキ真理補題　251
クリプキ-フェファーマン　253
（クリプキ）フレーム　26
クリプキフレーム完全　143
（クリプキ）モデル　28
クリプキモデル完全　143

計算可能　18
形式的証明　5
ゲーデル数　13
ゲーデル文　13, 107
決定可能　18, 20, 46
結論　68
言語　9
原始再帰　16
原始再帰的関数　16
原子的命題　1
健全　7, 36, 101, 247

後者関数　9, 16
恒真式　3
項数　9
合成　16
合成的公理　235
構造　11
構文論　4
公理　32
公理系　3, 11
コーエン強制　184
古典論理　1
根　68

コンパクト性定理　6, 8, 12

□ さ行──────────

再帰定理　20
再帰的　20
再帰的可算集合　18
再帰的関数　16
再帰的集合　18
再帰的定義　2
最小化　16
算術的解釈　114
算術の言語　9

シークエント　67
シークエント計算　4
ジェネリック　158, 181
時間論理　78
式の正の複雑さ　244
事実性　80
時制論理　78
自然演繹　4
時相論理　78
実質的に十全　231
自明な強制概念　183
自明なフィルター　180
閉め出し　250
射影関数　16
弱完全　37, 38
弱完全性定理　7, 12
弱表現可能　103
写像　167
集合論的多元宇宙　160
集合論の言語　9
充足可能　38, 89
充足関係　28
自由変数　10
主式　68
述語　9, 18

述語記号　9
順序数　172, 173
状況　26
上式　68
証明　4, 32
証明可能　5, 68
証明可能性述語　13, 105
証明可能性論理　118, 136
証明図　5, 68
初期関数　16
真理近似的　257
真理述語　15, 220
真理値　2
真理値の割り当て　2
真理の改訂理論　266
真理の定義不可能性定理　228

推移的　173
推移的モデル　176
スイッチ　205
推論　3
推論規則　3, 32
数学の世界　160
数記号　13
数項　13
スケルトン　58

正規　87
正規様相論理　33
生成部分フレーム　53
生成部分モデル　54
成立する　175
整列集合　173
整列順序　172, 173
世界　26
絶対的　177
切片　173
遷移関係　26
全域的関数　17

前順序　27, 178
前順序集合　178
前束　58

双模倣　78
双模倣関係　52
束　57
束縛変数　10
素朴なTスキーマ　225
ソロヴェイの構成法　120
ソロヴェイ論理式　122

□ た行
第一不完全性定理　14
対角化定理　227
対象言語　231
対称的　274
代替関係　89
第二不完全性定理　14
代入　5
代入例　32
高さ　130
多重集合　67
多値論理　2
妥当　143
多元宇宙　160
タルスキの定理　15
単調　247
単調性　248

知識　259
知者のパラドックス　261
チャーチ・チューリングの提唱　15
稠密集合　181
チューリング機械　15
超限帰納法　167
超限再帰的定義　167

付値関数　2, 28

定義可能　29
定義する　29
定数関数　16
定数記号　9
定理　4, 5, 32
デフレ主義　239
点生成部分モデル　54
点生成フレーム　54
点生成モデル　54

導出関係　37
到達可能性関係　26
同値　3
同値関係　27
トートロジー　3
特性関数　17
独立　206

□ な行
内的論理　256

二項関係　167
二値論理　2

□ は行
箱入り　115
反外延　244
反射推移閉包　27
半順序　27
反対称的　27
万能チューリング機械　19
反復　201
反復強制概念　202

非可算集合　174
非基底的　249
非古典論理　1
左部　73
非反射的　26

表現可能　103
標準 ℙ 名称　183
標準翻訳　77
標準モデル　13, 101
ヒルベルト流　4
非論理的公理　3

フィルター　179
不可能性定理　227
複雑さ　73, 76
不動点　246
不動点の存在定理　246
負の内省　80
部分関数　17
部分クラス　169
部分再帰的関数　17
部分論理式に閉じる　48
普遍的　27
フリードマン‐シェアド　273
フレームクラスで妥当である　28
フレームで妥当である　28
プロパティ計算　88
文　10
分離規則　4

ペアノ算術　12
閉包演算　86
閉包代数　87
閉様相論理式　137
べき集合　28
変換　114
変数　9

包括的反映原理　236
ポスト完全　8
保存的拡張　236
ボタン　205
翻訳　162, 199

ま行

マギーの定理　270
真の算術　21, 101
正の内省　80

右部　73
満たす　175
道　60

矛盾　7
無矛盾　7

明示的定義　232
命題結合子　1, 27
命題変数　1, 27
メタ言語　231

モーダス・ポネンス　4
モデル　3, 11
モデル系　89
モデル集合　89
モデルで妥当である　28
モンタギュのパラドックス　262

や行

有限公理化不可能性　264, 265
有限集合　174
有限順序数　174
有限フレーム　26
有限フレーム性　46
有向的前順序　57

様相演算子　27
様相同値　53
様相論理批判　263

ら行

ライスの定理　20

量化子　1, 8
両立不可能　179

理論　3, 11

濾過法　47

論理式　27

論理的公理　4

著者紹介

佐野　勝彦（さの かつひこ）
京都大学文学部人文学科卒業（2000 年）
学　位：博士（文学）（京都大学）
現　在：北海道大学大学院文学研究院教授
専　門：哲学・論理学
主な著書・論文：Characterising modal definability of team-based logics via the universal modality（共著，Annals of Pure and Applied Logic，2019 年），『チューリング』（共訳・解説，近代科学社，2014 年）

倉橋　太志（くらはし たいし）
神戸大学工学部情報知能工学科卒業（2009 年）
学　位：博士（学術）（神戸大学）
現　在：神戸大学大学院システム情報学研究科准教授
専　門：数学基礎論
主な著書・論文：Arithmetical completeness theorem for modal logic K（Studia Logica，2018 年），A note on derivability conditions（The Journal of Symbolic Logic，2020 年）

薄葉　季路（うすば としみち）
東京学芸大学教育学部卒業（2001 年）
学　位：博士（情報科学）（名古屋大学）
現　在：早稲田大学基幹理工学部教授
専　門：数学基礎論
主な著書・論文：The downward directed grounds hypothesis and very large cardinals（Journal of Mathematical logic，2017 年），現代集合論における巨大基数（共著，科学基礎論研究，2012 年）

黒川　英徳（くろかわ ひでのり）
東京大学教養学部教養学科卒業（1991 年）
学　位：Ph.D.（ニューヨーク市立大学）
現　在：金沢大学国際基幹教育院准教授
専　門：哲学・論理学
主な著書・論文：Tableaux and hypersequents for justification logics（Annals of Pure and Applied Logic，2012 年），Kreisel's Theory of Constructions, the Kreisel-Goodman Paradox, and the Second Clause（共著，Advances in Proof-Theoretic Semantics，2016 年）

菊池　誠（きくち まこと）
東京工業大学理学部数学科卒業（1991 年）
学　位：博士（理学）（東北大学）
現　在：神戸大学大学院システム情報学研究科教授
専　門：数学基礎論
主な著書・論文：『数学基礎論講義』（共著，日本評論社，1997 年），『不完全性定理』（共立出版，2014 年）

数学における証明と真理
　　様相論理と数学基礎論

Proof and Truth in Mathematics
Modal Logic and
the Foundations of Mathematics

2016 年 3 月 25 日　初版 1 刷発行
2024 年 5 月 20 日　初版 2 刷発行

編　者	菊池　誠
著　者	佐野勝彦・倉橋太志 薄葉季路・黒川英徳　ⓒ 2016 菊池　誠
発行者	南條光章
発行所	共立出版株式会社 〒112-0006 東京都文京区小日向 4-6-19 電話番号　03-3947-2511（代表） 振替口座　00110-2-57035
印　刷	大日本法令印刷
製　本	ブロケード

一般社団法人
自然科学書協会
会員

検印廃止
NDC 410.96, 116.3
ISBN 978-4-320-11148-6

Printed in Japan

JCOPY ＜出版者著作権管理機構委託出版物＞
本書の無断複製は著作権法上での例外を除き禁じられています．複製される場合は，そのつど事前に，出版者著作権管理機構（TEL：03-5244-5088，FAX：03-5244-5089，e-mail：info@jcopy.or.jp）の許諾を得てください．

不完全性定理

菊池 誠 著

不完全性定理をとりまく数学基礎論の世界

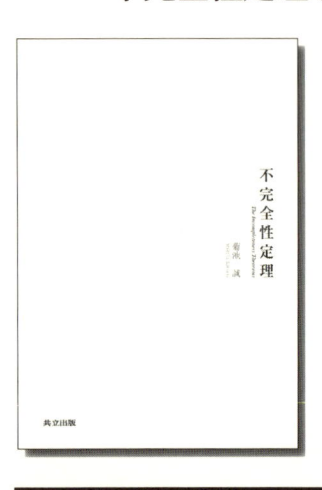

専門的な予備知識は仮定せずに完全性定理や計算可能性から論じ、第一および第二不完全性定理、Rosserの定理、Hilbertのプログラム、Gödelの加速定理、算術の超準モデルやKolmogorov複雑性などを紹介して、不完全性定理の数学的意義と、その根源にある哲学的問題を説く。

第49回造本装幀コンクール
専門書(人文社会科学書・自然科学書等)部門受賞

A5判・366頁・定価5,280円(税込)
ISBN978-4-320-11096-0

目次

はじめに
数学基礎論と不完全性定理／他

第1章 序：物語の起源
数学の危機／三つの思想／他

第2章 命題論理
命題論理の論理式と理論／真理値／他

第3章 述語論理
述語・関係・集合／構造／他

第4章 算術と集合論
自然数の集合の特徴付け／他

第5章 計算可能性
原始再帰的関数／再帰的集合／他

第6章 定義可能性と表現可能性
関数と集合の定義可能性／他

第7章 不完全性定理
不完全性定理への序／可導性条件／他

第8章 幾つかの話題
Hilbertのプログラム／他

第9章 跋：形式主義のふたつのドグマ
神聖な論理と世俗的な論理／他

おわりに
数学としての数学基礎論の誕生／他

参考文献

www.kyoritsu-pub.co.jp　　共立出版　　(価格は変更される場合がございます)